高等职业教育规划教材配套教学用书
高等职业学校课程改革实验教材

市政管道系统

浙江天煌科技实业有限公司　组编
赵俊岭　编

机 械 工 业 出 版 社

本书是高等职业教育规划教材配套教学用书，主要介绍了城市燃气输配系统、城市给水管道系统、城市排水管道系统、城市集中供热管网，对各管道系统的组成、布置、主要构筑物及管材等进行了详细阐述，并介绍了市政管道综合设置的步骤及成果形式。

本书可作为城市公共设施安全技术、市政工程、城市规划、环境工程等专业的教材，也可供从事给水、排水、燃气、供热、供电、通信等城市工程管线综合工作的工程设计、施工人员参考。

为了便于教学，本书配有相关教学资源，选择本书作为教材的教师可登录机械工业出版社教育服务网（www.cmpedu.com），注册后免费下载。

图书在版编目（CIP）数据

市政管道系统/浙江天煌科技实业有限公司组编；赵俊岭编．—北京：机械工业出版社，2019.4（2025.2重印）

高等职业教育规划教材配套教学用书　高等职业学校课程改革实验教材

ISBN 978-7-111-62787-6

Ⅰ.①市…　Ⅱ.①浙…　②赵…　Ⅲ.①市政工程-管道工程-高等职业教育-教材　Ⅳ.①TU990.3

中国版本图书馆CIP数据核字（2019）第096039号

机械工业出版社（北京市百万庄大街22号　邮政编码100037）

策划编辑：汪光灿　　　　责任编辑：汪光灿　黎　艳

责任校对：黄兴伟　肖　琳　封面设计：张　静

责任印制：单爱军

北京虎彩文化传播有限公司印刷

2025年2月第1版第4次印刷

184mm×260mm · 11印张 · 268千字

标准书号：ISBN 978-7-111-62787-6

定价：38.00元

电话服务　　　　　　　　　网络服务

客服电话：010-88361066　　机　工　官　网：www.cmpbook.com

　　　　　010-88379833　　机　工　官　博：weibo.com/cmp1952

　　　　　010-68326294　　金　　书　　网：www.golden-book.com

封底无防伪标均为盗版　　　机工教育服务网：www.cmpedu.com

前 言

城市工程管线是城市基础设施的重要组成部分，是城市赖以生存和发展的物质基础，它担负着城市的资源输送、信息传递等功能，被称为城市的“血管”和“神经”，是城市的生命线工程。作为城市经济和社会发展的主要载体，它直接关系到社会公共利益，关系到人民群众生活质量，关系到城市经济和社会的安全发展、健康发展和可持续发展。城市地下管线是发挥城市功能、确保社会经济和城市建设健康、协调和可持续发展的重要基础和保障。

政府及社会各界都已充分认识到城市公共设施一旦发生突发性事故，可能对全市公共安全带来严重后果；认识到保障城市公用设施安全运行，是保持城市经济社会持续健康发展的重要前提，是构建和谐社会的重要基础，是维护社会稳定的重要基石。

随着城市地下管线行业的迅速发展，由于运行管理不善、维护检修不及时等，导致了越来越严重的安全问题和资源浪费问题，甚至可能酿成城市出现灾难性事件或严重危机。因此，如何防止城市地下管线的破损泄漏、保障城市地下管线安全平稳运行，已成为地下管线行业面临的一个紧迫课题。防止城市地下管线破损泄漏的关键在于全面准确地掌握其状态和实际状况，提前采取预防性措施，这就需要对地下管线进行科学全面地了解和评估。以地下管线为代表的城市公共基础设施服务业暴露出的安全运行管理问题，产生的重要原因之一是高端技能型专门人才的培养不配套，没有跟上地下管线行业高速发展的需要，导致目前管网运行操作及维护岗位接受过专门系统的技能训练的人员极少。

市政管道系统概论是城市公共设施安全技术专业的专业基础课，本书作为其配套教材，内容包括了城市燃气管线、给水管线、排水管线、热力管线等主要城市管线知识。根据专业设置特点，对各系统的组成、管材，重点附属构筑物，管网敷设等内容进行重点介绍。本书在编写中力求概念清晰、结构合理、简繁得当，教材编写时参阅了大量资料。

本书由浙江天煌科技实业有限公司组编，赵俊岭编写。由于编者水平有限，书中疏漏和错误之处在所难免，望广大专家、读者提出宝贵意见，以便修订时加以改正。

编 者

目　录

前言
第 1 章　城市燃气输配系统 …… 1
1.1　燃气的分类及性质 …… 1
1.2　城镇燃气管网系统 …… 4
1.3　城镇燃气用气量计算 …… 12
1.4　燃气管道及附属设备 …… 16
第 2 章　城市给水管道系统 …… 27
2.1　城市给水系统的分类与组成 …… 27
2.2　设计用水量与水压 …… 30
2.3　给水系统的工作情况 …… 36
2.4　取水工程 …… 41
2.5　城市输配水管网 …… 58
2.6　给水管材与附属构筑物 …… 62
第 3 章　城市排水管道系统 …… 75
3.1　城市排水系统组成与排水体制 …… 75
3.2　城市排水管道系统布置 …… 82
3.3　城市污水管道系统设计 …… 87
3.4　城市雨水管渠系统布置 …… 96
3.5　合流制排水管渠 …… 108
3.6　排水管材及附属构筑物 …… 111
3.7　给排水管道工程图的绘制和识读 …… 115
第 4 章　城市集中供热管网 …… 121
4.1　集中供热热源 …… 121
4.2　城市集中供热系统 …… 124
4.3　热网系统形式 …… 134
4.4　城市供热管网水力调节 …… 136
4.5　供热管网的布置与敷设方式 …… 142
4.6　供热管道敷设技术要求 …… 145
4.7　供热管道检查室及检查平台 …… 155
4.8　供热管道施工图 …… 156
第 5 章　市政管道综合设置 …… 164
5.1　城市工程管线综合布置原则 …… 164
5.2　直埋敷设规定 …… 164
5.3　综合管沟敷设规定 …… 167
5.4　架空敷设规定 …… 168
参考文献 …… 170

第1章

城市燃气输配系统

1.1 燃气的分类及性质

1.1.1 燃气的种类

以燃气的起源或其生产方式分类，大体上可分为天然气和人工燃气两大类；而人工燃气中的液化石油气和生物气，与人工煤气在生产和输配方式上有较大不同，因此习惯上将燃气分为四类：天然气、人工煤气、液化石油气和生物气。

（1）天然气　天然气是指在地下多孔地质构造中自然形成的烃类气体和蒸汽的混合气体，有时也含一些杂质，常与石油伴生，其主要组分是低分子烷烃。天然气又可根据来源分为四类：从气田开采的气田气，随石油一起喷出的油田伴生气，含有石油轻质馏分的凝析气田气以及从井下煤层抽出的矿井气。

（2）人工煤气　人工煤气是指由固体燃料或液体燃料加工所产生的可燃气体。人工煤气的主要组分一般为甲烷、氢和一氧化碳。根据制气原料和加工方式不同，大致分为三种：在隔绝空气的情况下对煤加热而获得的煤气为干馏煤气；对煤进行气化而产生的煤气为气化煤气；重油蓄热裂解和蓄热催化裂解而获得的制气为油制气。目前，人们通常也将通过液化石油气或天然气掺混改质而形成的气体称之为人工煤气，但其化学成分则存在很大差别。

1）干馏煤气　将煤隔绝空气加热到一定温度时，煤中所含挥发物开始挥发，产生焦油、苯和煤气，剩留物最后变成多孔的焦炭，这种分解过程称为“干馏”。利用焦炉、连续式直立炭化炉（又称伍德炉）和立箱炉等对煤进行干馏所获得的煤气称为干馏煤气。

2）气化煤气　固体燃料的气化是热化学过程。煤可在高温时伴用空气（或氧气）和水蒸气为气化剂，经过氧化、还原等化学反应，制成以一氧化碳和氧为主的可燃气体，采用这种生产方式生产的煤气称为气化煤气。

3）油制气　油制气是以石油（重油、轻油、石脑油等）为原料，在高温及催化剂作用下裂解制取。

油制气的主要成分为烷烃、烯烃等碳氢化合物，以及少量的一氧化碳，裂解后的副产品有苯、萘、焦油、炭黑等。生产油制气基建投资少，自动化程度高，生产机动性强，油制气既可作为城市燃气的基本气源，又可作为城市燃气供应高峰的调节气源。

(3) 液化石油气　液化石油气是石油开采和炼制过程中，作为副产品而获得的一部分碳氢化合物。液化石油气主要组分为丙烷、丙烯、丁烷、丁烯等石油系轻烃类，在常温常压下呈气态，但加压或冷却后很容易液化，液化后的石油气体积约为气态时的1/250。

(4) 生物气　生物气是有机物质在适宜条件下受发酵微生物作用而生成的气体。生物气的主要可燃组分为甲烷。以发生源的不同可以分为天然沼气和人工沼气。天然沼气是自然界中有机质自然形成的沼气，如矿井、煤层产出的沼气；也有产自沼泽、池塘等污泥池的沼气，即污泥沼气；还有阴沟中的有机质形成的沼气，即阴沟沼气。

人工沼气是一种再生资源，人们将含有蛋白质、纤维素、脂肪、淀粉等有机质，如秸秆、杂草、树叶和人畜粪便等，在缺氧情况下，借助于厌氧菌的作用使之发酵分解成可燃气体，即人工沼气。

1.1.2 燃气的性质

1. 燃气的密度

天然气是由互不发生化学反应的多种单一组分气体混合而成，其组分和组成无定值。它的基本物性参数可由单一组分气体的性质按混合法则求得。

(1) 天然气的分子量　工程上将标准状态下，1kmol 天然气的质量定义为天然气的平均分子量，简称分子量。

(2) 天然气的密度　单位体积天然气的质量，称为天然气的密度，用符号 ρ（单位：kg/m^3）表示。天然气的密度不仅取决于天然气的组成，还取决于所处的压力和温度状态。

(3) 天然气相对密度　在标准状态下，天然气密度与干燥空气密度的比值称为相对密度，常用 s 表示。天然气的相对密度变化较大，对于一般干气，其相对密度 s 为 0.58～0.62，也有相对密度大于 1 的天然气 。

2. 燃气的热值

燃气的热值是指 1kg 或 $1m^3$燃料完全燃烧时放出的热量。它是表示燃气质量的重要指标之一。

燃气的热值分为高热值和低热值。高热值是指 1kg 或 1m 燃料完全燃烧，燃烧产物被冷却到与原来燃料相同的温度，且燃烧产物中的水蒸气凝结为水时所放出的热量。低热值是指 1kg 或 1m 燃料完全燃烧，燃烧产物被冷却到与原来燃料相同的温度，燃烧产物中的水蒸气仍以气态存在时所放出的热量。

显然，燃气的高热值大于低热值，两者之间的差值就是水蒸气变为 0℃的水这一部分热量。

3. 燃气的爆炸极限

要使燃气燃烧，必须使燃气与空气或氧气形成一定比例的混合气，以保证燃气分子不断进行氧化反应。当混合气体的可燃气体过多，由于助燃气体少，只能是一部分可燃气体燃烧产生热，而这些热量大都消耗在加热过剩的可燃气上，不可能使混合物温度升到着火温度，因此不能产生燃烧，这时，可燃气体在混合气中所占的百分数称为爆炸上限。当混合物中可燃气体过少时，只能产生少量的热量，并且大部分消耗在加热助燃气体上，因此不能使混合物温度升至着火温度，燃烧也不会发生，这时，可燃气体在混合气体中所占的百分数称为爆炸下限。

可燃物质与空气必须在一定的浓度范围内均匀混合，形成预混气，遇着火源才会发生爆炸，这个浓度范围称为爆炸极限。在可燃气体的生产、贮存、输送和使用过程中，都应十分注意爆炸极限，见表1-1。例如，一氧化碳与空气混合的爆炸极限为12.5%~74.2%。可燃性混合物能够发生爆炸的最低浓度和最高浓度，分别称为爆炸下限和爆炸上限，体积分数低于或高于这个范围都不会发生爆炸。

表1-1 某些可燃气体的爆炸极限

物质名称	爆炸极限(%)	
	下限 LEL	上限 UEL
甲烷	5	15
丙烷	2.1	9.5
丁烷	1.9	8.5
煤油(液体)	0.6	5
城市煤气	6.0	35.0
液化石油气	1	12
一氧化碳	12.5	74.2
氢	4	75

4. 燃气的互换性

互换性是城市燃气的重要指标。

具有多种气源的城市，常常会遇见以下两种情况：一种是随着燃气供气规模的发展和制气方式的变化，某些地区原来使用的燃气可能由其他性质不同的燃气所替代；另一种是基本气源发生紧急事故，或在高峰负荷时，需要在供气系统中掺入性质和原有燃气不同的其他燃气。当燃气成分变化不大时，燃烧器燃烧情况虽有变化，但尚能满足燃具的原设计要求；当其成分变化较大时，燃烧工况的改变使得燃具不能正常工作。

任何燃具都是按一定的燃气成分设计的。设某一燃具以a燃气为基准进行设计和调整，由于某种原因要以s燃气置换a燃气，如果燃烧器此时不加任何调整而保证燃具正常工作，则表示s燃气可以置换a燃气，或称为s燃气对a燃气而言具有“互换性”。a燃气称为“基准气”，s燃气称为“置换气”。

5. 燃气的燃烧特征指标

决定燃气互换性的是燃气的燃烧特征指标，指华白数和燃烧势。当燃烧成分改变时，华白数和燃烧势也同时改变。

(1) 华白数

华白数是在互换性问题产生初期所使用的一个互换性判定指数。在置换气体的物理、化学性质相差不大、燃烧特征比较接近时，可以用华白数指标控制燃气的互换性。世界各国一般规定，在两种燃气互换时，华白数的变化不大于±10%。华白数是一项控制燃具热负荷衡定状况的指标。

华白数是代表燃气特性的一个参数。设两种燃气的热值和密度均不相同，但只要它们的华白数相等，就能在同一燃气压力下和同一燃具上获得同一热负荷。

$$W=H/S^{1/2}$$

式中 H——燃气热值；

S——燃气的相对密度；

W——华白数。

（2）燃烧势

随着燃气种类的增多，出现了燃烧特征差别较大的两种燃气的互换性问题。除了华白数以外，还必须引入燃烧势的概念。燃烧势反映燃气燃烧火焰所产生离焰、黄焰、回火和不完全燃烧的倾向性，是一项反映燃具燃气燃烧稳定状况的综合指标。

1.1.3 燃气的加臭

城市燃气应具有可以觉察到的臭味，所以燃气应加臭。燃气中加臭剂的最小量应符合下列要求：

1）无毒燃气泄漏到空气中，达到爆炸下限的20%时，应能觉察到臭味；

2）有毒燃气泄漏到空气中，达到对人体允许的有害浓度前，应能觉察到臭味；对于含一氧化碳有毒成分的燃气，空气中一氧化碳含量达0.02%（体积分数）时，应能觉察到。

1.2 城镇燃气管网系统

1.2.1 城镇燃气输配系统的组成及分类

1. 城镇燃气输配系统的组成

城镇燃气输配系统有两种基本方式：一种是管道输配系统；一种是液化石油气瓶装系统。管道输配系统一般由门站（或接受站）、输配管网、储气设施、调压设施以及运行管理设施和监控系统等共同组成。燃气输配系统示意图如图1-1所示。

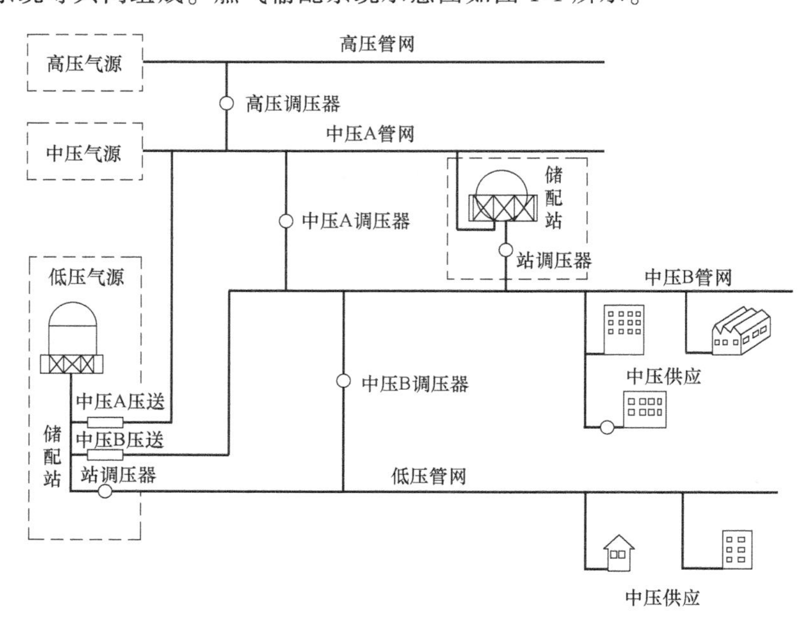

图1-1 燃气输配系统示意图

（1）门站　门站（接受站）负责接受气源厂、矿（包括煤制气厂、天然气、矿井气及有余气可供应用的工厂等）输入城镇使用的燃气，进行计量、质量检测，按城镇供气的输配要求，控制与调节向城镇供应的燃气流量与压力，必要时还需对燃气进行净化。

（2）输配管网　输配管网是将门站（接受站）的燃气输送至各储气点、调压室、燃气用户，并保证沿途输气安全可靠。

（3）燃气储配站　燃气储配站的作用：一是贮存一定量的燃气以供用气高峰时调峰用；二是当输气设施发生暂时故障、维修管道时，保证一定程度的供气；三是对使用的多种燃气进行混合，使其组分均匀；四是将燃气加压（减压）以保证输配管网或用户使用燃气用具前燃气有足够的压力。

（4）燃气调压室　燃气调压室是将输气管网的压力调压至下一级管网或用户所需的压力，并使调节后的燃气压力保持稳定。城镇燃气调压设施的布局，应根据管网布置及调压站的作用半径确定。

（5）监控及数据采集系统　即SCADA系统，该系统具有数据采集、生产调度自动化、营业收费自动化及决策支持等功能。

（6）维护与管理中心　它主要负责燃气管网系统的日常运行、维护以及收费，一般燃气企业需要设置燃气维修所。维护与管理中心的布局应满足其服务半径的需要，保障燃气输配系统正常运行。

2. 城镇燃气输配系统的分类

（1）根据用途分类

1）距离输气管道：其干管及支管的末端连接城市或大型工业企业，作为供应区的气源点。

2）城市燃气管道

① 分配管道：在供气地区将燃气分配给工业企业用户、公共建筑用户和居民用户。分配管道包括街区和庭院的分配管道。

② 用户引入管：从总阀门将燃气从分配管道引到用户室内管道引入口处。

③ 室内燃气管道：通过用户管道引入口的总阀门将燃气引向室内，并分配到每个燃气用具。

3）工业企业燃气管道

① 工厂引入管和厂区燃气管道：将燃气从城市燃气管道引入工厂，分送到各用气车间。

② 车间燃气管道：从车间的管道引入口将燃气送到车间内各个用气设备（如窑炉）。车间燃气管道包括干管和支管。

③ 炉前燃气管道：从支管将燃气分送给炉上各个燃烧设备。

（2）根据敷设方式分类

1）地下燃气管道：一般在城市中常采用地下敷设。

2）架空燃气管道：在管道通过障碍时，或在工厂区为了管理及维修方便，采用架空敷设。

（3）根据输气压力分类　燃气管道之所以要根据输气压力来分级，是因为燃气管道的气密性与其他管道相比，有特别严格的要求，漏气可能导致火灾、爆炸、中毒或其他事故。燃气管道中的压力越高，管道接头脱开或管道本身出现裂缝的可能性和危险性也越大。当管道内燃气的压力不同时，对管道材质、安装质量、检验标准和运行管理的要求也不同。

我国城市燃气管道根据输气压力一般分为：

1）低压燃气管道：$P<0.01\text{MPa}$；

2）中压 B 燃气管道：0.1MPa≤P≤0.2MPa；

3）中压 A 燃气管道：0.2MPa<P≤0.4MPa；

4）次高压 B 燃气管道：0.4MPa<P≤0.8MPa；

5）次高压 A 燃气管道：0.8MPa<P≤1.6MPa；

6）高压 B 燃气管道：1.6MPa<P≤2.5MPa；

7）高压 A 燃气管道：2.5MPa<P≤4.0MPa。

居民用户和小型公共建筑用户一般宜由低压管道供气。低压管道输送人工燃气时，压力不大于 2kPa；输送天然气时，压力不大于 3.5kPa；输送气态液化石油气时，压力不大于 5kPa。中压管道必须通过区域调压站或用户专用调压站才能给城市分配管网中的低压和中压管道供气，或给工厂企业、大型公共建筑用户以及锅炉房供气。一般由城市次高压 B 燃气管道构成大城市输配管网系统的外环网。次高压 B 燃气管道也是给大城市供气的主动脉。高压燃气必须通过调压站才能送入中压管道、高压储气罐以及工艺需要高压燃气的大型工厂企业。高压 A 输气管通常是贯穿省、地区或连接城市的长输管线，它有时也构成大型城市输配管网系统的外环网。

城市燃气管网系统中各级压力的干管，特别是中压以上压力较高的管道，应连成环网。初建时也可以是半环形或枝状管道，但应逐步构成环网。城市、工厂区和居民点可由长距离输气管线供气，个别距离城市燃气管道较远的大型用户，经论证确系经济合理和安全可靠时，可自设调压站与长输管线连接。除了一些允许设专用调压器的、与长输管线相连接的管道检查站用气外，单个居民用户不得与长输管线连接。在确有充分必要的理由和安全措施可靠的情况下，并经有关上级批准之后，城市里采用高压的燃气管道也是可以的。

为了适应天然气用气量显著增长和节约投资、减少能量损失的需要，提高城市输配干管压力是必然趋势；但面对人口密集的城市，过多提高压力也不适宜，适当地提高压力以适应输配燃气的要求，又能从安全上得到保障，使二者能很好地结合起来应是要点。参考和借鉴发达国家和地区的经验是一条途径。一些发达国家和地区的城市有关长输管道和城市燃气输配管道压力情况见表 1-2。

表 1-2 国外燃气输配管道压力 （单位：MPa）

城市名称	长输管道	地区或外环高压管道	市区次高压管道	中压管道	低压管道
洛杉矶	5.93~7.17	3.17	1.38	0.138~0.41	0.002
温哥华	6.62	3.45	1.2	0.41	0.0028 或 0.0069 或 0.0138
多伦多	9.65	1.90~4.48	1.2	0.41	0.0017
悉尼	4.50~6.35	3.45	1.05	0.21	0.0075
纽约	5.50~7.00	2.8		0.10~0.40	0.002
巴黎	6.80(一环以外整个法兰西岛地区)	4.00(巴黎城区向外 10~15km 的一环)	0.4~1.9	A. ≤0.40 B. ≤0.04(老区)	0.002
莫斯科	5.5	2	0.3~1.2	A. 0.1~0.3 B. 0.005~0.1	≤0.0050
东京	7	4	1.0~2.0	A. 0.3~1.0 B. 0.01~0.3	<0.0100

从上述9个特大城市看，门站后高压输气管道一般呈环状或支状分布在市区外围，其压力为2.0~4.48MPa，一般不需敷设压力大于4.0MPa的管道。由此可见，门站后城市高压输气管道的压力为4.0MPa已能满足特大城市的供气要求。

1.2.2　燃气供应方式和管网压力级制

1. 城镇燃气管网系统分级

根据所采用的管网压力级制不同，城镇燃气管网系统可分为一级、二级、三级和多级系统。

（1）一级系统　一级系统指仅由低压或中压一级压力级别的管网输配系统，一般只适用于小城镇的供气系统。建筑小区一般为一级系统，当供气范围较大时，则输送单位体积燃气的管材用量将急剧增加。图1-2所示为中压低级系统，从气源送出的燃气先进入储气罐，经稳定后进入低压网。该系统随储气罐钟罩及塔节的升降，会产生0.5~2.0kPa的燃气压力波动，因而供气压力不稳且压力低，致使输送管道的管道直径较大。当储气罐容积较小时，也可不设稳压器。

该系统简单，供气安全，运行费用低，适用于用气量小，供气范围为1~3km的小城镇。图1-3所示为中压单级系统，燃气自气源厂（或天然气长输管线）送入城镇燃气储配站（或天然气门站），经加压（或调压）送入中压输气干管，再由输气干管送入配气管网，最后经箱式调压器或用户调压器送入用户燃具前。

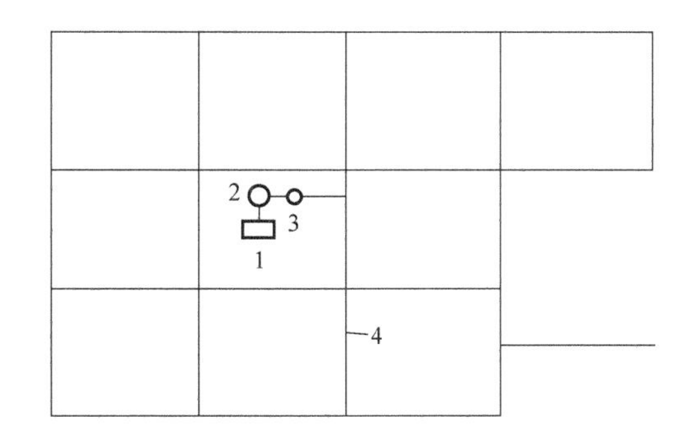

图1-2　低压单级管网系统示意图

1—气源厂　2—低压储气罐　3—稳压器　4—低压管网

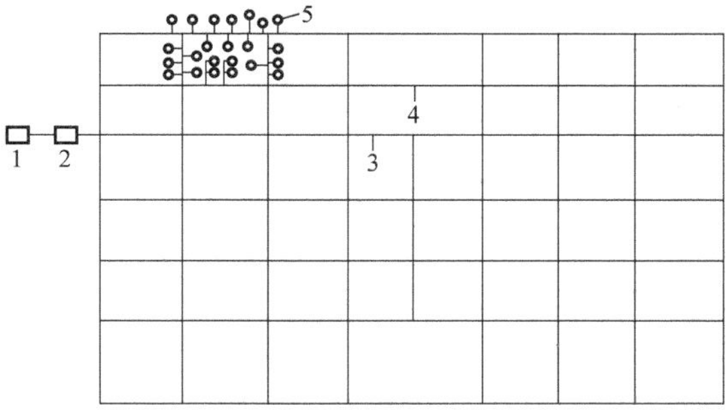

图1-3　中压（A）或（B）单级管网示意图

1—气源厂　2—储气站　3—中压（A）或（B）输气管网　4—中压（A）或（B）配气管网　5—箱式调压器

（2）二级系统　二级系统指由低压—中压B或低压—中压A两级组成的管网输配系统。目前我国大多数城市采用中低压二级系统，如图1-4和图1-5所示。图1-4中，天然气从东、西两个方向送入城市，配气站对置设置，无储气设施，用长输管线的末端储气；中压管网连成环，低压管网连成不相通的环。此系统中将城市供气区域划分为三个区域，气源采用天然气，储气为末端储气，城市燃气分配站分为东、西2个，中压管网为1个环；有9个区域调压站向低压管网供气（民用、公建、小工业）；3个专用调压站服务于工业用户。图1-5中，此系统为低压储气，压气站加压后送入中压管网，再经区域调压室调压后送入低压管网，低压储气罐低峰时向中压管网供气，高峰时向中、低压管网同时供气。

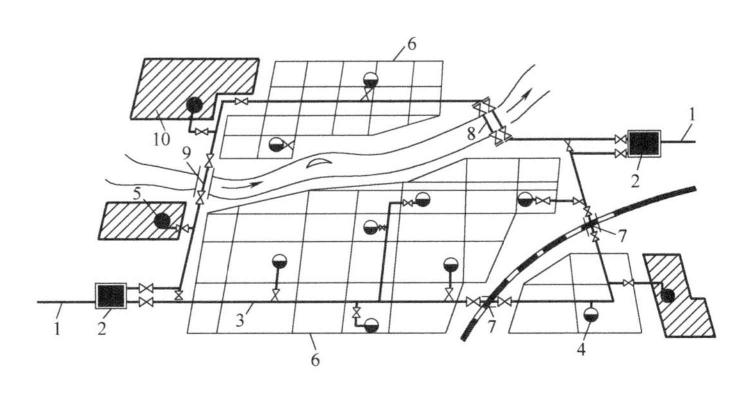

图 1-4 低压—中压 A 两级管网系统

1—长输管线 2—城镇燃气分配站 3—中压 A 管网 4—区域调压站 5—工业企业专用调压站 6—低压管网 7—穿越铁路的套管敷设 8—穿越河底的过河管道 9—沿桥敷设的过河管道 10—工业企业

居民用户和小型商业用户都直接由低压管网供气。根据居民区规划和人口密度等特点，有两种管网连接形式：一种情况是在老城区，由于建筑物鳞次栉比，街道和胡同分割成许多小区，所以低压管道沿大街小巷敷设，互相交叉而连成较密的低压环网，各用户从低压管道上连接引入；另一种情况是在城市的新建区，居民住宅区的楼房整齐地布置在街区，楼房之间保持必要的间距，低压管道可以敷设在街区内，楼房则可由枝状管道供气，只要将主要的街区干管连成环网，以提高供气的可靠性和保持供气压力的稳定性。

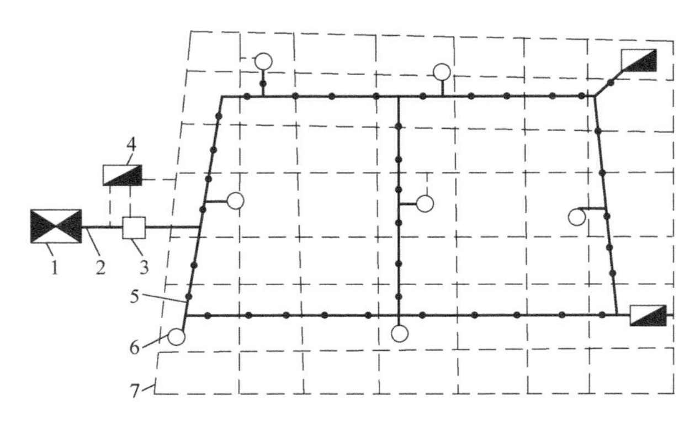

图 1-5 低压—中压 B 两级管网系统

1—气源厂 2—低压管道 3—压气站 4—低压储气站 5—中压 B 管网 6—区域调压站 7—低压管网

低压管网中主干管连成环网是比较合理的，次要的管道可以是枝状管。为了使压力留有余量，以保证环网工作可靠，主环各管段宜取相近的管径。不同压力等级的管网应通过几个调压站来连接，以保证在个别调压站关断时仍能正常供气。这样的管网方案，既保证了必要的可靠性，又比较经济。低压燃气管网还应根据城镇的地形地物自然分片布置，不必形成全城性的由许多环组成的大环网。因为从供气安全可靠的角度看，一个大型或中型城镇的低压管网连成大片环网的必要性不大，再则为了形成大环网要穿越较多的河流、湖泊、铁路和公路干线，这种做法并不一定经济合理。

（3）三级系统　三级系统指由低压、中压和次高压或高压三级组成的管网输配系统。这种系统通常在市内难以敷设高压管道，而中压系统又不能保证长距离输送大量燃气时采用，高压承担长距离输气，设在郊区或者近郊。图 1-6 所示为由高压、中压和低压管网组成，气源是来自长输管线的天然气，高压储气罐储气，并用高压管道将储气罐连成整体；通过高中压调压站、中低压区域调压站将高压管道、中压管道、低压管道连接。

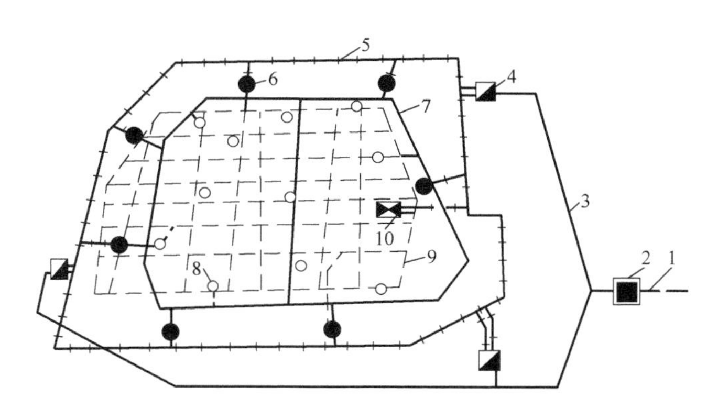

图 1-6　三级管网系统

1—长输管线　2—城镇燃气分配站　3—郊区高压管道（1.2MPa）　4—储气站
5—高压管网　6—高压—中压调压站　7—中压管网　8—中压—低压调压站　9—低压管网　10—煤制气厂

（4）多级系统　多级系统指由低压、中压、次高压和高压组成的管网输配系统。以天然气为主要气源的大城市，城市用气量很大，为了缓解天然气的输送压力，提高输送能力和供气的可靠程度，往往在城市边缘设超高压管网（输气压力大于 1.6MPa），形成多级系统。图 1-7 所示为某城市的多级管网系统。该城市气源为天然气，供气系统用地下储气库，高压储气罐站以及长输管线贮气；各级管网均成环。

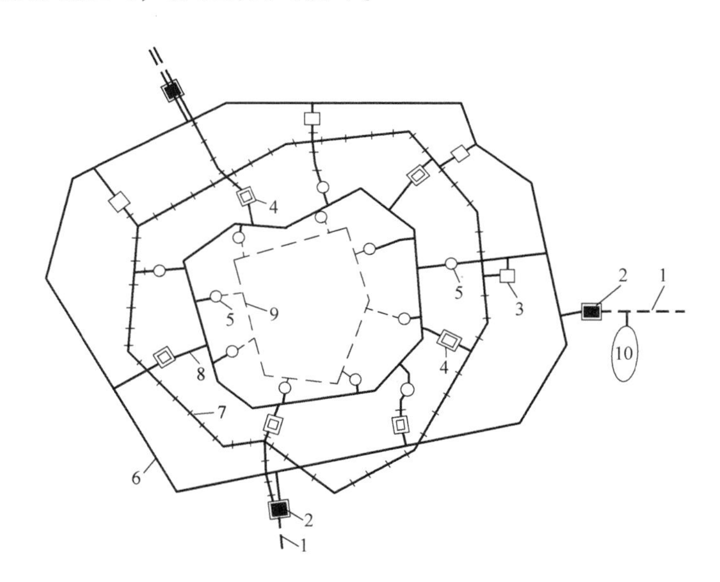

图 1-7　多级管网系统

1—长输管线　2—城镇燃气分配站　3—调压计量站　4—储气站
5—调压站　6—2.0MPa 的高压环网　7—高压 B 环网　8—中压 A 环网　9—中压 B 环网　10—地下储气库

2. 采用不同压力级制的必要性

基于以下原因燃气管网系统采用不同压力级制。

1）管网采用不同的压力级制是比较经济的，因为大部分燃气由较高压力的管道输送，管道的管径可以选得小一些，管道单位长度的压力损失可以选得大一些，以节省管材。如由城市的某一地区输送大量燃气到另一地区，则采用较高的输气管线，当管网内燃气的压力增高后，输送燃气所消耗的能量可能也随之增加。

2）各类用户需要的燃气压力不同，如居民用户和小型公共建筑用户需要低压燃气，大型工业企业则需要中压或高压燃气。

3）消防安全要求。在城市未改建的老区，建筑物比较密集，街道和人行道都比较狭窄，不宜敷设高压或中压 A 管道，而只能敷设中压 B 和低压管道，同时大城市的燃气输送系统的建造、扩建和改建过程要经过许多年，所以在城市的老区原先设计的燃气管道压力大都比近期建造的管道压力低。

3. 燃气管网系统的选择

在选择燃气输配管网系统时，应考虑许多因素，其中最主要的因素有：

1）气源情况，判断燃气的性质是人工燃气、天然气还是几种可燃气体的混配燃气；供气量和供气压力；燃气的净化程度和含湿量；气源的发展或更换气源的规划。

2）城镇规模、远景规划情况、街区和道路的现状和规划、建筑特点、人口密度、各类用户的数量和分布情况。

3）原有的城镇燃气供应设施情况。

4）对不同类型用户的供气方针、气化率及不同类型的用户对燃气压力的要求。

5）大型燃气用户（如工业企业）的数目、分布及特点。

6）储气设备的类型。

7）城镇地理地形条件，敷设燃气管道时遇到天然和人工障碍物（如河流、湖泊、铁路等）的情况。

8）城镇地下管线和地下建筑物、构筑物的现状和改建、扩建规划。

9）对城镇燃气发展的要求。

设计城镇燃气管网系统时，应全面考虑上述诸多因素进行综合，提出数个方案从技术性、经济性上进行比较，选用经济合理的最佳方案。方案的比较必须在技术指标和工作可靠性相同的基础上进行。

1.2.3 管网系统的布置

燃气管网要保证安全、可靠地给各类用户供应正常压力、足够数量的燃气，在满足这一要求的条件下，要尽量缩短管线，以节省投资和费用。在城镇燃气管网供气规模、供气方式和管网压力级制选定以后，根据气源规模、用气量及其分布、城市状况、地形地貌、地下管线与构筑物、管材设备供应条件、施工和运行条件等因素综合考虑，应全面规划，远近结合，做出分期建设的安排，并按压力高低压，先布置高压、中压管网，后布置低压管网。

1. 布线依据

地下燃气管道宜沿城镇道路、人行便道敷设，或敷设在绿化地带内。在决定城镇中不同压力燃气管道的布线问题时，必须考虑到下列基本情况：

1）管道中燃气的压力。

2）街道及其他地下管道的密集程度与布置情况。

3）道路现状和规划。

4）街道交通量和路面结构情况，以及运输干线的分布情况。

5）所输送燃气的含湿量，必要的管道坡度，街道地形变化情况。

6）与该管道相连接的用户数量及用气情况，该管道是主要管道还是次要管道。

7）线路上所遇到的障碍物情况。

8）土壤性质、腐蚀性能和冰冻线深度。

9）该管道在施工、运行中和发生故障时，对城镇交通和人民生活的影响。

由于输配系统各级管网的输气压力不同，其设施和防火安全的要求也不同，各自的功能也有所区别，故应按各自的特点进行布置。

2. 市区管网布置

1）高、中压燃气干管应靠近大型用户，尽量靠近调压站，以缩短支管长度。为了保证燃气供应的可靠性，主要干线应逐步连成环状。

2）城镇燃气管道应布置在道路下，尽量避开主要交通干道和繁华的街道，以减少施工难度和运行、维修的麻烦，并可节省投资。

3）沿街道敷设燃气管道时，可以单侧布置，也可以双侧布置。双侧布置用于街道很宽，横穿道路的支管很多、道路上敷设有轨电车轨道，输送燃气量较大，单侧管道不能满足要求时采用。

4）低压燃气干管应在小区内部的道路下敷设，可使管道两侧供气，又可兼作庭院管道，节省投资。

5）燃气管道不准敷设在建筑物、构筑物下面，不准与其他管道上下重叠平行布置，并禁止在下列场所之下敷设：

① 机械设备和货物堆放地。

② 易燃、易爆材料和腐蚀性液体的堆放场所。

③ 高压电线走廊。

6）燃气管道应尽量避免穿越铁路、河流、主要公路和其他较大障碍物，必须穿越时应有防护措施。

3. 郊区燃气干线布置

1）了解城镇发展规划，避开未来的建筑物。

2）少占良田，尽量靠近现有公路和规划公路的位置敷设。

3）管线应尽量避免穿越河流和大面积湖泊、水库，以减少工程量。

4）燃气干线的位置除考虑城市发展的需要外，还应兼顾城市周围小城镇的用气需要。

4. 燃气管线布置的规定

1）地下燃气管道埋设的最小覆土厚度应符合下列要求：

① 埋设在车行道以下时，不得小于0.8m。

② 埋设在非车行道以下时，不得小于0.6m。

③ 埋设在庭院内时，不得小于0.3m。

④ 埋设在水田以下时，不得小于0.8m。

当采取有效的防护措施后，上述规定均可适当降低。

2）输送湿燃气的燃气管道，应埋设在土壤冰冻线以下。燃气管道坡向凝水缸的坡度不宜小于0.003。

3）地下燃气管道穿过排水管、热力管沟、隧道及其他各种用途沟槽时，应将燃气管道敷设在套管内。套管伸出构筑物外壁不应小于 0.1m。钢套管应防腐，套管两端的密封材料应采用柔性的防腐、防水材料。

4）燃气管道穿越铁路和电车轨道时，应敷设在套管或涵洞内；在穿越城镇主要干道时宜敷设在套管或地沟内，并应符合下列要求：

① 套管直径应比燃气管道直径大 100mm 以上，套管或地沟两端应密封，在重要地段的套管或地沟端部宜安装检漏管。

② 套管端部距路堤坡脚距离不应小于 1.0m，在任何情况下应满足下列要求：

a. 距铁路边轨不应小于 2.5m。

b. 距电车道边轨不应小于 2.0m。

c. 燃气管道宜垂直穿越铁路、电车轨道和公路。

5）燃气管道通过河流时，可采用穿越河底、利用已建道路桥梁或采用管桥穿越的形式。当利用桥梁或管桥跨越河流时，应采取防火安全保护措施。

6）燃气管道穿越河底时，应符合下列要求：

① 燃气管道宜采用钢管。

② 燃气管道至规划河底的埋设深度，应根据水流冲刷条件确定，并不应小于 0.5m，对通航的河流还应考虑疏浚和投锚深度。

③ 稳管措施应根据计算确定。

④ 应在河流两岸设立标志。

7）地下燃气管道上的检测管、凝水缸的排水管、水封阀和阀门，均应设置护罩或护井。

8）室外架空的燃气管道，可沿建筑物外墙或支柱敷设。当采用支柱架空敷设时，应符合下列要求：

① 管底至人行道路路面的垂直净距离不应小于 2.2m，管底至道路路面的垂直净距离不应小于 5m，管底至铁路轨顶的垂直净距离不应小于 6m。

② 燃气管道与其他管道共架敷设时，应位于酸、碱等腐蚀性介质管道的上方，与其他相邻管道的水平间距必须满足安装和维修的要求。

③ 输送湿燃气的管道应采取排水措施，在寒冷地区还应采取保温措施。

1.3 城镇燃气用气量计算

1.3.1 供气对象及供气原则

城镇燃气供气对象主要为居民生活用气、公共建筑用气、建筑采暖用气及工业企业生产用气。

城镇燃气供气原则为：

1）优先满足城镇居民炊事和生活用气。

2）优先满足用天然气代替以油、煤炭等为燃料的工业企业用户。

3）尽量满足幼儿园、托儿所、医院、学校、旅馆、食堂和科研等公共建筑用户的用气。

4）发展工业企业用户，如生产工艺必须使用燃气的工业企业，使用燃气后节能效果显著的工业企业，及作为缓冲用户的工业企业。

1.3.2 城市燃气需用量的计算

用气量指标又称为用气定额、耗热定额。耗热定额是燃气输配系统的重要参数之一，它的高低将直接影响到城市供气规模的确定，因此，确定耗热定额必须有一个可靠的依据。

1. 居民用户生活用气量定额

影响居民生活用气量定额的因素有很多，如地区的气候条件、居民生活水平和饮食生活习惯、居民每户平均人口数、住宅内用气设备的设置情况、公共生活服务网的发展情况、燃气价格等。通常住宅内用气设备齐全，地区的平均气温低，则居民生活用气量指标也高。但是，随着公共生活服务网的发展以及燃具得以改进，居民生活用气量又会下降。

上述各种因素错综复杂、相互制约，因此对居民生活用气量指标的影响无法精确确定。一般情况下需统计 5~20 年的实际运行数据作为基本依据，用数学方法处理统计数据，并建立适用的数学模型，分析确定；并预测未来发展趋势，然后提出可靠的用气量指标推荐值。我国一些地区和城镇的居民生活用气量定额见表 1-3。

表 1-3 城镇的居民生活用气量定额 [单位：MJ/(人・年)]

地区	有集中供暖的用户	无集中供暖的用户	地区	有集中供暖的用户	无集中供暖的用户
东北地区	2303~2721	1884~2303	成都		2512~2931
华东、中南地区	—	2093~2303	上海	—	2303~2512
北京	2721~3140	2512~2931			

对无此类经验的中、小城市，可根据当地居民在实际生活中的耗热情况、生活习惯，当地的经济水平、气候及参考与该城市相邻的一些具有相似的气候、生活习惯的大城市的煤气公司或有关部门的统计数据进行分析、确定。

2. 公共建筑用气量定额

影响公共建筑用户用气量定额的因素主要有城市天然气的供应情况、用气设备性能、热效率、加工食品的方式和地区的气候条件等。

随着城市的经济发展、居民生活水平的提高，居民用户的用气量定额不增反减，而公建的用气量定额则有一个明显的增长，特别是酒店、宾馆。这是基于居民的生活习惯在改变，在外就餐的次数增多所致。

公共建筑用气量定额一般也应根据当地公共建筑用气量的统计数据分析确定。

我国几种公共建筑用气量定额见表 1-4。

表 1-4 公共建筑用气量定额

<table>
<tr><th colspan="2">类别</th><th>用气量指标</th><th>单位</th><th colspan="2">类别</th><th>用气量指标</th><th>单位</th></tr>
<tr><td colspan="2">职工食堂</td><td>1884~2303</td><td>MJ/(人・年)</td><td colspan="2">医院</td><td>2931~4187</td><td>MJ/(床位・年)</td></tr>
<tr><td colspan="2">饮食业</td><td>7955~9211</td><td>MJ/(座・年)</td><td rowspan="2">招待所/旅馆</td><td>有餐厅</td><td>3350~5024</td><td>MJ/(床位・年)</td></tr>
<tr><td rowspan="2">托儿所/幼儿园</td><td>全托</td><td>1884~2515</td><td>MJ/(人・年)</td><td>无餐厅</td><td>670~1047</td><td>MJ/(床位・年)</td></tr>
<tr><td>日托</td><td>1256~1675</td><td>MJ/(人・年)</td><td colspan="2">宾馆</td><td>8374~10467</td><td>MJ/(床位・年)</td></tr>
</table>

注：1. 职工食堂的用气定额包括做副食和热水在内。
2. 燃气热值按低热值计算。

3. 工业企业用气量定额

工业企业用气量定额可由产品的耗气定额或其他燃料的实际消耗量进行折算，也可以按照同行业的用气量定额分析确定。我国部分工业产品的用气量定额见表1-5。

在考查新建企业近期用气的情况之后，也要对其企业将来的发展做一了解，以确定其未来的最终用气规模，从而保证输配系统的供应能力。

4. 建筑采暖及空调用气量定额

采暖和空调用气量定额可按国家现行标准《城市热力管网设计规范》CJJ 34或当地建筑物耗热量定额确定。

表1-5　部分工业产品的用气量定额

序号	产品名称	加热设备	单位	耗气定额/MJ
1	熔铝	熔铝锅	t	3100~3600
2	洗衣粉	干燥器	t	12600~15100
3	黏土耐火砖	熔烧窑	t	4800~5900
4	石灰	熔烧窑	t	5300
5	玻璃制品	熔化、退火等	t	12600~16700
6	白炽灯	熔化、退火等	万只	15100~20900
7	织物烧毛	烧毛机	万m	800~840
8	日光灯	熔化退火	万只	16700~25100
9	电力	发电	kW·h	11.7~16.7
10	动力	燃气轮机	kW·h	17.0~19.4
11	面包	烘烤	t	3300~3350
12	糕点	烘烤	t	4200~4600

5. 天然气汽车用气量定额

天然气汽车用气量定额应根据当地天然气汽车种类、车型和使用量的统计数据分析确定。当缺乏用气量的实际统计资料时，可参照已有燃气汽车城镇的用气量定额分析确定。

1.3.3　城市天然气年用气量计算

在进行城市天然气配气系统的设计时，首先要确定燃气需要量，即年用气量。年用气量是确定气源、管网和设备燃气通过能力的依据。

年用气量主要取决于用户的类型、数量及各类用户的用气量指标。因此，城市天然气年用气量一般按用户类型分别计算后汇总。

1. 居民生活年用气量

在计算居民生活年用气量时，需要确定用气人数。居民用气人数取决于城镇居民人口数及气化率。城镇居民气化率是指城镇用气人口数占城镇总人口数的百分数。一般由于城镇中存在着新建住宅、采用其他能源供应形式的建筑以及不适于供气条件的旧房屋或居民点离管网过远等情况，城镇居民的气化率很难达到100%。

根据居民生活用气量指标、居民总数、气化率，即可按下式计算出居民生活年用气量。

$$Q_a = \frac{Nkq}{H_i}$$

式中　Q_a——居民生活年用气量，单位为 m^3/a；

N——居民人数，单位为人；

k——气化率；

q——居民生活用气量定额，单位为 kJ/(人·年)

H_i——天然气的低热值，单位为 kJ/m^3。

2. 公共建筑年用气量

公共建筑年用气量的计算首先要确定各类用户的用气量指标、居民数及各类用户用气人数占总人口的比例。对于公共建筑，用气人口数取决于城市居民人口数和公共建筑设施标准。列入这种标准的有：1000 名居民中入托儿所、幼儿园的人数，为 1000 名居民设置的医院、旅馆床位数等。在规划设计阶段，公共建筑的年用气量可由下式确定：

$$Q_a = \frac{MNq}{H_i}$$

式中　Q_a——公共建筑年用气量，单位为 m^3/a；

N——居民人口数，单位为人；

M——各类用户用气人数占总人口的比例数；

q——各类公共建筑用气量定额；单位为 kJ/(人·年)；

H_i——天然气的低热值，单位为 kJ/m^3。

当公共建筑用户的用气量不能准确计算时，还可以在考虑公共建筑设施建设标准的前提下，按城镇居民生活年用气量的某一比例进行估算。例如，在计算出城镇居民生活的年用气量后，可按居民生活年用气量的 10%~30%估算城镇公共建筑用户的年用气量。

3. 工业企业年用气量

工业企业年用气量与生产规模、班制和工艺特点有关，一般只进行粗略估算。在规划设计阶段，一般按以下三种方法计算工业用户的年用气量：

1）参照已用气且生产规模接近的同类企业年耗气量估算。

2）按各种工业产品的用气定额及其年产量来计算。

3）在缺乏产品用气定额资料的情况下，通常是将工业企业其他燃料的年用量，在考虑自然增长后，折算成用气量。折算公式为

$$Q_a = \frac{1000 G_y H'_i \eta'}{H_i \eta}$$

式中　Q_a——工业用户的年用气量，单位为 m^3/a；

G_y——其他燃料年用量，单位为 t/a；

H'_i——其他燃料的低发热值，单位为 kJ/kg；

η'——其他燃料燃烧设备热效率；

η——天然气燃烧设备热效率；

H_i——天然气的低热值，单位为 kJ/m^3。

4. 建筑物采暖年用气量

建筑物采暖年用气量与使用燃气采暖的建筑面积、耗热指标和采暖期长短有关，计算公

式如下：

$$Q_a=\frac{Fq_H n}{H_i\eta}$$

式中　Q_a——采暖的年用气量，单位为 m^3/a；

F——使用燃气采暖的建筑面积，单位为 m^2；

n——采暖最大负荷利用小时数，单位为 h；

q_H——民用建筑物的耗热量，单位为 $kJ/(m^2 \cdot h)$；

η——供暖系统的热效率；

H_i——天然气的低热值，单位为 kJ/m^3。

其中，采暖最大负荷利用小时数一般可按下式计算：

$$n=n_1\frac{t_1-t_2}{t_1-t_3}$$

式中　n——采暖最大负荷利用小时数，单位为 h；

n_1——采暖期，单位为 h；

t_1——采暖室内计算温度，单位为℃；

t_2——采暖期室外平均温度，单位为℃；

t_3——采暖室外计算温度，单位为℃。

由于各地的气候条件不同，冬季采暖计算温度及建筑物耗热指标均不同，应根据当地的各项采暖指标进行计算。

5. 其他用户年用气量

其他用户年用气量可以根据其用气设备及耗气量等进行推算。

6. 未预见量

未预见量主要是指燃气管网漏损量和规划发展过程中未预见的供气量，一般按总用气量的5%计算。

1.4　燃气管道及附属设备

1.4.1　管材及连接方式

1. 燃气管道对管材的要求

由于管材的种类繁多，性能各异，因此它们的适用场所也各不相同。燃气管道的设计、施工人员要根据燃气介质的种类和参数正确选用管材。对管材的基本要求如下：

1）用于燃气管道的钢质管材必须选用输送流体用钢管，禁止使用结构用钢管。

2）在介质的压力和温度作用下具有足够的机械强度和严密性。

3）有良好的焊接性。

4）当工作状况变化时，对热应力和外力的作用有相应的弹性和安定性。

5）具有抵抗内外腐蚀的持久性。

6）抗老化性好，寿命长。

7）内表面粗糙度值要小，并免受介质侵蚀。

8）温度变形系数小。

9）管子或管件间的连接与接合要简单、可靠、严密。

10）运输、保存、施工应简单。

11）管材来源充足，价格低廉。

燃气工程中，由于金属管材的机械强度高，管壁薄，运输方便、施工容易，因而得到广泛的应用。

2. 钢管

钢管作为燃气管材使用，具有承载应力大、可塑性好、便于焊接的优点。与其他管材相比，壁厚较薄、节省金属用量；但耐蚀性较差，必须采取可靠的防腐措施。钢管分为无缝钢管和焊接钢管两种。

无缝钢管按制造方法又分为热轧和冷轧。冷轧无缝钢管外径为55～200mm；热轧无缝钢管外径为32～630mm。

用途最广的是低压流体输送用焊接钢管，它属于直焊缝钢管，常用管径为6～150mm，按表面质量分为镀锌管（白铁管）和非镀锌管（黑铁管）两种；大口径焊接钢管，有直缝卷焊管（*DN*200～*DN*1800）和螺旋焊接管（*DN*200～*DN*700），其管长为3.8～18m。

当直径在150mm以下时，一般采用低压流体输送焊接钢管；大口径管道多采用螺旋焊接管。钢管壁厚应根据埋设地点、土壤和交通载荷而加以选择；要求不小于3.5mm，如在街道红线内则不小于4.5mm；当管道穿越重要障碍物以及土壤腐蚀性甚强的地段，壁厚应不小于8mm；户内管的壁厚不小于2.75mm。

钢管的连接可以用螺纹连接、焊接连接和法兰连接进行连接。室内管道管径较小、压力较低，一般用螺纹连接，室外输配管道以焊接连接为主，设备与管道的连接常用法兰连接。

3. 铸铁管

灰铸铁管的抗拉强度、抗弯曲能力、抗冲击能力和焊接性能均不如钢管好，但由于其耐蚀性能良好，在城市的中、低压燃气管道中仍被广泛采用。随着球墨铸铁铸造技术的发展，铸铁管的力学性能大大增强，从而提高其安全性，降低了维护费用。国外铸铁管的直径为40～2600mm，长度为2～8m，输气压力最高达0.7～1.6MPa。

灰铸铁管、球墨铸铁管，采用机械接口进行连接。

4. 塑料管

塑料管具有耐腐蚀、质轻、流体流动阻力小、使用寿命长、施工简便、可盘卷、抗拉强度较大等优点。近四十年来，国内外相继在天然气输配系统中使用中密度聚乙烯（PE）和尼龙-11等各种材质的塑料管。

目前用于燃气管道上的塑料管的最大工作压力0.4MPa，最高工作温度38℃。由于它的刚性不如金属管，所以在埋设施工时必须夯实沟槽底，才能保证管道坡度的要求。虽然塑料管经剧烈碰撞易断裂，但易于及时发现并修复，塑料管的安装费要比钢管低，如施工*DN*100的管子，每米可节省施工费约7%，施工*DN*50的管子每米可节省施工费约17%。

聚乙烯管道常采用热熔连接、电熔连接；塑料管与金属管采用钢塑接头连接 。

5. 其他管材

有时还使用非铁金属管材，如铜管和铝管。由于铜管和铝管价格昂贵，不能广泛应用于燃气输配管道上。在室内管道上还可使用铝质软连接管和铝塑、钢塑复合管，在有些方面更优于塑料管的特性。

1.4.2 燃气管材的选用

选用燃气工程管材要根据输送介质的种类、设计压力、设计温度、工作所处的环境、材料的价格及焊接性能等因素来确定。各种管材的适用条件应与国家或行业现行标准或规程相适应。

1）室外高压、次高压应采用石油天然气工业输送钢管（L175 级钢管除外）和输送流体用无缝钢管。三级和四级地区高压燃气管道材料钢级不应低于 L245。次高压燃气管道若采用钢质燃气管道，其直管段壁厚应计算确定。地下次高压 B 级燃气管道也可用 Q235B 钢焊接钢管、燃气工程用聚乙烯管（PE100-SDR11）和钢塑复合管。

2）室外中压、低压燃气管道宜采用聚乙烯管、机械接口球墨铸铁管、钢管和钢塑复合管。钢塑复合管还可分为钢丝网（焊接）骨架聚乙烯复合管和孔网钢带聚乙烯复合管。

3）建筑燃气管道管材可选用钢管、铜管、不锈钢管、铝塑复合管及胶管，宜选用热镀锌钢管。

4）需要防止不均匀沉降的部位宜采用金属软管。其他管材，在有限制条件下可采用。

常用的管材有防腐钢管、PE 管、球墨铸铁管、灰铸铁管、镀锌管（较多用于地上部分）。少量应用的有钢骨架 PE 管、铝塑复合管（仅能用于表后室内）。

埋地钢管常用的防腐材料有 PE、环氧煤、环氧煤沥青玻璃布、石油沥青玻璃布，并根据材质与厚度的不同，有普通级、加强级、特加强级之分。

新建管网一般采用 PE 防腐钢管、PE 管、镀锌管。老管网一般以铸铁管、钢管为主。

对于同样的输气能力，当管径 $<DN250$ 时，PE 管的造价要低于其他管材的造价，有效期内使用寿命也较高。

1.4.3 管道附属设施

1. 阀门

阀门是用于启闭管道通路或调节管道介质流量的设备。因此要求阀体的机械强度高，转动部件灵活，密封部件严密、耐用，对输送介质的耐蚀性高，同时零部件的通用性好。

阀门的种类很多，燃气管道上常用的有闸阀、旋塞阀、截止阀、球阀和蝶阀等。

（1）闸阀　闸阀中流体是沿直线通过阀门，阻力损失小，闸板升降引起的振动也很小。当燃气中存在杂质或异物并积存在阀座上时，阀门不能完全关闭。闸阀有单闸板闸阀与双闸板闸阀之分，有平行闸板与楔形闸板之分，此外还有明杆阀门和暗杆阀门，如图 1-8 和图 1-9 所示。

（2）旋塞阀　旋塞阀是一种动作灵活的阀门，阀杆转 90°即可达到启闭的要求。杂质沉积造成的影响比闸阀小，广泛用于燃气管道上。

一种称为无填料旋塞，是利用阀芯尾部螺母的作用，使阀芯与阀体紧密接触，不致漏气，这种旋塞只允许用于低压管道上；另一种称为填料旋塞，利用填料以密封旋塞阀体与阀芯之间的间隙而避免漏气，这种旋塞体积较大，较安全可靠。两种旋塞如图 1-10 及图 1-11 所示。

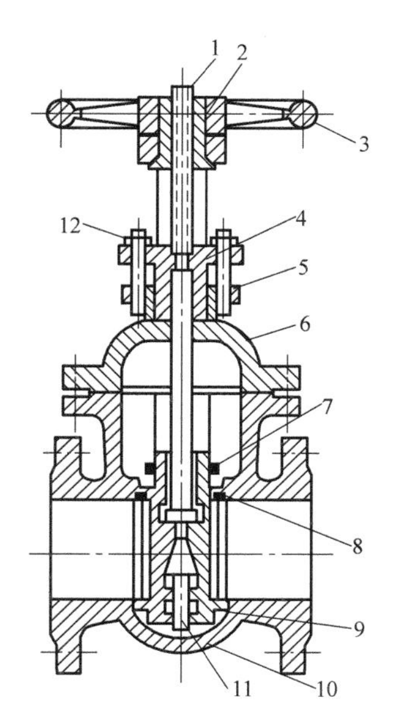

图 1-8　明杆平行式双闸板闸阀

1—阀杆　2—轴套　3—手轮　4—填料压盖

5—填料　6—上盖　7—卡环　8—密封区

9—闸板　10—阀体　11—顶楔　12—螺栓及螺母

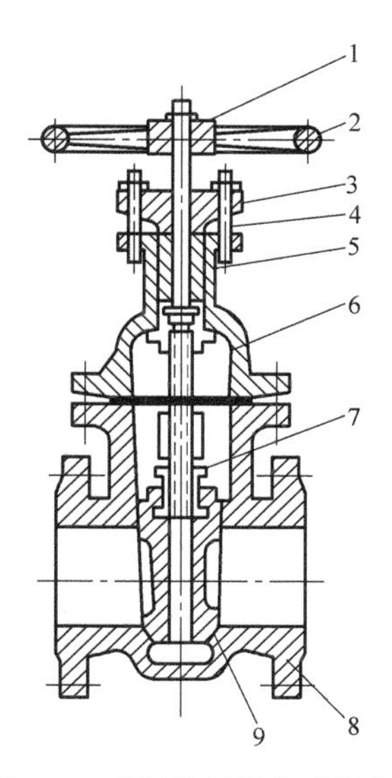

图 1-9　暗杆单闸板楔形闸阀

1—阀杆　2—手轮　3—填料压盖　4—螺栓及螺母

5—填料　6—上盖　7—轴套　8—阀体　9—闸板

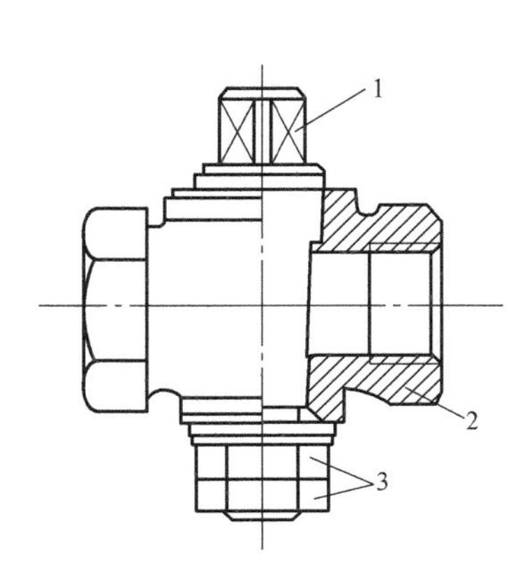

图 1-10　无填料旋塞

1—阀芯　2—阀体　3—拉紧螺母

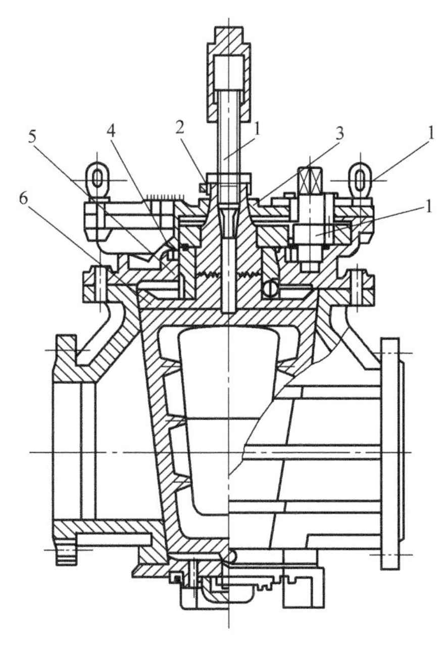

图 1-11　填料旋塞

1—螺栓螺母　2—阀芯　3—填料压盖

4—填料　5—垫圈　6—阀体

（3）截止阀　截止阀是依靠阀瓣的升降以达到开阈和节流的目的。这类阀门使用方便，安全可靠，但阻力较大，如图 1-12 所示。

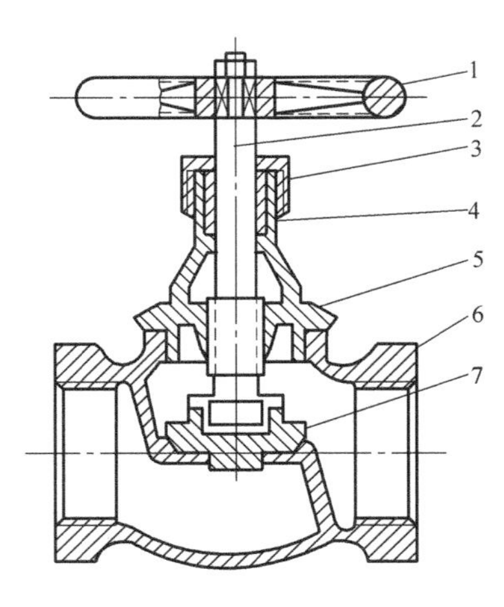

图 1-12　截止阀

1—手轮　2—阀杆　3—填料压盖
4—填料　5—上盖　6—阀体　7—阀瓣

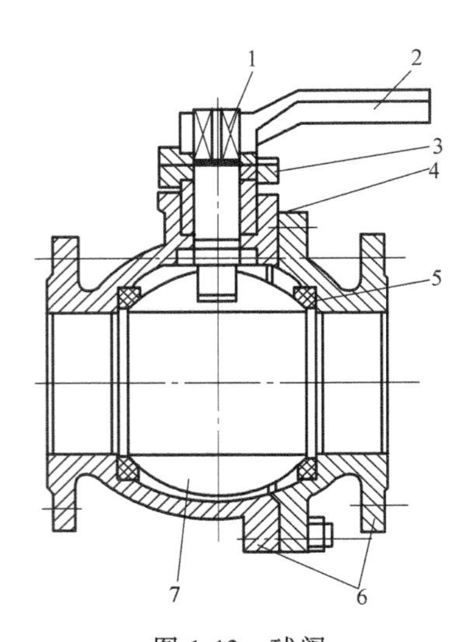

图 1-13　球阀

1—阀杆　2—手柄　3—填料压盖　4—填料
5—密封圈　6—阀体　7—球

（4）球阀　球阀的体积小，完全开启时流通断面与管径相等。这种阀门动作灵活，阻力损失小，如图 1-13 所示。

（5）蝶阀　蝶阀是阀瓣绕阀体内固定轴旋转的阀门，一般作为管道及设备的开启或关闭功能使用，有的也可以作为节流功能使用。垂直板式蝶阀如图 1-14 所示。

（6）安全阀　管道安全阀由阀体、阀芯、调节螺钉、弹簧等部件组成。管道安全阀主要用于燃气管道，是确保管道安全运行的重要安全附件，常用规格为 *DN*15～*DN*40。

（7）过滤阀　过滤阀在管道设备上的作用是防止介质中的杂质或管道内壁上的铁锈、焊渣等杂物进入工艺系统中，使燃气输配设备免受损坏。常见的 Y 形过滤阀如图 1-15 所示。Y 形过滤阀连接方式有法兰连接和螺纹连接两种，其规格一般为 *DN*15～*DN*200。阀体材料多为球墨铸铁或不锈钢，标准滤网一般为 40 目，使用温度为-5～350℃。

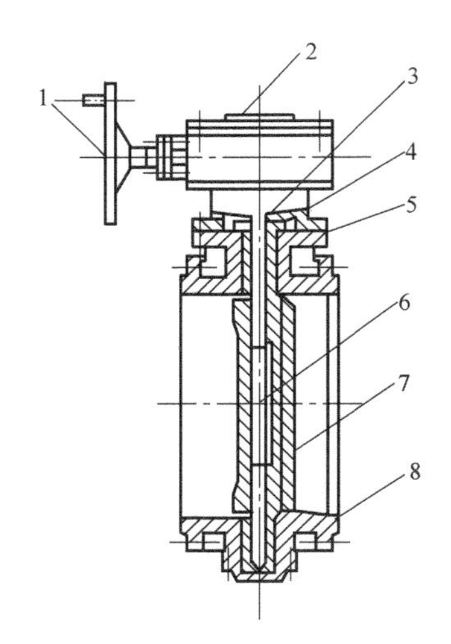

图 1-14　垂直板式蝶阀

1—手轮　2—传动装置　3—阀杆　4—填料压盖
5—填料　6—转动阀瓣　7—密封面　8—阀体

2. 调压器

（1）调压器（或称调压阀）的作用　燃气输配系统的压力工况是靠安装在气源厂、储配站场、输配管网及用户处的调压器来控制的。其作用是将较高的入口压力调至较低的出口压力，并随着燃气需求用量的变化自动保持出口压力为一恒定值。因此，调压器是一种降压附属设备。

（2）调压器的分类

1）按动作原理分类。通常调压器分为直接作用式和间接作用式两种。直接作用式调压器依靠敏感元件（薄膜）所感受的出口压力变化来移动调节阀门进行调节。敏感元件就是传动装置的受力元件，使调节阀门移动的能源是被调介质。而间接作用式调压器，出口压力的变化使操纵机构（如指挥器）动作，接通能源（可为外部能源，也可为被调介质）使调节阀门移动。间接作用式调压器的敏感元件和传动装置的受力元件是分开的。

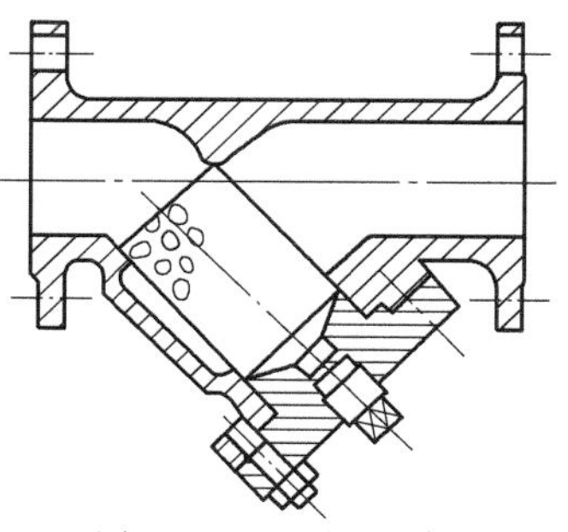

图 1-15　Y 形过滤阀

2）按出口压力分类。调压器按出口压力分为：高高压、高中压、中中压、中低压和低低压五种。较常用的调压器是高中压、中中压和中低压三种。

3）按结构分类。调压器按其结构分为：膜片式、弹簧薄膜式、浮筒式、活塞式、波纹管式、杠杆式等。常用的调压器是膜片式。

（3）膜片式调压阀　它是通过启闭件的节流，将介质压力降低，并借阀后压力的直接作用使系统压力自动保持在一定范围的阀门。调压阀的工作原理主要是靠膜片、重块、阀杆等元件改变阀瓣与阀座的间隙，把进口压力减至某一需要的出口压力，并靠介质本身的能量，使出口压力自动保持稳定。常用的膜片式调压阀结构原理如图 1-16 所示。膜片式调压阀的优点是灵敏度高、工作可靠；缺点是薄膜的耐久性较差，工作温度不宜过高。

（4）直接作用式用户调压器

1）家庭用小流量调压器。家庭用小流量调压器是弹簧薄膜式结构，工作时随流量的增加，内置的弹簧伸长，弹簧力减弱，给定值减小；同时随着流量的进一步增加，薄膜挠度减小，有效面积增加，气流直接冲击在薄膜上，抵消一部分弹簧力，这样使得调压器随流量的增加而使出口压力降低。常用的 RCAN 型调压器如图 1-17 所示。

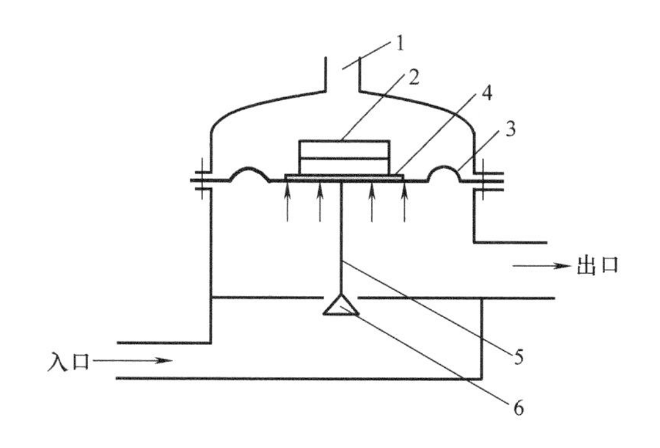

图 1-16　膜片式调压阀结构原理

1—呼吸孔　2—重块　3—悬吊阀杆的薄膜
4—薄膜上的金属压盘　5—阀杆　6—阀芯

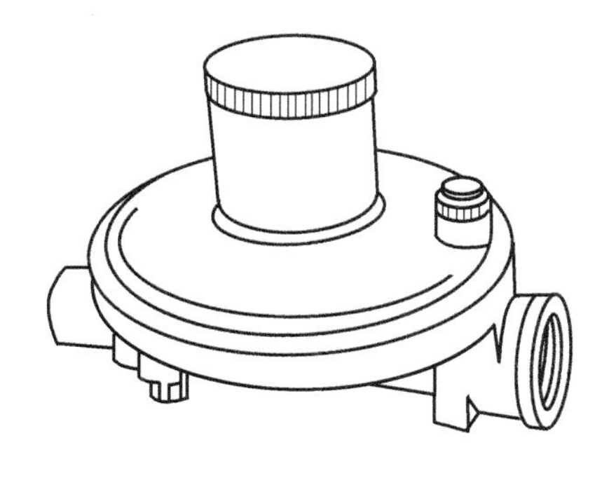

图 1-17　RCAN 型调压器

2）楼栋集中调压器。这种调压器适用于居民住宅集中供气和商业用户。它可以将用户室内管道与中压或高压管道直接连接起来，便于进行“楼栋集中调压”。其结构原理如图 1-18所示。

这种调压器具有结构简单、体积小、重量轻、性能可靠、安装方便等优点。由于通过调节阀门的气流不直接冲击到薄膜，因此改善了由此引起的出口压力低于设计理论值的缺点。另外，为提高调节质量，在结构上采取了增加薄片托盘重量的措施，从而减少了弹簧变化对出口压力的影响。

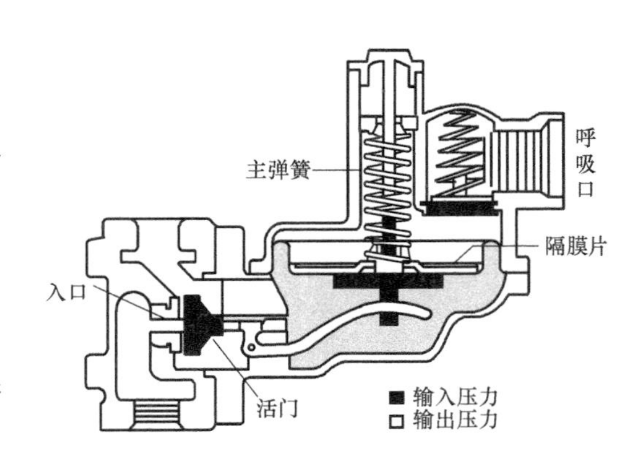

图 1-18　栋楼集中调压器结构原理

（5）间接作用式调压器　间接作用式调压器的种类主要有指挥式调压器、雷诺式调压器、T 形调压器和曲流式调压器。

1）指挥式调压器　指挥式调压器广泛地应用于燃气输配系统的分输站、门站及调压计量站中。其结构原理如图 1-19 所示。调压器开始工作时，先调整指挥器（或称指挥调压器）弹簧压力，当被调介质压力低于给定值时，指挥器的弹簧力推动阀杆左行，通过杠杆作用，将指挥器上的活门开启，这时负荷压力增大，使得主调压器上腔压力变大，薄膜下行，带动主调压器杠杆开启主阀活门，这时调压器进入工作状况，调压器依靠出口压力变化，与薄膜上下腔压力平衡，从而调压器薄膜克服膜片上的弹簧力，使阀杆上行，这时主阀活门开度逐渐变小，甚至自动关闭，切断燃气通道。

2）雷诺式调压器。雷诺式调压器与其他调压器相比较，结构复杂，占地面积大，但其压力调节性能好，无论进口压力和管网负荷在允许范围内如何变化，均能保持稳定的出口压力。雷诺式调压器是应用较广泛的一种间接作用式中低压调压器，主要用作区域调压或大工业用户专用调压。

雷诺式调压器由主调压器、中压辅助调压器、低压辅助调压器、压力平衡器及针形阀所组成，其结构原理如图 1-19 所示。这种调压器对燃气的净化程度要求高，在运行中要经常检查针形阀是否被堵塞。

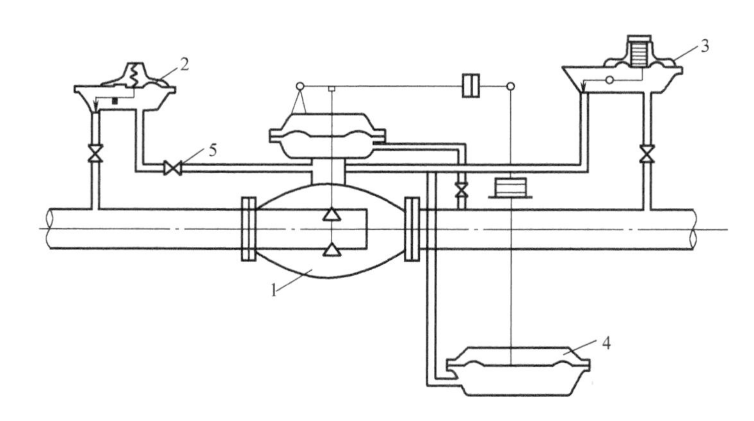

图 1-19　雷诺式调压器结构原理

1—主调压器　2—中压辅助调压器　3—低压辅助调压器　4—压力平衡器　5—针形阀

中压辅助调压器的作用是将一部分中压燃气引入，并使其出口压力保持一定值。自中压辅助调压器到压力平衡器及低压辅助调压器之间的压力称为中间压力（指挥压力或调节过渡压力，其值通常为5kPa左右），利用中间压力的变化可以自动地调节主调压器的开度。低压辅助调压器的作用是将其出口压力调节到规定的压力。当无负荷时，主调压器与两个辅助调压器的阀门呈关闭状态。开始有负荷时，出口压力下降，低压辅助调压器失去平衡，调节阀门打开，燃气流向低压管，中间压力降低．同时中压辅助调压器也打开，燃气从中压辅助调压器流向低压辅助调压器，致使针形阀以后的压力下降，这时压力平衡器内的薄膜开始下降，通过杠杆将主调压器打开。负荷越大，流经辅助调压器的流量也越大，针形阀的阻力损失也就越大，中间压力也就越小，主调压器阀门的开度也就越大；如负荷减小，调压器的动作与上述正好相反。负荷减到零时，阀门完全关闭，即切断燃气通道。应当指出，当负荷很小时，中间压力变化很小，不足以使主调压器起动，通过辅助调压器即可满足需要。

3）T形调压器。T形调压器作为高中压、中中压、中低压调压所用。它与指挥式调压器原理基本相同，由指挥器、主调压器及排气阀三部分组成，其结构原理如图1-20所示。这种调压器性能较好，适用范围广。

调压器工作时，首先按需要的出口压力（给定值）调节指挥器的弹簧，同时调节排气阀的排气压力使其稍高于需要的出口压力。当出口压力P_2低于给定值时，指挥器的薄膜就开始下降，使指挥器阀门打开，压力为P_3的气体补充到调压器的膜下空间，$P_3>P_2$时阀门打开，流量增加，P_2恢复到给定值。当P_2超过给定值时，指挥器薄膜上升使其阀门关闭，同时由于作用在排气阀薄膜下部的力将排气阀打开，压力为P_3的气体排出一部分，使调压器膜下的压力减小，又由于P_2增加，调压膜上的压力增大，阀口关小，P_2又恢复到给定值。

4）曲流式调压器。曲流式调压器具有运行无声、关闭严密、调节范围广、结构紧凑等优点。其结构原理如图1-21所示。

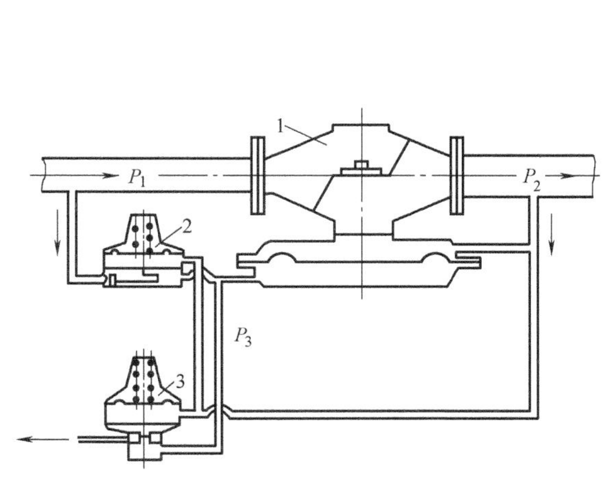

图1-20　T形调压器结构原理

1—主调压器　2—指挥器　3—排气阀

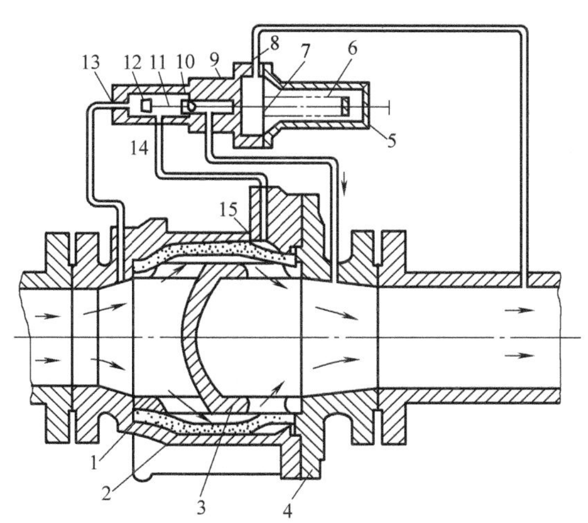

图1-21　曲流式调压器结构及结构原理

1—布壳　2—橡胶套　3—内芯　4—阀盖　5—指挥器上壳体　6—弹簧　7—橡胶膜片　8—指挥器下壳体　9—壳体　10—阀芯　11—阀杆　12—孔口　13—阀口　14—导压管入口　15—环状腔室

曲流式调压器是带有指挥器的间接作用式调压器，即由主调压器与指挥器两部分组成。开始工作时，调节指挥器弹簧，阀杆即向左侧移动，阀口13关小，同时阀口10打开，调压器环状腔室内的指挥压力 P_3 降低，依靠压力差 $P_1 \sim P_3$ 使橡胶套开启，调压器起动，继续调节指挥器弹簧，将出口压力 P_2 调至所需数值。当进口压力 P_1 降低或负荷增加时，出口压力 P_2 降低导致作用在指挥器橡胶膜片上的压力降低，橡胶膜片带动阀杆移动。

3. 补偿器

补偿器是调节管线因温度变化而伸长或缩短的配件，常用于架空管道和需要进行蒸气吹扫的管道上。此外，补偿器安装在阀门的下侧（按气流方向），利用其伸缩性能，方便阀门的拆卸和检修。

在埋地燃气管道上，多用钢制波形补偿器（图1-22），其补偿量约为10mm；还使用一种橡胶—卡普隆补偿器（图1-23），它是带法兰的螺旋皱纹软管，软管是用卡普隆布做夹层的胶管，外层则用粗卡普隆绳加强。其补偿能力在拉伸时为150mm。

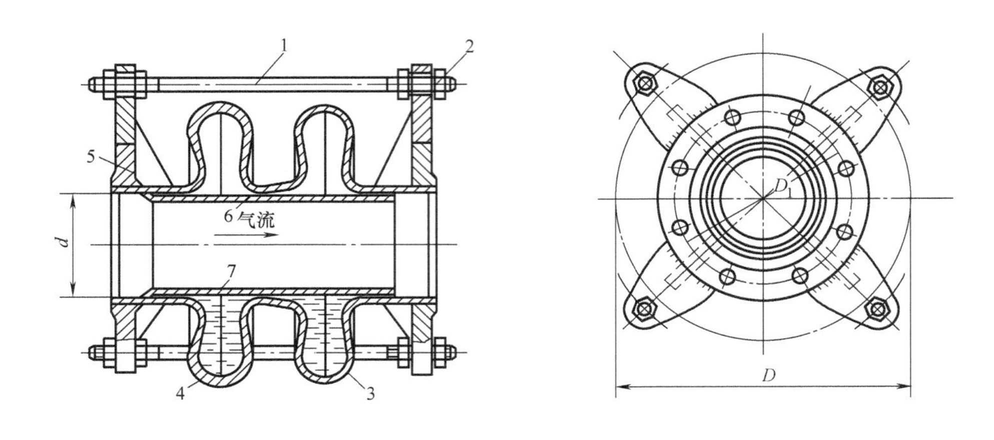

图1-22 钢制波纹补偿器

1—螺杆 2—螺母 3—波节 4—石油沥青 5—法兰盘 6—套管 7—注入孔

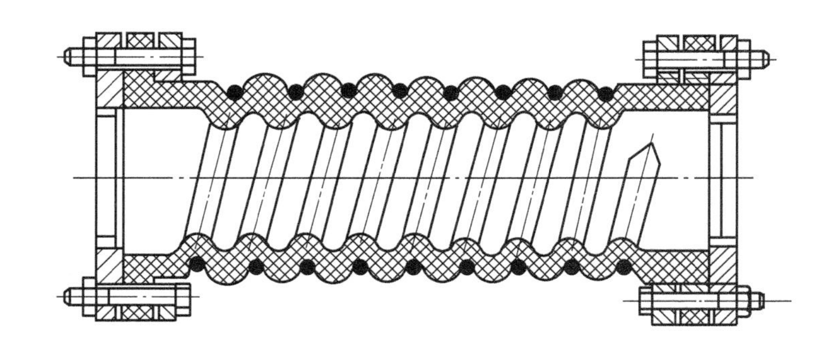

图1-23 橡胶—卡普隆补偿器

4. 排水器

排水器是用于排除燃气管道中冷凝水和石油伴生气管道中轻质油的配件，由凝水罐、排水装置和井室三部分组成。管道敷设时应有一定坡度，以便在低处设排水器，将汇集的水或油排出。排水器的间距，视水量和油量多少而定。

根据管道中燃气压力的不同，排水器有不能自喷和自喷两种。如管道内压力较低，水或油就要依靠抽水设备来排出（图 1-24）。安装在高、中压管道上的排水器（图 1-25），由于管道内压力较高，积水（油）在排水管旋塞打开以后自行喷出。

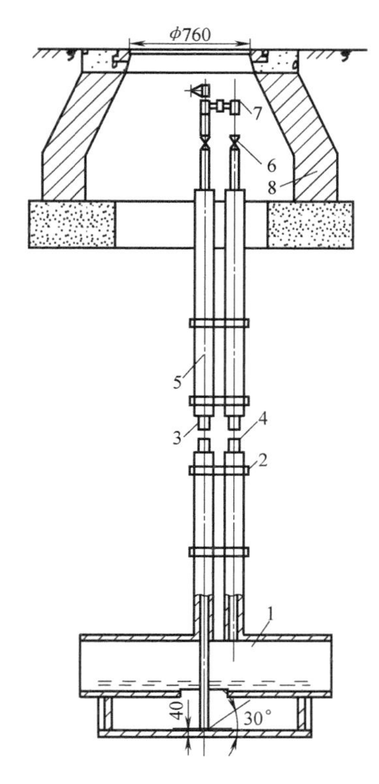

图 1-24 低压排水器

1—集水器 2—管卡 3—排水器 4—循环管
5—套管 6—旋塞 7—丝堵 8—井圈

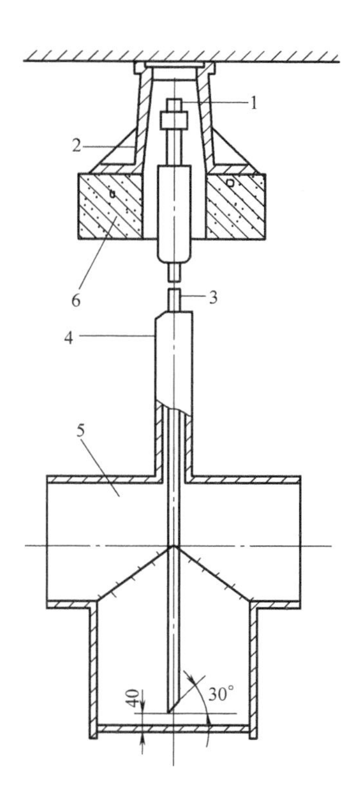

图 1-25 中高压排水器

1—丝堵 2—防护罩 3—抽水管
4—套管 5—集水器 6—底座

5. 放散管

放散管是用来排放管道内部的空气或燃气的装置。在管道投入运行时，利用放散管排出管内的空气；在管道或设备检修时，利用其排放管内的燃气，防止在管道内形成爆炸性的混合气体。

放散管设在阀门井中时，在环网中阀门的前后都应安装，而在单向供气的管道上则安装在阀门之前。

6. 阀门井

为保证管网的安全与操作方便，地下燃气管道上的阀门一般都设置在阀门井中。阀门井应坚固耐用，有良好的防水性能，并保证检修时有必要的空间。考虑到人员的安全，井筒不宜过深。100mm 单管阀门井构造图如图 1-26 所示。

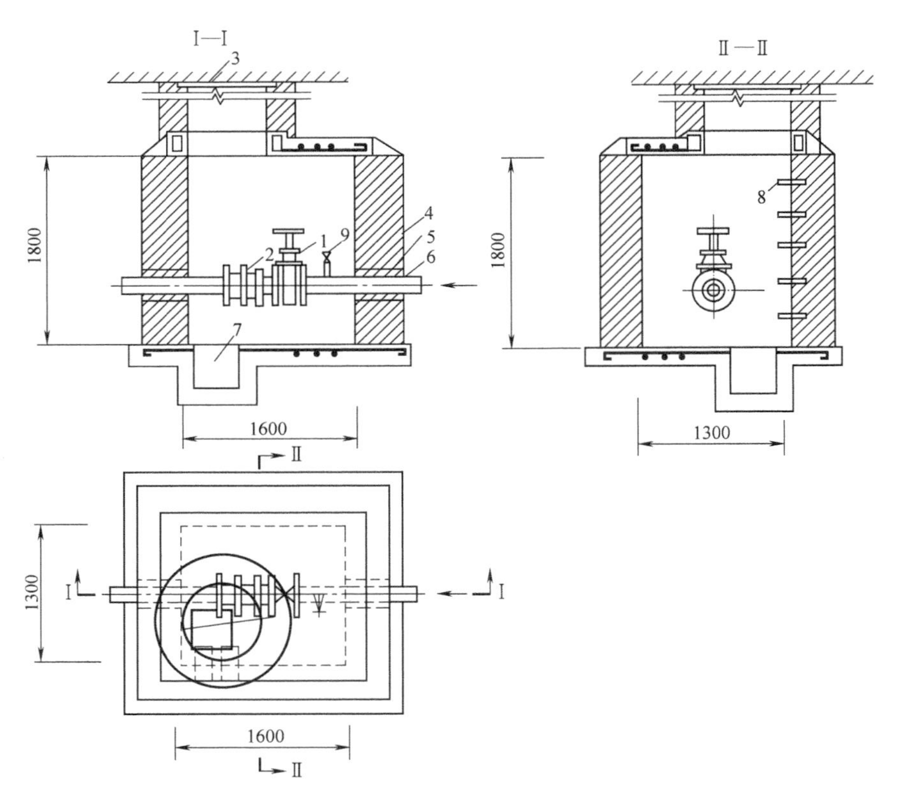

图 1-26　100mm 单管阀门井构造图

1—阀门　2—补偿器　3—井盖　4—防水层　5—浸沥青麻

6—沥青砂浆　7—集水坑　8—爬梯　9—放散管

第2章

城市给水管道系统

城市给水管道系统又称给水管网，主要任务是将水质符合用户要求的成品水输送和分配到各用户。

2.1　城市给水系统的分类与组成

2.1.1　给水系统的分类

（1）按水源种类　分为地表水（江河水、湖泊水、水库蓄水、海水等）和地下水（浅层地下水、深层地下水、泉水等）给水系统。

（2）按供水方式　分为自流系统（重力供水）、水泵供水系统（压力供水）和混合供水系统。

（3）按使用目的　分为生活用水、生产给水和消防给水系统。

（4）按服务对象　分为城市给水和工业给水系统；工业给水系统又分为循环系统和复用系统。

2.1.2　给水系统的组成

给水系统是取水、输水、水质处理和配水等设施以一定的方式组合形成的总体，是指通过管道及辅助设备，按照建筑物和用户的生产、生活和消防的需要有组织地将水输送到用水地点的网络。给水系统一般由下列工程设施组成：

（1）取水构筑物　用于从选定的水源（包括地表水和地下水）取水。

（2）水处理构筑物　是对取水构筑物的来水进行处理，以期符合用户对水质的要求。这些构筑物常集中布置在水厂内。

（3）泵站　用于将所需水量提升到要求的高度，可分为抽取原水的一级泵站、输送清水的二级泵站和设于管网中的增压泵站等。

（4）输水管渠和管网　输水管渠是将原有水送到水厂的管渠，管网则是将处理后的水送到各个给水区的全部管道。

（5）调节构筑物　它包括各种类型的贮水构筑物，例如高地水池、水塔、清水池等，用以贮存和调节水量。高地水池和水塔兼有保证水压的作用。

泵站、输水管渠、管网和调节构筑物等总称为输配水系统，从给水系统整体来说，其投资最大。

2.1.3 给水系统的布置

图 2-1 所示为最常见的以地表水为水源的给水处理系统。在此给水系统中，取水构筑物 1 从河流取水，经过一级泵站 2 送往水处理构筑物 3，处理后的清水贮存在清水池 4 中，二级泵站 5 从清水池取水，经过管网 6 供应给用户。有时为了调节水量和保持管网的水压，可根据需要建造水库泵站、高地水池和调节构筑物。通常以上环节中，从取水构筑物至二级泵站都在水厂内。

给水系统的布置不一定要包括其全部的 5 个主要组成部分，根据不同的状况可以有不同的布置形式。例如以地下水作为水源的给水系统，由于水源水质良好，一般可以省去水处理构筑物而只需加氯消毒，使给水系统大为简化，如图 2-2 所示。图中水塔 4 并非必需的，视城市规模大小而定。

给水系统的布置分为统一给水系统和分系统给水。图 2-1 和图 2-2 所示的系统称为统一给水系统，即用同一系统供应生活、生产和消防等各种用水，绝大多数城市采用这一系统。在城市给水中，工业用水的水质和水压要求有其特殊性。在工业用水的水质和水压要求与生产用水不同的情况下，有时根据具体条件，除考虑统一给水系统外，还可考虑分质、分压等给水系统，如图 2-3 和图 2-4 所示。

在城市给水中，工业用水量往往占较大的比例。当用水量较大的工业企业相对集中，并且有合适水源可以利用时，经济技术比较独立可设置工业用水给水系统的，即可考虑按水质要求分系统（分质）给水。分系统（分质）给水，可以是同一水源，经过不同的水处理过程和管网，将不同水质的水供应给各类用户；也可以是多水源，例如地表水经过简单沉淀后，供工业生产用水，如图 2-3 中虚线所示，地下水经过消毒后供生活用水，如图 2-3 中实线所示。也有因为城市管网系统比较庞大或地形高差大，各区相隔较远，水压要求不同而分系统供水的。如图 2-4 所示的管网，由同一泵站 3 内的不同水泵分别供水到水压要求高的高压管网 4 和水压要求低的低压管网 5，以节约能量消耗。

具体采用统一给水系统还是分系统给水，要根据地形条件、水源情况、城市和工业企业的规划，水量、水质和水压要求，并考虑原有给水工程设施条件，从全局出发，通过技术经济条件比较决定。

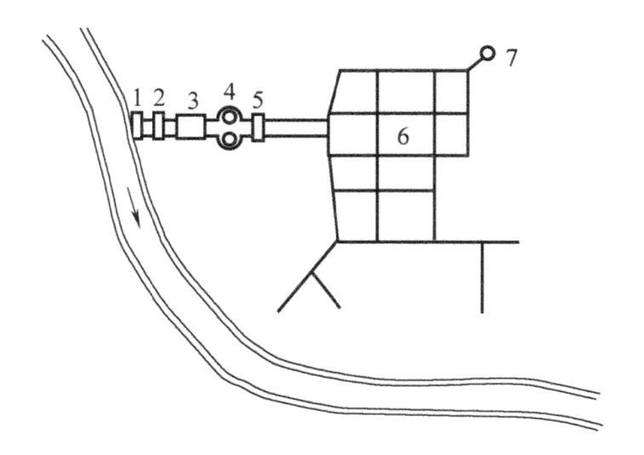

图 2-1　地表水源给水系统

1—取水构筑物　2—一级泵站　3—水处理构筑物
4—清水池　5—二级泵站　6—管网　7—调节构筑物

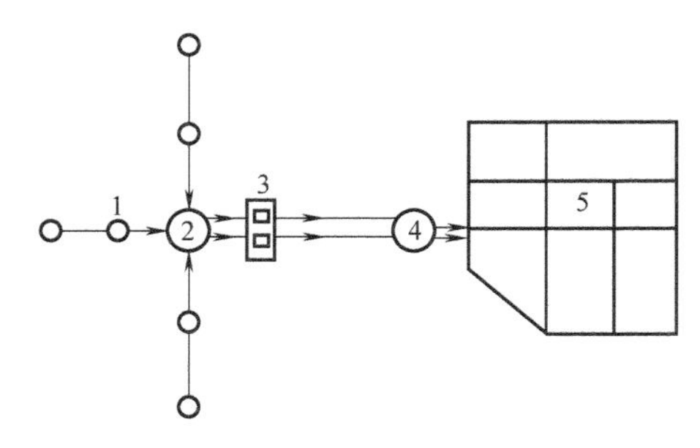

图 2-2　地下水源给水系统

1—管井群　2—集水池　3—泵站
4—水塔　5—管网

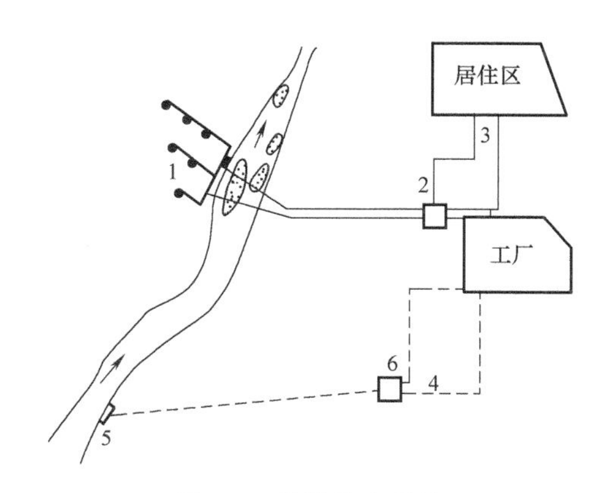

图 2-3　分质给水系统

1—管井　2—泵站　3—生活用水管网　4—生产用水管网
5—取水构筑物　6—工业用水处理构筑物

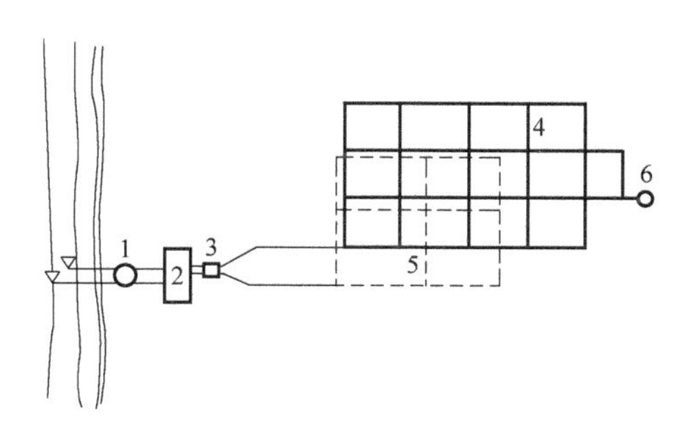

图 2-4　分压给水系统

1—取水构筑物　2—水处理构筑物　3—泵站
4—高压管网　5—低压管网　6—水塔

2.1.4　影响给水系统布置的因素

给水系统布置必须考虑城市规划、水源条件、地形，用户对水量、水质、水压的要求等各方面因素。

1. 城市规划的影响

给水系统的布置应密切配合城市和工业区的建设规划，做到通盘考虑、分期建设，既能及时供应生产、生活和消防给水，又能适应今后发展的需要。

水源选择、给水系统布置和水源卫生防护地带的确定，都应以城市和工业区的建设规划为基础。城市规划与给水系统设计的关系极为密切。例如，根据城市的计划人口数，居住区房屋层数和建筑标准，城市现状资料和气候等自然条件，可得出整个给水工程的设计流量；从工业布局可知生产用水量分布及其要求；根据当地农业灌溉、航运和水利等规划资料，水文和水文地质资料，可以确定水源和取水构筑物的位置；根据城市功能分区，街道位置，用户对水量、水压和水质的要求，可以选定水厂、调节构筑物、泵站和管网的位置；根据城市地形和供水压力可确定管网是否需要分区给水；根据用户对水质要求确定是否需要分质供水等。

2. 水源的影响

水源种类、水源与给水区的距离、水质条件不同，城市给水系统的布置就不同。

当地下水比较丰富时，则可在城市上游或在给水区内开凿管井或者大口井，井水经过消毒之后，由泵站加压送入管网，供用户使用。

城市附近的水源丰富时，往往随着用水量的增长而逐步发展成为多水源给水系统，从不同部位向管网供水，如图 2-5 所示。它可以从几条河流取水，或者从一条河流的不同部位取水，或者同时取地表水和地下水，或者取不同地层的地下水等。这种系统的特点是便于分期发展，供水比较可靠，管网内水压比较均匀。虽然随着水源的增多，设备和管理工作相应增加，但是与单一水源相比，通常仍然比较经济合理，供水的安全性大大提高。

随着用水量的增大，水质恶化的加剧，城市地下水位的不断下降，有些城市不得不采取跨流域、远距离取水方式来解决给水问题。这不仅增加了给水工程的投资，也增加了工程难度。

3. 地形的影响

地形条件对给水系统的布置有很大影响。中小城市如地形比较平坦，而工业用水量小、对水压又无特殊要求时，可用统一给水系统。大中城市被河流分隔时，两岸工业和居民用水一般先分别供给，自成给水系统；随着城市的发展，再考虑将两岸管网相互沟通，成为多水源的给水系统。取用地下水时，可能考虑就近凿井取水的原则，而采用分区供水系统。分区给水的布置方式可以是并联分区，即高低两区由同一泵站分别单独供水；也可以是串联分区，即高区泵站从低区取水，然后向高区供水。地形起伏较大的城市，可采用分区给水或局部加压的给水系统，如图 2-6 所示。

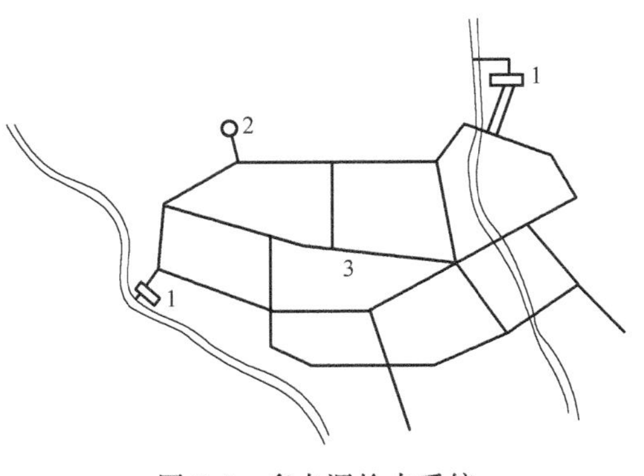

图 2-5　多水源给水系统

1—水厂　2—水塔　3—管网

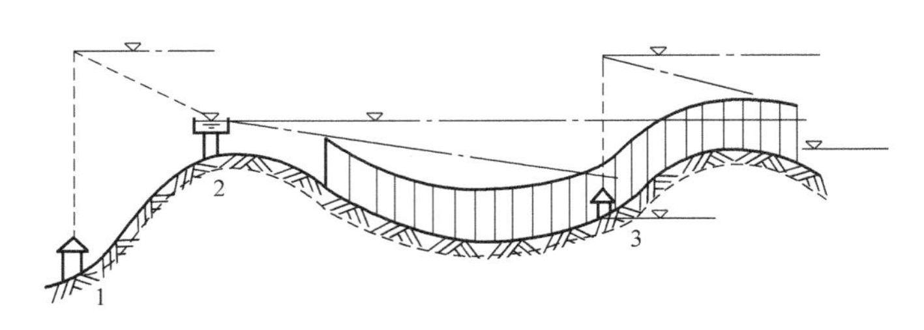

图 2-6　分区给水系统

1—低压供水泵站　2—水塔　3—高压供水泵站

2.2　设计用水量与水压

2.2.1　设计用水量的组成

进行给水系统设计时，首先须确定该系统在设计年限内达到的用水量，因为系统中的取水、水处理、泵站和管网等设施的规模都须参照设计用水量确定。

城市给水系统设计年限应符合城市总体规划，近远期结合，以近期为主。一般近期宜采用 5~10 年，远期规划年限宜采用 10~20 年。

设计用水量由以下各项组成：

1）综合生活用水：包括居民生活用水和公共建筑及设施用水。居民生活用水指城市中居民的饮用、烹饪、洗涤、冲厕、洗澡等日常生活用水；公共建筑及设施用水包括娱乐场所、宾馆、浴室、商店、学校和机关办公楼等用水，但不包括城市浇洒道路、绿化、市政等用水。

2）工业企业生产用水和工作人员生活用水。

3）消防用水。

4）浇洒道路和绿化等市政用水。

5）管网漏失水量。

6）未预计水量。

2.2.2 城市用水量的影响因素

城市短期用水量的影响因素主要有：

（1）天气因素　晴天较阴雨天用水量大，高温天气较低温天气用水量大。

（2）节假日因素　节假日居民用水量有所增加，但工业及其他用水量有所减少，总用水量表现为减少。

（3）管网因素　由于管网、检修或抢修等人为因素的影响，会使用水量明显下降，管道破裂造成管网中的水量流失，而流失水量无法计算，都包括在总用水量中，会使总用水量增加。

城市中长期用水量的影响因素主要有：

（1）工业总产值的影响　工业生产、加工过程中常常要消耗大量的水。一般情况下，工业生产设备和工业发展水平密切相关，有资料统计表明，城市用水量随工业总产值的增加而增大。

（2）人均年收入的影响　城市用水量与居民生活水平有着内在联系。伴随着生活水平的提高，人均用水量也在增加。人均年收入水平不同的城市，其用水量特征是不同的；同一座城市的不同区域，人均用水量也会随人均收入水平的变化而变化。可以认为，城市用水量随人均收入水平的提高而增加。

（3）水的重复利用率的影响　我国水资源缺乏，节约用水最有效的途径之一就是实施水的重复利用。提高工业用水重复利用率将对工业用水量产生较大的影响，同时，重视生活及公用事业等方面用水的重复利用率也有很大意义。可以说，城市用水量会随着水的重复利用率的增大而减少。

（4）人口数量及水价的影响　城市人口包括常住人口和流动人口，显然，城市用水量随人口的增加而增大。目前，我国各城市水价相对较低，合理提高水价有利于节约用水，用水量会减少。

（5）管网运行、管理状况的影响　管网漏失率、管网检修状况等因素对用水量有明显影响。管道爆裂、管网暗漏造成的大量漏失的水量都计算在总用水量中，故减小管网漏失率、增大管网检修力度可以减少城市用水量。

2.2.3 用户对给水系统的要求

用户对给水系统的要求主要包括水量、水质和水压三个方面。水量、水质和水压是否满足用户要求是评价给水系统服务质量优劣的重要技术指标。其中，水量和水压是两个密切相关的水力要素。

1. 生活用水

生活用水是指人们从事日常生活活动所需用的水，包括饮用、烹饪、洗涤、清洁卫生等用水。如住宅、集体宿舍、办公楼、旅馆、医院、幼儿园、学校、影剧院、餐厅、浴室等居住建筑、公共建筑和生活福利设施的用水，以及工业企业职工在从事生产活动中所需的生活用水。

生活用水又可分为饮用水和非饮用水两种。为保障人们的身体健康，给水工程供应的饮用水必须达到一定的水质标准，以防止水致传染病（霍乱、伤寒、痢疾、病毒性肝炎等）的流行和消除某些地方病（氟斑牙、氟骨症、氟龋齿、甲状腺肿大等）的诱因。尤其是在环境污染严重的一些地方，水源水中可能存在许多有害有毒物质（重金属、氯仿等物质），严重威胁着人体健康。因此，生活饮用水对水质的要求是：首先必须清澈透明、无色、无异臭和异味，即感观良好，人们乐于饮用；其次是各种有害健康或影响使用的物质的含量都不超过规定的指标。非饮用水对水质的要求可比饮用水低一些。各国根据本国情况制定有不同的水质标准。

为了保证用户对水压的需要，供应生活用水的给水系统必须在进户管处能提供一定的水压，通常称为最小服务水头，又称为自由水压（从地面算起）。其值根据给水区的建筑物层数确定：一层为10m，二层为12m，二层以上每增加一层增加4m。因此，给水系统的供水压力应以满足给水区域内大多数建筑的供水要求确定，个别高层建筑需要的自由水压较高，应由建筑内部自设水泵加压解决。

2. 生产用水

生产用水是指生产过程中所需用的水。如冶金、化工、电力电子、造纸、纺织、酿造及制药等工业，都需要数量可观的各种用途的生产用水。

由于生产工艺繁多，因此，不同种类的生产用水对水质、水量和水压的要求差异很大。在确定生产用水的各项指标时，应视具体生产工艺确定。当生产用水所需要的水质高于生活饮用水水质标准时，通常都是在自来水基础上进一步处理，来满足其特殊的水质要求。

各种生产用水的水量视生产工艺而定，并且随着科学技术的发展、工艺改革和水的复用率的提高等都会使生产用水量发生变化。某些工业企业不但用水量大，而且不允许片刻停水（如火电厂的锅炉、钢铁厂的高炉和炼钢炉等），否则会造成严重的生产事故和经济损失。

保证生产用水水压的工艺也大不相同，应根据要求而定。

因此，设计工业企业生产给水系统时，应充分了解生产工艺过程和设备对给水的要求，并参照同类型工业企业的设计和运转经验，以确定对水量、水质和水压的要求。

3. 消防用水

消防用水是指在发生火警时，为扑灭火灾，保障人民生命财产安全而使用的水，一般是从街道消火栓或建筑物内的消火栓取水。

消防用水对水质没有特殊要求。消防用水量一般较大，国家制定有相应的标准。室外消防用水按对水压的要求，分高压消防给水系统和低压消防给水系统两种情况。高压消防给水系统，市政管道的压力应保证用水总量达到最大且水枪在任何建筑物的最高处时，水枪的充实水柱应不小于10m。而采用低压消防给水系统，市政管道的压力应保证最大灭火时用水总量达到最不利点消火栓的水压不小于10m水柱（从地面算起）。我国城镇的市政管网一般都采用低压消防给水系统，灭火时由消防车（或消防泵）自室外消火栓中取水加压，只有较为重要的大型工业企业或由高层建筑群组成的建筑小区才考虑设置专用的高压消防给水系统。

4. 市政用水

市政用水包括浇洒道路、绿化等用水，对水质没有特殊要求，但不得引起环境污染。浇洒道路及绿化用水量应根据路面种类、浇洒面积、气候和土壤条件等确定，其水压应满足流出水头的要求。

综上所述，用户对给水的要求是复杂的，天然水源的水（称为原水）与各用户用水之间总是存在着这样或那样的矛盾（水量、水质和水压等）。给水工程技术的任务就是通过调查研究，采取必的技术措施，保证各用户对给水的要求能安全可靠、经济合理地顺利实现。

2.2.4　城市用水定额

用水定额是指设计年限内达到的用水水平额度，是确定设计用水量的主要依据。它影响着给水系统的相应设施的规模、工程投资、工程扩建期限及今后水量保证等方面，所以应该慎重考虑。

1. 居民生活用水和综合生活用水

综合生活用水包括居民生活用水和公共建筑用水，城市居民生活用水量由城市人口、每人每日平均生活用水量和城市给水普及率等因素确定。由于城市所在地区的气候条件、经济发达程度、居民生活习惯不同，因而用水定额不相同。这些因素随城市规模的大小而变化。

居民生活用水定额一般可采用表2-1的规定。当居民实际生活用水量统计资料与该规定有较大出入时，其用水定额经设计审批部门批准，可按当地生活用水量统计资料适当增减。

居民生活用水定额和综合生活用水定额可参照《室外给水设计规范》（GB 50013—2006）的规定，见表2-1和表2-2。

表2-1　居民生活用水定额　　[单位：L/(人·d)]

城市规模	特大城市		大城市		中、小城市	
分区	最高日	平均日	最高日	平均日	最高日	平均日
一	180~270	140~210	160~250	120~190	140~230	100~170
二	140~200	110~160	120~180	90~140	100~160	70~120
三	140~180	110~150	120~160	90~130	100~140	70~110

表2-2　综合生活用水定额　　[单位：L/(人·d)]

城市规模	特大城市		大城市		中、小城市	
分区	最高日	平均日	最高日	平均日	最高日	平均日
一	260~410	210~340	240~390	190~310	220~370	170~280
二	190~280	150~240	170~260	130~210	150~240	110~180
三	170~270	140~230	150~250	120~200	130~230	100~170

注：1. 居民生活用水：城市居民日常生活用水。
2. 综合生活用水：城市居民日常生活用水和公共建筑用水，但不包括浇洒道路、绿地和其他市政用水。
3. 特大城市：市区和近郊区非农业人口100万及以上的城市。
大城市：市区和近郊区非农业人口50万及以上，不满100万的城市。
中、小城市：市区和近郊区非农业人口不满50万的城市。
4. 一区：贵州、四川、湖北、湖南、江西、浙江、福建、广东、广西、海南、上海、云南、江苏、安徽、重庆。
二区：黑龙江、吉林、辽宁、北京、天津、河北、山西、河南、山东、宁夏、陕西、内蒙古河套以东和甘肃黄河以东的地区。
三区：新疆、青海、西藏、内蒙古河套以西和甘肃黄河以西的地区。
5. 经济开发区和特区城市，根据用水实际情况，用水定额可酌情增加。
6. 当采用海水或污水再生水等作为冲厕用水时，用水定额相应减少。

2. 工业用水定额

工业用水是工业生产用水与工业企业职工生活用水之和。

工业生产用水一般是指工业企业在生产过程中用于冷却、空调、制造、加工、净化和洗涤方面的用水。工业生产用水量因生产工艺差别而相差很大。

设计年限内工业生产用水量的预测，可以根据工业用水的以往资料，按历年工业用水增长率来推算未来的用水量；或根据单位工业产值的用水量、工业用水量增长率与工业产值的关系，或单位产值用水量与用水重复利用率的关系加以预测。在缺乏资料时，可参照同类型企业用水指标。在估计工业企业生产用水量时，应按当地水源条件、工业发展情况、工业生产水平，预估将来可能达到的重复利用率。

工业企业内工作人员的生活用水量，应根据车间性质确定，一般可采用25~35L/(人·班)，其时变化系数为2.5~3.0。工业企业内工作人员的淋浴用水量，应根据车间卫生特征确定，一般可采用40~60L/(人·班)，其延续时间为1h。

提高工业用水重复利用率，重视节约用水等可以降低工业用水单耗。随着工业的发展，工业用水量也随之增长，但用水量增长速度比不上工业产值的增长速度。工业用水的单耗指标由于水的重复利用率提高而有逐年下降的趋势。

例题：某工厂采用三班制，一般车间每班200人，高温车间每班100人。一般车间卫生特征是：不接触有毒物质及粉尘，不污染身体。高温车间卫生特征是：高温作业。求该企业工作人员的生活用水量和淋浴用水量。

生活用水量：$200\times25L+100\times35L=8500L$

淋浴用水量：$200\times40L+100\times60L=14000L$

3. 消防用水

消防用水量、水压和火灾延续时间等，应按照现行的《建筑设计防火规范》（GB 50016—2014）执行。

城市或居住区的室外消防用水量，应按同时发生火灾的次数和一次灭火的用水量确定；工厂、仓库和民用建筑的室外消防用水量，可按同时发生火灾的次数和一次灭火的用水量确定。

4. 浇洒道路和绿化用水

应根据路面种类、绿化面积、气候和土壤等条件确定。浇洒道路用水量一般为每平方米路面每次1~1.5L。大面积绿化用水量可采用1.5~2.0L/(d·m^2)。浇洒道路用水采用每次1~1.5L/m^2，一般每日2~3次；绿化用水采用1.5~2L/(d·m^2)；

5. 管网漏失水量

城市配水管网的漏失水量一般宜按综合生活用水、工业用水、浇洒道路和绿地用水三项用水量之和的10%~12%计算，当单位管长供水量小或供水压力高时，可适当增加。

6. 未预见水量

未预见水量应根据水量预测时难以预见因素的程度确定，一般可采用综合生活用水、工业用水、浇洒道路和绿地用水以及管网漏失水量四项之和的8%~12%计算。工业企业自备水厂的上述水量可根据工艺和设备情况确定。

2.2.5 城市用水量变化

无论是生活用水还是生产用水，用水量经常在变化。生活用水量随着生活习惯和气候而变化，如假期比平日用水多，夏季比冬季用水多。从我国大中城市的用水情况可以看出，在一天内又以早晨起床后和晚饭前后用水量最多。生产用水随气温与生产形势的变化而变化，工业生产用水量中包括冷却用水、空调用水、工艺过程用水以及清洗、绿化用水等其他用水，在一年中水量是有变化的。冷却用水主要是用来冷却设备，带走多余热量，所以用水量受到水温和气温的影响，夏季多于冬季。

用水量定额只是一个平均值，在设计时还须考虑每日、每时的用水量变化。在设计规定的年限内，用水最多一日的用水量，称为最高日用水量，一般用以确定给水系统中各类设施的规模。一年内总的用水量除以天数，称为平均日用水量。在一年中，最高日用水量与平均日用水量的比值，称为日变化系数 K_d，根据给水区的地理位置、气候、生活习惯和室内给排水设施程度，其值为 1.1~1.5。在最高日内，每小时的用水量也是变化的，变化幅度和居民数、房屋设备类型、职工上班时间和班次等有关。最高一小时用水量与平均时用水量的比值，称为时变化系数 K_h，该值为 1.3~1.6。大中城市的用水比较均匀，K_h 值较小，可取下限，小城市可取上限或适当加大。

在城市供水中，时变化系数、日变化系数应根据城市性质、城市规模、国民经济与社会发展和城市供水系统，并结合现状供水曲线和日用水变化分析确定；在缺乏实际用水资料的情况下，最高日综合用水的时变化系数宜采用 1.3~1.6，日变化系数宜采用 1.1~1.5，个别小城镇可适当加大。工业企业内工作人员的生活用水的时变化系数为 2.5~3.0。

图 2-7 中每小时用水量按最高日用水量的百分数计，图形面积等于 $\sum Q_i\% = 100\%$，$Q_i\%$ 是以最高日用水量百分数计的每小时用水量。

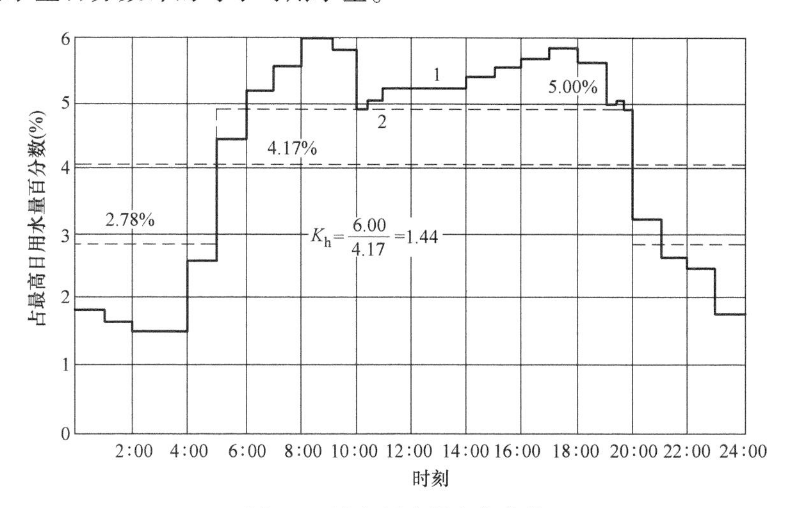

图 2-7　城市用水量变化曲线

1—用水量变化曲线　2—二级泵站设计供水线

$$平均时用水量百分数 = (Q_d/24)/Q_d \times 100\% = 1/24 \times 100\% = 4.17\%$$

Q_d 为最高日用水量。

用水高峰集中在 8：00~10：00 和 16：00~19：00。因为城市大，用水量也大，各种用户用水时间相互错开，使各时段的用水量比较均匀，时变化系数 $K_h = Q_h/Q_p = 6\%/4.17\% = 1.44$（$Q_p$ 为最高日平均时用水量，Q_h 为最高日最大时用水量，最高时 9：00 用水量为最高时最大用水量的 6%）。实际上，用水量的 24h 变化情况天天不同，大城市的每小时用水量相差较小，中小城市的24h用水量变化较大，人口较少、用户较单一的小城市，24h的用水量变化幅度很大。

2.2.6 用水量计算

计算城市总用水量时，应包括设计年限内该给水系统所供应的全部用水：居住区综合生活用水、工业生产用水和职工生活用水、消防用水、浇洒道路和绿地用水以及未预见水量和管网漏失水量，但不包括工业自备水源所需的水量。

城市或居住区的最高日生活用水量 Q_1（单位为 m^3/d）为

$$Q_1 = qNf$$

式中 q——最高日生活用水量定额，单位为 $m^3/(d\cdot 人)$；

N——设计年限内计划人口数；如设计年限为30年，N 就是30年后的计划人口数；

f——自来水普及率。

除居住区生活用水量外，还应考虑职工生活用水和淋浴用水量 Q_2，以及浇洒道路和大面积绿化所需水量 Q_3。

城市管网同时供给工业用水时，工业生产用水量 Q_4（单位为 m^3/d）为

$$Q_4 = qB(1-n)$$

式中 q——城市工业万元产值用水量，单位为 m^3/万元；

B——城市工业总产值，单位为万元；

n——工业用水重复利用率。

除了以上各种用水量之外，需要增加按最高日用水量的15%~25%计算的未预见水量和管网漏失水量。

因此，设计年限内城市最高日用水量 Q_d（单位为 m^3/d）为

$$Q_d = (1.15 \sim 1.25)(Q_1+Q_2+Q_3+Q_4)$$

最高日平均时用水量 Q_p（单位为 L/s）为

$$Q_p = 1000Q_d/(24\times3600)$$

最高日最大时用水量 Q_h（单位为 L/s）为

$$Q_h = K_h Q_p$$

2.3 给水系统的工作情况

2.3.1 给水系统的流量关系

1. 取水构筑物、一级泵站

（1）取用地表水　给水系统中所有构筑物都是以最高日用水量 Q_d 为基础进行设计的。取水构筑物、一级泵站和水厂等按最高日平均时流量（m^3/h）计算，即

$$Q_{\mathrm{I}} = \alpha Q_d / T$$

式中 α——考虑水厂本身用水量的系数，以供沉淀池排泥、滤池冲洗等用水，一般为1.05~1.10；

T——一级泵站每天工作小时数。大中城市水厂的一级泵站一般按三班制，即 $T=24h$，按均匀工作来考虑，以缩小构筑物规模和降低造价。小型水厂的一级泵站才考虑一班或二班制运转，即 $T=8h$ 或 $T=16h$。

（2）取用地下水　取用地下水若仅需在进入管网前消毒而无需其他处理时，一般先将水输送到地面水池，再经二级泵站将水池水输入管网，即

$$Q_{\mathrm{I}}=Q_d/T$$

其中，水厂本身用水量系数 α 为 1。

2. 二级泵站、水塔（高地水池）、管网

二级泵站、从泵站到管网的输水管、管网和水塔等的计算流量，应按照用水量变化曲线和二级泵站工作曲线确定。

二级泵站的计算流量与管网中是否设置水塔或高地水池有关。当管网内不设水塔时，任何小时二级泵站供水量等于用水量。这时，二级泵站应满足最高日最大时用水量 Q_h 要求，否则就会存在不同程度的供水不足现象。因为用水量每日每小时都在变化，所以二级泵站内应有多台水泵并联且大小搭配，保持水泵高效率地运转。

为了保证所需的水量和水压，水厂的输水管和管网应按二级泵站最大供水量也就是最高日最大时用水量计算。

管网内设有水塔或高地水池的二级泵站，二级泵站的设计供水线应根据用水量变化曲线拟定。管网无水塔和高地水池，输水管和管网按最高日最大时用水量确定管径。有网前水塔时，泵站到水塔的输水管管径按泵站分级工作线的最大一级供水量计算，管网管径按最高日最大时用水量确定。管网末端设水塔时，二级泵站到管网的输水管、水塔到管网的输水管管径分别根据最大时从泵站和水塔输入管网的流量进行计算；管网管径按最高日最大时用水量确定。

3. 清水池

一级泵站通常均匀供水，而二级泵站一般为分级供水，所以一二级泵站的每小时供水量并不相等。为了调节两级泵站供水量的差额，必须在一二级泵站之间建造清水池。图 2-8 中实线 2 表示二级泵站工作线，虚线 1 表示一级泵站工作线。一级泵站供水量大于二级泵站供水量这段时间内，图中所示为 20：00 到次日 5：00，多余水量在清水池中贮存；而在 5：00~20：00 时，因一级泵站供水量小于二级泵站，这段时间内需取用清水池中存水，以满足用水量的需要。但在一天内，贮存的水量刚好等于取用的水量。

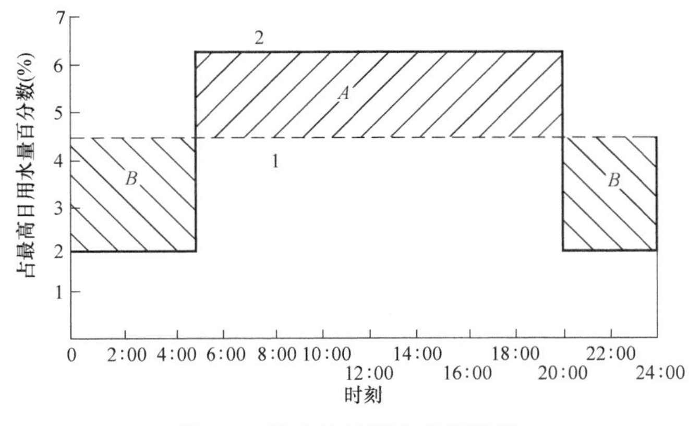

图 2-8　清水池的调节容积计算

1—一级泵站供水线　2—二级泵站供水线

清水池所需调节容积=累计贮存水量 B-累计取用水量 A

4. 水塔和清水池的容积计算

给水系统中水塔和清水池的作用之一在于调节泵站供水量和用水量之间的流量差值。清水池的调节容积由一、二级泵站供水量曲线确定。水塔容积由二级泵站供水线和用水量曲线确定。如果二级泵站每小时供水量等于用水量，即流量无需调节时，管网中可不设水塔，称为无水塔的管网系统。大中城市的用水量比较均匀，通常用水泵调节流量，多数可不设水塔。

清水池的调节容积=(二级泵站供水量-一级泵站供水量)×
二级泵站供水量大于一级泵站供水量的时间

水塔容积=(管网用水量-二级泵站供水量)×管网用水量大于二级泵站供水量的时间

当一级泵站（采用平均时流量，为恒量供水）和二级泵站每小时供水量相接近时，清水池的调节容积可以减小，此时二级泵站就趋于恒量供水，而管网用水量却时刻发生变化，为了调节二级泵站供水量和用水量之间的差额，水塔的容积将会增大。二级泵站每小时供水量越接近用水量，水塔的容积越小，此时二级泵站供水量就会随用水量的变化而变化，且变化较大，从而使二级泵站与一级泵站（采用平均时流量，为恒量供水）供水量之间的差距加大，进而使清水池的容积增加。由此可见，清水池的调节容积与水塔容积之间是相互制约的关系。

有水塔时：

清水池调节容积=二级泵站供水量-一级泵站供水量

无水塔时：

清水池调节容积=用水量-一级泵站供水量

此时用水量就是二级泵站供水量。

水塔容积=用水量-二级泵站供水量

清水池中除了贮存调节用水以外，还存放消防用水和水厂生产用水，因此清水池有效容积为

$$W=W_1+W_2+W_3+W_4$$

式中 W_1——调节容积，单位为 m^3；

W_2——消防贮水量，单位为 m^3，按 2h 火灾延续时间计算；

W_3——水厂冲洗滤池和沉淀池排泥等生产用水，单位为 m^3，等于最高日用水量的 5%～10%；

W_4——安全贮量，单位为 m^3。

水塔中需贮存消防用水，因此总容积为：

$$W=W_1+W_2$$

式中 W_1——调节容积，单位为 m^3；

W_2——消防贮水量，单位为 m^3，按 10min 室内消防用水量计算。

2.3.2 给水系统的水压

给水系统应保证一定的水压，保持供给足够的生活用水和生产用水。城市给水管网需要

保持的最小服务水头为：从地面算起 1 层为 10m，2 层为 12m，2 层以上每层增加 4m。例如，按照 6 层楼考虑，则最小服务水头应为 28m。对于城市内个别高层建筑物或者建筑群，或者建筑在城市高地上的建筑物所需的水压，不应作为管网水压控制的条件。为满足这类建筑物的用水，单独设置局部加压装置比较经济。

泵站、水塔或者高地水池是给水系统中保证水压的构筑物，因此需要了解水泵扬程和水塔（或高地水池）高度的确定方法，以满足设计的水压要求。

1. 水泵扬程的确定

水泵扬程 H_p 等于静扬程和水头损失之和，即

$$H_p = H_0 + \sum h$$

一级泵站的扬程如图 2-9 所示，由图可知，

$$H_p = H_0 + h_s + h_d$$

式中　H_0——静扬程，单位为 m，一级泵站静扬程是指水泵吸水井最低水位与水厂的前端处理构筑物（一般为混合絮凝池）最高水位的高程差；

h_s——由 $Q_{\rm I} = \alpha Q_d / T$（最高日平均时供水量 Q_p+水厂自用水量）确定的吸水管水头损失，单位为 m；

h_d——由 $Q_{\rm I} = \alpha Q_d / T$（最高日平均时供水量 Q_p+水厂自用水量）确定的压水管和泵站到絮凝池管线水头损失，单位为 m；

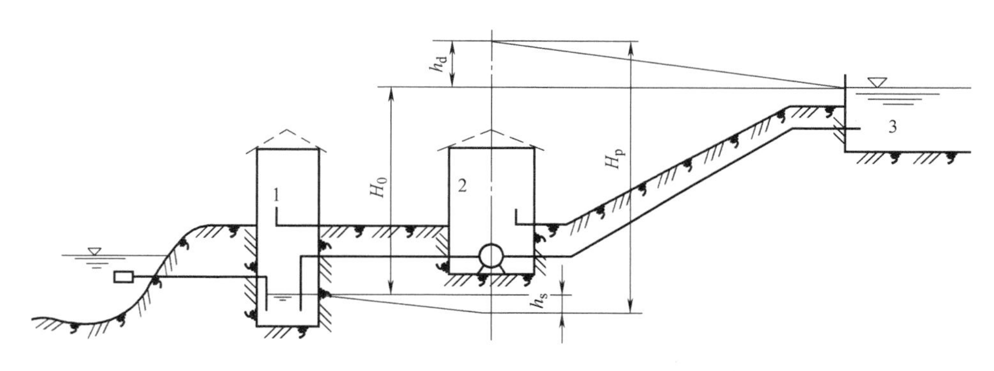

图 2-9　一级泵站扬程的计算

1—吸水井　2——一级泵站　3—絮凝池

二级泵站是从清水池取水直接送向用户，或者先送入水塔，而后流进用户。无水塔的管网（图 2-10）由泵站直接输入到用户时，净扬程等于清水池最低水位与管网控制点所需水压标高的高程差。所谓控制点是指管网中控制水压的点。这一点往往位于离二级泵站最远或地形最高的点，只要该点的压力在最高用水量时达到最小服务水头的要求，整个管网就不会存在低水压区。

水头损失包括吸水管、压水管、输水管和管网等水头损失之和。综上所述，无水塔时二级泵站扬程为

$$H_p = Z_c + H_c + h_s + h_c + h_n$$

式中　Z_c——静扬程，管网控制点 C 的地面标高和清水池最低水位的高程差，单位为 m；

H_c——控制点所需的最小服务水头，单位为 m；

h_s——吸水管中的水头损失，单位为 m；

h_c、h_n——输水管和管网中的水头损失，单位为 m。

h_s、h_c、h_n都应按水泵最高时供水量 Q_h计算。

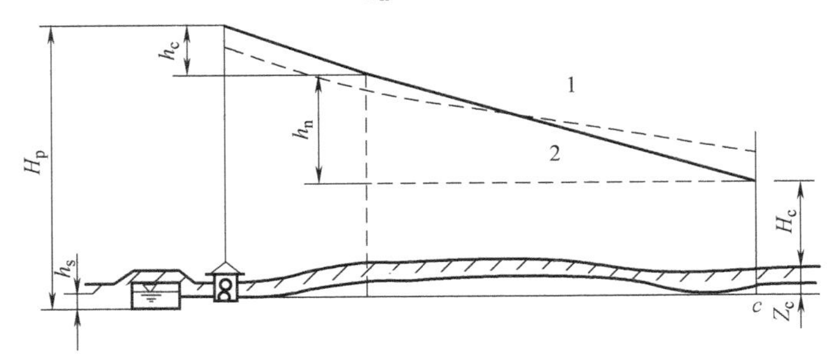

图 2-10　无水塔管网的水压线

1—最小用水时　2—最高用水时

有水塔时（图 2-11）二级泵站扬程为

$$H_p=(Z_c+H_c+h_n+H_0)+h_c+h_s=(Z_t+H_t+H_0)+h_c+h_s$$

式中　$(Z_t+H_t+H_0)=(Z_c+H_c+h_n+H_0)$——静扬程，清水池最低水位和水塔最高水位的高程差，单位为 m；

Z_c——管网控制点 C 的地面标高，单位为 m；

H_c——控制点所需的最小服务水头，单位为 m；

h_n——按最高时供水量 Q_h计算的从水塔到控制点的管网水头损失，单位为 m；

h_c——按最高时供水量 Q_h计算的从水泵到水塔的输水管水头损失，单位为 m；

h_s——吸水管中的水头损失，单位为 m；

Z_t——设置水塔处的地面标高，单位为 m；

H_t——水塔水柜底高于地面的高度，单位为 m；

H_0——水塔中的水深，单位为 m。

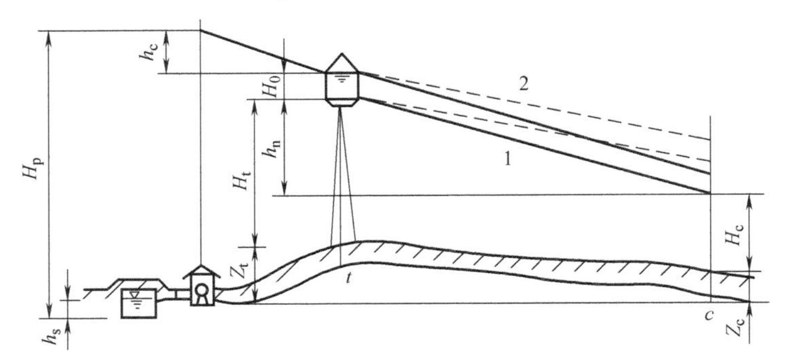

图 2-11　网前水塔管网的水压线

1—最高用水时　2—最小用水时

二级泵站扬程除了满足最高用水时的水压外，还应满足消防流量时的水压要求（图 2-12）。消防时，管网中额外增加了消防流量，因而增加了管网的水头损失。水泵扬程为

$$H'_p = Z_c + H_f + h'_n + h'_c + h'_s$$

式中　Z_c——假设着火点 C 的地面标高，单位为 m；

H_f——着火点所需的最小服务水头，不低于 10m；

h'_n——按消防流量计算的管网水头损失，单位为 m；

h'_c——按消防流量计算的输水管水头损失，单位为 m；

h'_s——按消防流量计算的吸水管中的水头损失，单位为 m。

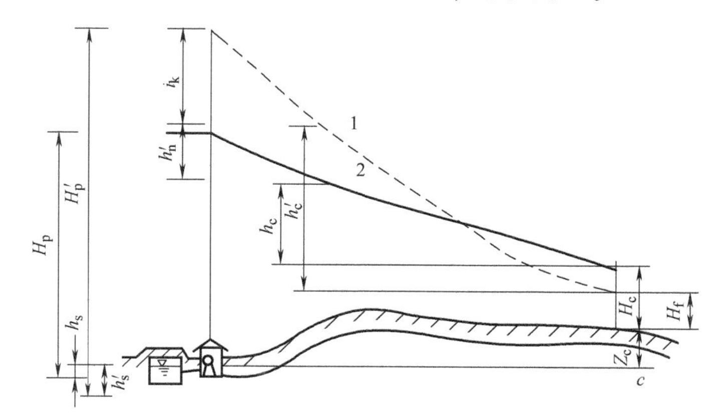

图 2-12　泵站供水时的水压线

1—消防时　2—最高用水时

消防时算出的水泵扬程，如比最高日最大时算出的高，则根据两种扬程的差距，需在泵站内设置专用消防泵，或者放大管网中个别管段直径以减少水头损失，而不设专用消防泵。

2. 水塔的设置高度

大城市用水量大，一般不设置水塔。因为水塔容积小了不起作用，容积大了造价太高，并且水塔高度一旦确定，不利于今后给水管网的发展。中小城镇及工业企业可以考虑设置水塔，既可以缩短水泵工作时间，又可以保证恒定的水压。水塔在管网中的位置，可靠近水厂、位于管网中间或靠近管网末端。不管哪类水塔，水柜底高于地面的高度均可以按下式计算

$$H_p = (Z_c + H_c + h_n + H_0) + h_c + h_s = (Z_t + H_t + H_0) + h_c + h_s$$

$$Z_t + H_t + H_0 = Z_c + H_c + h_n + H_0$$

则有：

$$H_t = H_c + h_n - (Z_t - Z_c)$$

式中　H_c——控制点所需的最小服务水头，单位为 m；

h_n——按最高时供水量 Q_h 计算的从水塔到控制点的管网水头损失，单位为 m；

Z_t——设置水塔处的地面标高，单位为 m；

Z_c——管网控制点 C 的地面标高，单位为 m。

2.4　取水工程

2.4.1　取水工程概论

1. 水资源概述及取水工程任务

水是人类及一切生物赖以生存的必不可少的重要物质，是工农业生产、经济发展和环境

改善不可替代的极为宝贵的自然资源。同时水资源又是一种有限资源，对水资源的合理开发利用备受人们关注。

由于人们对水资源研究和开发利用的角度不同，因此对水资源概念的理解也不同。水资源概念基本归纳为：

（1）广义概念　即包括海水、地下水、冰川水、湖泊水、河川径流、土壤水、大气水在内的各种水体。

（2）狭义概念　即广义范围内逐年可以得到恢复更新的淡水。

（3）工程概念　即少量用于冷却的海水和狭义范围内在一定技术经济条件下，可以被人们使用的水。

我国水资源总量为$2.8 \times 10^{12} m^3$，居世界第6位，但人均水资源总量为$2200m^3$，为全球人均水资源占有量的1/4，居110位；预计到2030年我国人均水资源将降到$1760m^3$，接近国际上被认为用水紧张国家的人均水资源标准（$1700m^3$）。造成水资源缺乏的原因主要有以下三种：一是资源性缺水，即由于气候和地理位置等自然原因所导致，如我国北方一些地区水量很少；二是污染性缺水，即水资源丰富但污染严重而不能利用；三是管理性缺水，即由于不合理开发利用和水的浪费所造成的缺水。

2. 取水工程任务

取水工程是给水工程的重要组成部分之一，它的任务是从水源取水并送往水厂或用户。由于水源不同，使取水工程设施对整个给水系统的组成、布局、投资和维护运行等的经济性和安全可靠性产生重大影响。因此，给水水源的选择和取水工程的建设是给水系统建设的重要项目，也是城市和工业建设的一项重要课题。

取水工程主要从给水水源和取水构筑物两方面进行研究。水源方面的研究内容主要有各种天然水体的存在形式、运动变化规律，作为给水水源的可能性，为供水目的而进行的水源勘查、规划、调节治理与卫生防护；取水构筑物方面的研究内容主要有各种水源的选择和利用，从各种水源取水的方法，各种取水构筑物的构造形式，设计计算，施工方法和运行管理。

2.4.2　给水水源

1. 给水水源分类及特点

给水水源可分为两大类：地下水源和地表水源。地下水源包括潜水（无压地下水）、自流水（承压地下水）和泉水；地表水源包括江河、湖泊、水库和海水。

地下水源具有水质澄清、水温稳定、分布面广等特点，但部分地区的地下水矿化度和硬度较高。地表水源在大部分地区流量均较大，具有浑浊较高（特别是汛期），水温变化幅度大，有机物和细菌含量高，有时还有较高的色度，且易受到污染的特点。地表水源还具有径流量大，矿化度和硬度低，铁锰元素等含量较低的优点，而且其水质水量呈现明显的季节性变化。

一般情况下，采用地下水源具有以下优点：

1）取水条件及取水构筑物构造简单，便于施工和运行管理。

2）通常地下水无需澄清处理。当水质不符合要求时，水处理工艺比地表水简单，节省了处理构筑物的投资和运行费用。

3）便于靠近用户建立水源，从而降低给水系统（特别是输水管和管网）的投资，节省输水运行费用，同时也提高了给水系统的安全可靠性。

4）便于分期修建。

5）便于建立卫生防护区。

但是开发地下水源的勘察工作量很大，对于规模较大的地下水取水工程需要较长的时间进行水文地质勘查。

2. 水源选择

水源选择应密切结合城市远、近期规划和工业总体布局要求，通过技术性、经济性比较后综合考虑确定。

所选水源应该水质良好且稳定，水量充沛并能持续开发利用，易于进行卫生防护，靠近主要用水区域，有利于水资源的综合利用，具有良好的取水构筑物施工条件。

符合卫生要求的地下水，应优先作为生活饮用水的水源；用地下水作为供水水源时，应有确切的水文地质资料，取水量必须小于允许开采量，严禁盲目开采。

用地表水作为城市供水水源时，其设计枯水流量的保证率，应根据城市规模和工业大用户的重要性选定，一般可采用90%~97%；用地表水作为工业企业供水水源时，其设计枯水流量的保证率，应按各有关部门的规定执行。

正确地选择给水水源，必须根据供水对象对水质、水量的要求，对所在地区的水资源状况进行认真的勘察、研究。选择给水水源的一般原则有以下几方面：

1）所选水源应当水质良好，水量充沛，便于防护。

2）符合卫生要求的地下水，应优先作为用水水源。

3）合理开采和利用水源至关重要。

4）采用“蓄淡避咸”措施。

5）在一个地区或城市，两种水源的开采和利用有时是相辅相成的。

6）人工回灌地下水是合理开采和利用地下水源的措施之一。

3. 给水水源的保护

采取预防性措施是保护给水水源的有效性和经济性的措施。防止水源水质污染的措施如下：

1）合理规划城市居住区和工业区，应尽量将容易造成污染的工厂布置在城市及水源地的下游。

2）加强水源水质监督管理，制订污水排放标准并切实贯彻实施。

3）勘察新水源时，应从防止污染角度，提出卫生防护条件与防护措施。

4）注意地下水开采引起的咸水入侵、与水质不良含水层发生水力联系等问题。

5）进行水体污染调查研究，建立水体污染监测网。

自来水厂的水源必须设置卫生防护地带。卫生防护地带的范围和防护措施，应按照《生活饮用水集中式供水单位卫生规范》及《中华人民共和国水污染防治法》的规定，符合以下要求：

（1）地表水源卫生防护

1）取水点周围半径100m的水域内严禁捕捞、停靠船只、游泳和从事可能污染水源的任何活动，并应设有明显的范围标志和严禁事项的告示牌。

2）河流取水点上游1000m至下游100m的水域内，不得排入工业废水和生活污水；饮用水水源的水库和湖泊，应根据情况将取水点周围部分水域或整个水域及其沿岸列入防护范围；受潮汐影响的河流取水点的防护范围，由水厂联合卫生防疫站、环境卫生监测站研究确定。

（2）地下水源卫生防护

1）取水构筑物的防护范围应根据水文地质条件、取水构筑物形式和附近地区的卫生状况进行确定。

2）在单井或井群影响半径范围内，不得使用工业废水或生活污水灌溉和施用有持久性毒性或剧毒的农药，不得修建渗水厕所、渗水坑、堆放废渣或铺设污水渠道，并不得从事破坏深层土层的活动。如取水层在水井影响半径内不露出地面或取水层与地面水没有互相补充关系时，可根据具体情况设置较小的防护范围。

2.4.3 地下水取水构筑物

1. 地下水源概述和取水构筑物分类

地下水存在于土层和岩层中。各种土层和岩层有不同的透水性。卵石层、砂层和石灰岩层等组织松散，具有众多相互连通的孔隙，透水性能较好，水能在其中流动的岩层称为透水层，透水层又称为含水层。黏土和花岗岩等结构紧密，透水性极差甚至不透水的岩层称为不透水层，不透水层也称为隔水层。埋藏在地面下第一个隔水层上的地下水称为潜水；两个不透水层间的地下水称为层间水；具有自由水面的层间水称为无压地下水；承受有压力的层间水称为承压地下水；在自身压力作用下从某一出口涌出的地下水称为泉水。

由于地下水类型、埋藏深度、含水层性质等各不相同，开采和收集地下水的方法和取水构筑物的形式也各不相同。取水构筑物有管井、大口井、辐射井、复合井及渗渠等，其中以管井和大口井最为常见。管井适用于开采深层地下水，管井深度一般为200m以内，也可以最大深度达1000m以上，井管从地面打到含水层，抽取地下水的井。大口井广泛应用于浅层地下水，地下水埋深一般小于12m，含水层厚度在5~20m，由人工开挖或沉井法施工，设置井筒，以截取浅层地下水的构筑物；渗渠可用于取集含水层厚度在4~6m、地下水埋深小于2m的浅层地下水，也可以取集河床地下水或地表渗透水，其方法是壁上开孔，以集取浅层地下水的水平管渠。辐射井是由集水井和辐射管组成的水井，辐射井一般取集含水层厚度较薄而不能采用大口井的地下水。复合井是大口井与管井的组合，上部为大口井，下部为管井。管井适用于地下水位较高、厚度较大的含水层。

地下水取水构筑物的适用条件为：

1）管井适用于含水层厚度大于5m，其底板埋藏深度大于15m。

2）大口井适用于含水层厚度在5m左右，其底板埋藏深度小于15m。

3）渗渠仅适用于含水层厚度小于5m，渠底埋藏深度小于6m。

4）泉室适用于有泉水露头，且覆盖层厚度小于5m。

2. 管井构造

管井是垂直安置在地下的取水或保护地下水的管状构筑物。按照其过滤器是否贯穿整个含水层，可分为完整井和非完整井，如图2-13所示。

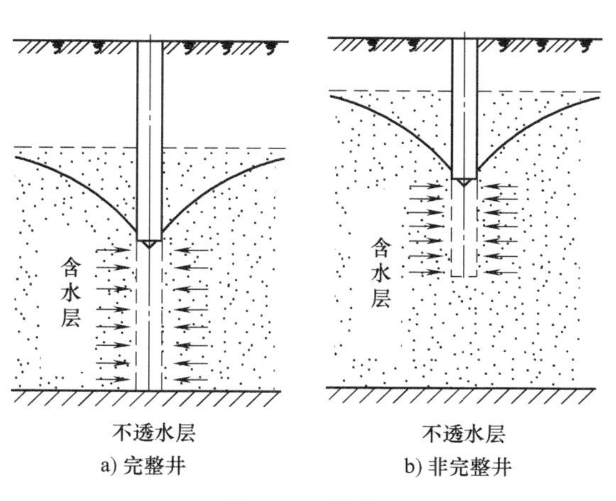

图 2-13　管井

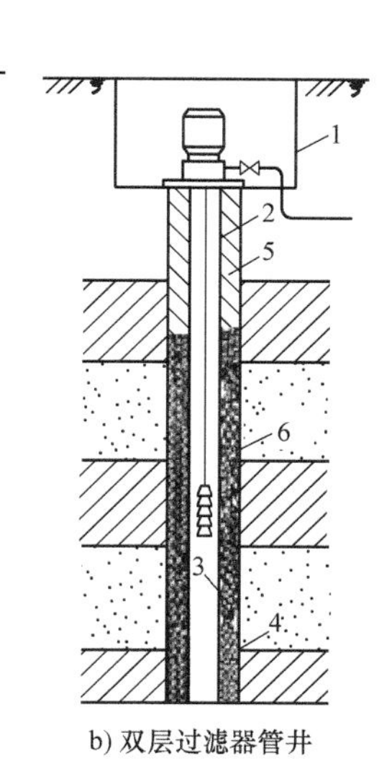

图 2-14　管井的一般构造

1—井室　2—井壁管　3—过滤器　4—沉淀管
5—黏土封闭　6—规格填砾

管井直径一般在 50~1000mm，深度一般在 200m 以内，通常由井室、井壁管、过滤器、沉淀管组成，如图 2-14a 所示；当有几个含水层，且各含水层水头相差不大时，如图 2-14b 所示。

(1) 井室　井室用以安装各种设备，以作采光、采暖、通风、防水之用；井壁管用来加固井壁，隔离水质不良或水头较低的含水层；过滤器具有集水，保持填砾与含水层的稳定，防止漏砂及堵塞的作用；沉淀管用以沉淀进入管井的砂粒。

井室结构有以下几种：

1) 深井泵房。泵体和扬水管安装在管井内，泵座和电动机安装在井室内。

2) 深井潜水泵房。水泵和电动机安装在管井内，控制设备安装在井室内。

3) 卧式泵房。水泵和电动机安装在井室内。

4) 其他形式的井室。地面式井室便于维护管理，防水、防潮、通风、采光条件好；地下式井室便于总体规划，噪声小，防冻条件好。

(2) 井壁管　井壁管应有足够的强度，内壁平整光滑，轴线不弯曲，便于设备安装和管井清洗；可采用钢管、铸铁管、钢筋混凝土管。钢管可用于任意井深的管井；铸铁管适用于井深小于 250m 的管井；钢筋混凝土管适用于井深小于 150m 的管井。井壁管内径应比水泵设备的外径大 100mm。

(3) 过滤器　过滤器安装于含水层中，用以集水和保持填砾与含水层的稳定。过滤器应有足够的强度和良好的透水性。常用过滤器如下：

1) 钢筋骨架过滤器（图 2-15）。钢筋骨架过滤器是由短管、竖向钢筋、支撑环构成；适用于裂隙岩、砂岩或砾石含水层，或用作缠丝过滤器、包网过滤器的骨架。其用料省，易加工，孔隙率大，抗压强度、耐蚀性较差，不宜用于深度大于 200m 的管井和侵蚀性较强的含水层。

2）圆孔或条孔过滤器。圆孔或条孔过滤器是在管壁上钻圆孔或条孔加工而成；适用于砾石、卵石、砂岩或裂隙含水层，也可用作缠丝过滤器、包网过滤器的骨架。圆孔直径10~25mm，条孔宽度10~15mm，圆孔间距为孔径的1~2倍，条孔长度为宽度的10倍。

3）缠丝过滤器。缠丝过滤器是在钢筋骨架过滤器、圆孔或条孔过滤器外缠绕2~3mm的镀锌铁丝构成（图2-16）；适用于粗砂、砾石和卵石含水层。腐蚀性较强的地下水中宜用铜丝、不锈钢等金属丝或尼龙丝、增强塑料丝等非金属丝。

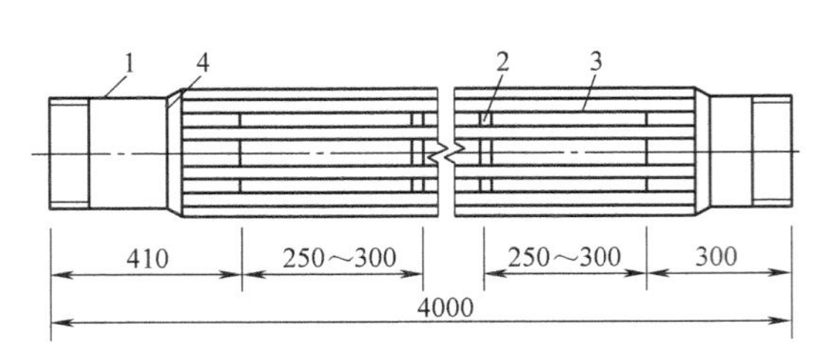

图2-15　钢筋骨架过滤器

1—短管　2—支撑环　3—钢筋　4—加固环

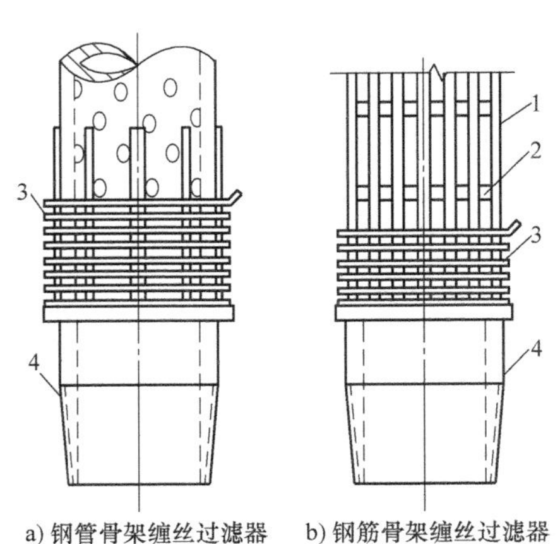

图2-16　缠丝过滤器

1—钢筋　2—支撑环　3—镀锌铁丝　4—加固环

4）包网过滤器。包网过滤器是在钢筋骨架过滤器、圆孔或条孔过滤器外缠绕0.2~1.0mm的滤网构成；适用于粗砂、砾石和卵石含水层。包网过滤器阻力大，易被细砂堵塞，易被腐蚀，已逐渐由缠丝过滤器取代，也可用不锈钢丝网和尼龙网代替黄铜丝网。

5）填砾过滤器。填砾过滤器是在各类过滤器的外围填符合一定级配的砾石而构成，填砬粒径和含水层颗粒粒径之比为

$$\frac{D_{50}}{d_{50}}=6\sim8$$

其中，D_{50}是指颗粒中按重量计算，有50%粒径小于这一粒径。

过滤器进水孔眼数量多，进水性能良好，但强度减弱。过滤器的孔隙率取决于管材的强度，钢管允许孔隙率为30%~35%；铸铁管允许孔隙率为18%~25%；钢筋混凝土管允许孔隙率为10%~15%；塑料管允许孔隙率为10%。填砾过滤器管井如图2-17所示。

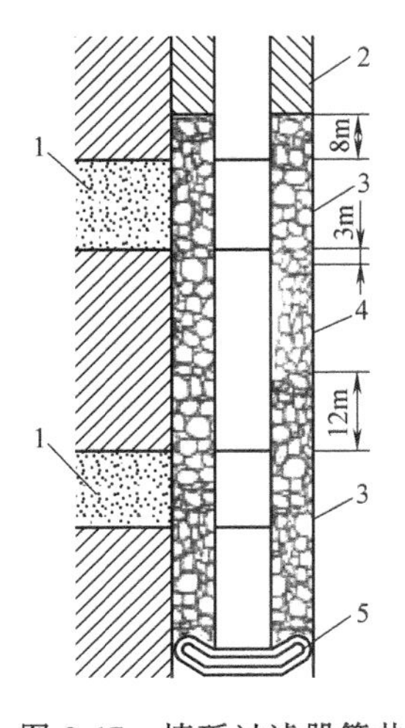

图2-17　填砾过滤器管井

1—含水层　2—黏土封闭　3—规格填砾　4—非规格填砾　5—井管找中器

6）砾石水泥过滤器。砾石水泥过滤器是由水泥浆胶结砾石制成，又称无砂混凝土过滤器。被水泥胶结的砾石，其孔隙仅一部分被水泥填充，故有一定透水性。砾石水泥过滤器的孔隙率与砾石的粒径、水灰比、灰石比有关，一般可达20%。砾石水泥过滤器取材容易、制作方便、价格低廉。但此种过滤器强度较低、重量大，在

细粉砂或含铁量高的含水层中易堵塞，使用时应予注意。如在这种过滤器周围填入一定规格的砾石，能取得良好效果。

（4）沉淀管　沉淀管接在过滤器的下面，用以沉淀进入井内的细小砂粒和自地下水中析出的沉淀物，其长度根据井深和含水层出砂可能性而定，一般为2~10m。井深小于20m，沉淀管长度取2m；井深大于90m，取10m。如果采用空气扬水装置，当管井深度不够时，也常用加长沉淀管来提高空气扬水装置的效率。

由于地层构造不同，实际还有许多其他形式的管井。如在稳定的裂隙和岩溶基岩地层中取水时，一般可以不设过滤器，仅在上部覆盖层和基岩风化带设护口井壁管，如图2-18a所示。这种管井水流阻力小，使用期限长，建造费用低。但在强烈的地震区建井，仍需要有坚固的井壁管和过滤器。此外，在有坚硬覆盖层的砂质承压含水层中，也可采用无过滤器管井，如图2-18b所示。这种管井出水量的大小直接影响含水层顶板的稳定性。因出水量大，则由此形成的进水漏斗也大，从而降低顶板的稳定性。对此，可在进水漏斗内回填一定粒径的砾石，防止漏斗的进一步扩大，以提高顶板的稳定性。

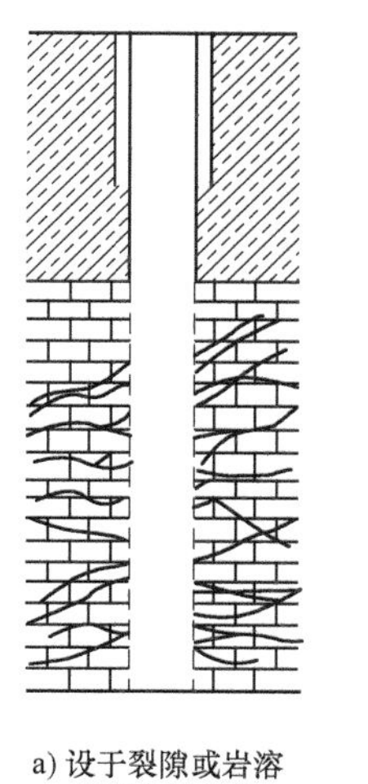

a) 设于裂隙或岩溶地层中的管井　　b) 设于砂质含水层中的管井

图2-18　无过滤器管井

3. 大口井、辐射井、复合井和渗渠

（1）大口井

1）大口井的形式与构造。大口井与管井一样，也是一种垂直建造的取水井，由于井径较大，又称大口井（图2-19）。大口井是广泛用于开采浅层地下水的取水构筑物。大口井直径一般为5~8m，最大不宜超过10m。井深一般在15m以内。农村或小型给水系统也有采用直径小于5m的大口井，城市或大型给水系统也有采用直径8m以上的大口井。由于施工条件限制，我国大口井多用于开采埋深小于12m，厚度在5~20m的含水层。大口井也有完整式和非完整式之分，如图2-19所示。完整式大口井贯穿整个含水层，仅以井壁进水，可用于颗粒粗、厚度薄（5~8m）、埋深浅的含水层。由于井壁进水孔易于堵塞，影响进水效果，

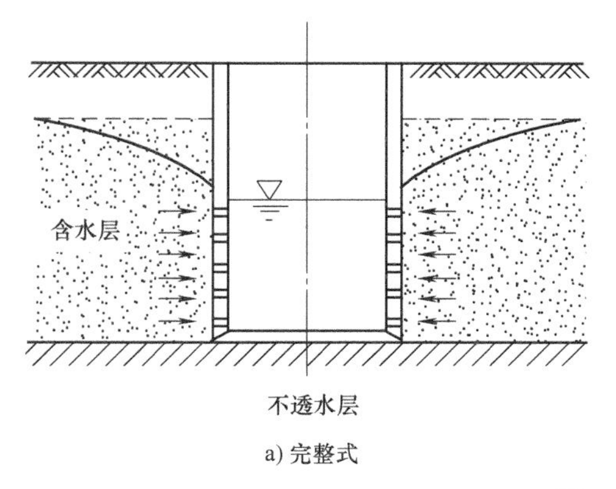

a) 完整式

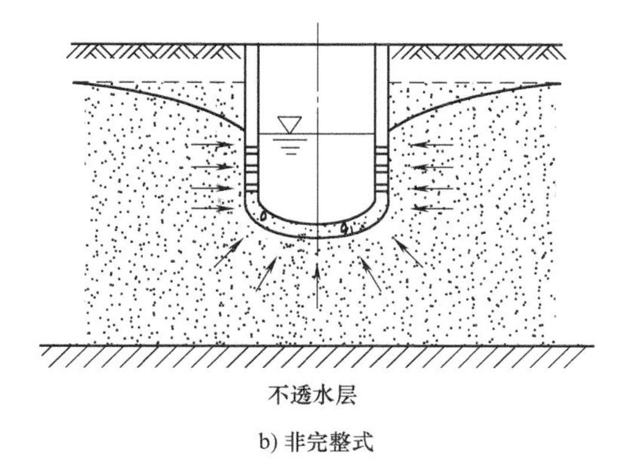

b) 非完整式

图2-19　大口井

故采用较少。非完整式大口井未贯穿整个含水层，井壁、井底均可进水，由于其进水范围大，集水效果好，含水层厚度大于 10m 时，应做成非完整式。

大口井具有构造简单，取材容易，使用年限长，容积大，能兼起调节水量的作用等优点，在中小城镇、铁路、农村供水采用较多。但大口井深度浅，对水位变化适应性差，采用时必须注意地下水位变化的趋势。

大口井的一般构造如图 2-20 所示。它主要由井筒、井口及进水部分组成。

① 井筒。井筒通常用钢筋混凝土、砖、石等做成，用以加固井壁及隔离不良水质的含水层。

用沉井法施工的大口井，在井筒最下端应设钢筋混凝土刃脚，在井筒下沉过程中用以切削土层，便于下沉。为减小摩擦力和防止井筒下沉中受障碍物的破坏，刃脚外缘应凸出井筒 5~10cm。井筒如采用砖、石结构，也需用钢筋混凝土刃脚。刃脚高度不小于 1.2m。

大口井外形通常为圆筒形，如图 2-21 所示。圆筒形井筒易于保证垂直下沉；受力条件好，节省材料；对周围地层扰动很少，利于进水。但圆筒形井筒紧贴土层，下沉摩擦力较大。深度较大的大口井常采用阶梯圆筒形井筒。此种井筒系变断面结构，结构合理，具有圆形井筒的优点，下沉时可减小摩擦力。

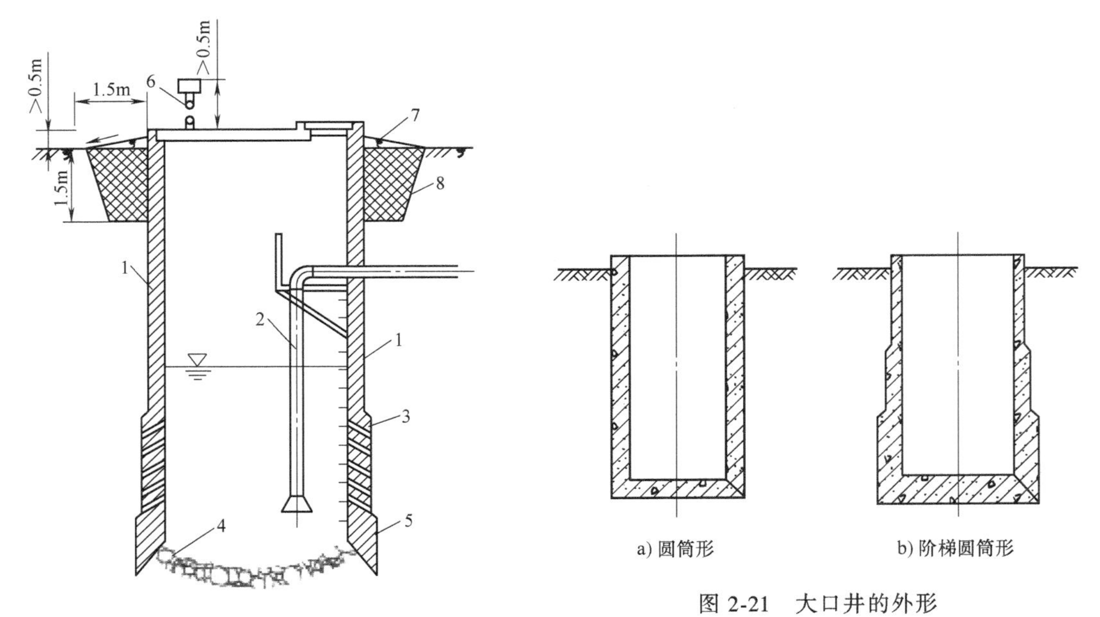

图 2-21 大口井的外形

图 2-20 大口井的构造

1—井筒 2—暖水管 3—井壁透水孔

4—井底反滤层 5—刃脚 6—通风管

7—排水坡 8—黏土层

② 井口。井口为大口井露出地表的部分。为避免地表污水从井口或沿井壁侵入，污染地下水，井口应高出地表 0.5m 以上，并在井口周边修建宽度为 1.5m 的排水坡。如覆盖层系透水层，排水坡下面还应填以厚度不小于 1.5m 的夯实黏土层。在井口以上部分，有的与泵站合建在一起，其工艺布置要求与一般泵站相同；有的与泵站分建，只设井盖。井盖上部设有人孔和通风管。在低洼地区及河滩上的大口井，为防止洪水冲刷和淹没人孔，应用密封

盖板。通风管应高于设计洪水位。

③ 进水部分。进水部分包括井壁进水孔（或透水井壁）和井底反滤层。

a. 井壁进水孔。常用的进水孔有水平孔和斜形孔两种，如图 2-22 所示。水平孔施工较容易，采用较多。壁孔一般是直径为 100～200mm 的圆孔或 100mm×150mm～200mm×250mm 的矩形孔，交错排列于井壁，其孔隙率在 15%左右。为保持含水层的渗透性，孔内装填一定级配的滤料层，孔的两侧设置不锈钢丝网，以防滤料漏失。水平孔不易按级配分层加填滤料，为此也可应用预先装好滤料的铁丝笼填入进水孔。

b. 透水井壁。透水井壁由无砂混凝土制成。透水井壁有多种形式，如：有以 50cm×50cm×20cm 无砂混凝土砌块构成的井壁；也有以无砂混凝土整体浇制的井壁。如井壁高度较大，可在中间适当部位设置钢筋混凝土圈梁，以加强井壁强度，一般每 1～2m 设一道。梁高通常为 0.1～0.2m。无砂混凝土大口井制作方便，结构简单，造价低，但在细粉砂地层和含铁地下水中易堵塞。

c. 井底反滤层。除大颗粒岩层及裂隙含水层外，在一般含水层中都应铺设反滤层。反滤层一般为 3～4 层，呈锅底状，滤料自下而上逐渐变粗，每层厚度为 200～300mm，如图 2-23所示。含水层为细粉砂时，层数和厚度应适当增加。由于刃脚处渗透压力较大，易涌砂，靠刃脚处滤层厚度应加厚 20%～30%。

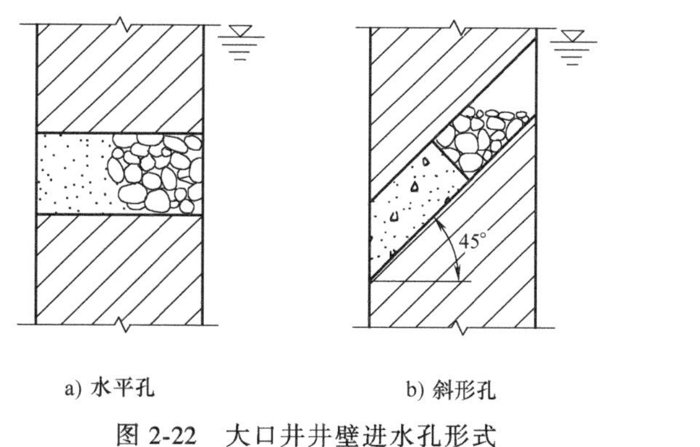

a) 水平孔　　b) 斜形孔

图 2-22　大口井井壁进水孔形式

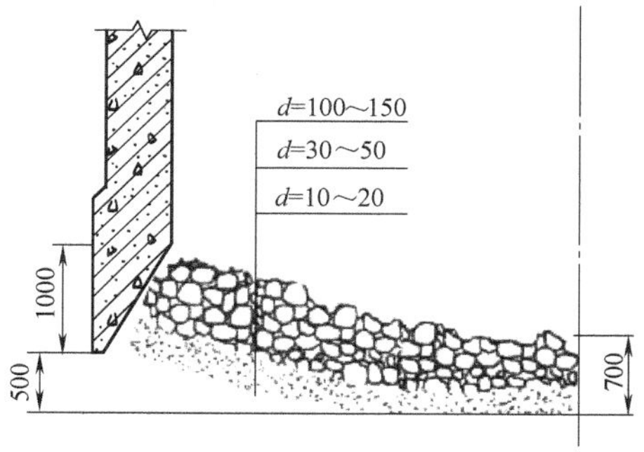

d=100～150
d=30～50
d=10～20
1000
500
700

图 2-23　井底反滤层

井底反滤层滤料级配与井壁进水孔相同。大口井井壁进水孔易于堵塞，多数大口井主要依靠井底进水，故大口井能否达到应有的出水量，井底反滤层质量是重要因素，如反滤层铺设厚度不均匀或滤料不合规格都有可能导致堵塞和翻砂，使出水量下降。

2）大口井的施工。大口井的施工方法有大开挖施工法和沉井施工法：

① 大开槽施工法。在开挖的基槽中，进行井筒砌筑或浇注以及铺设反滤层等工作。大开挖施工的优点是：可以直接采用当地材料（石、砖），便于井底反滤层施工，且可在井壁外围填反滤层，改善进水条件。但此法施工土方量大，施工排水费用高。此法只适用于建造口径小（$D<4$m），深度浅（$H<9$m）或地质条件不宜于采用沉井法施工的大口井。

② 沉井施工法。在井位处先开挖基坑，然后在基坑上浇注带有刃脚的井筒。待井筒达到一定强度后，即可在井筒内挖土。这时井筒靠自重切土下沉。随着井内继续挖土，井筒不断下沉，直至设计标高。如果下沉至一定深度时，由于摩擦力增加而下沉困难时，可外加载荷，克服摩擦力，使井下沉。

井筒下沉时有排水与不排水两种方式。排水下沉即在下沉过程中进行施工排水，使井筒内在施工过程中保持干涸的空间，便于井内施工操作。优点是：施工方法简单，方便，可直接观察地层变化；便于发现问题及时排除障碍，易于保持垂直下沉，能保证反滤层铺设质量。但排水费用较高，在细粉砂地层易于发生流砂现象，使一般排水方法难以奏效，必要时要采用设备较复杂的井点排水施工。

不排水下沉即井筒下沉时不进行施工排水，利用机械（如抓斗、水力机械）进行水下取土。优点是：能节省排水费用，施工安全，井内外不存在水位差，可避免流砂现象的发生。在透水性好、水量丰富或细粉砂地层，更应采用此法。但施工时不能及时发现井下的问题，排除故障比较困难。必要时，还需有潜水员配合，且反滤层质量不容易保证。

由上可知，沉井法施工有很多优点，如土方量少、排水费用低、扰动程度轻和对周围建筑物影响小。因此，在地质条件允许时，应尽量采用沉井施工法。

（2）辐射井

1）辐射井的形式。辐射井是由集水井与若干辐射状铺设的水平或倾斜的集水管（辐射管）组合而成。按集水井本身取水与否，辐射井分为两种形式：一是集水井底（即井底进水的大口井）与辐射管同时进水；二是井底封闭，仅由辐射管集水，如图 2-24 所示。前者适用于厚度较大的含水层（5~10m），但大口井与集水管的集水范围在高程上相近，互相干扰影响较大。后者适用于较薄的含水层（≤5m）。由于集水井封底，对于辐射管施工和维修均较方便。

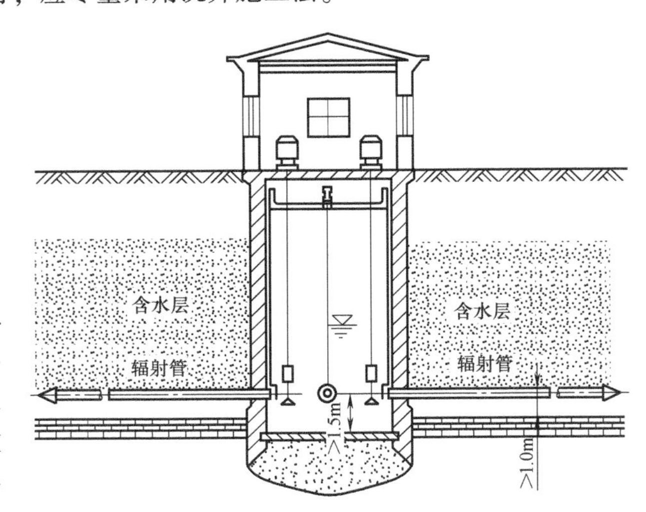

图 2-24　单层辐射管的辐射井

按补给条件，辐射井可分为集取地下水的辐射井，如图 2-25a 所示。集取河流或其他地表水体渗透水的辐射井，如图 2-25b、c 所示；集取岸边地下水和河床地下水的辐射井，如图 2-25d 所示。

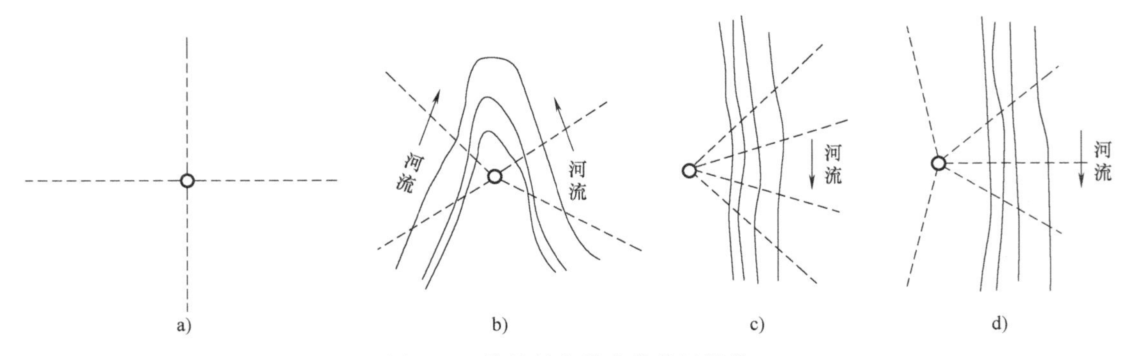

图 2-25　按补给条件分类的辐射井

按辐射管铺设方式，可分单层辐射管的辐射井（图 2-24）和多层辐射管的辐射井。辐射井是一种适应性较强的取水构筑物。一般不能用大口井开采的、厚度较薄的含水层以及不能用渗渠开采的厚度薄、埋深大的含水层，都可用辐射井开采。此外，辐射井对于开发位于成水上部的淡水透镜体，较其他取水构筑物更为适宜。辐射井又是一种高效能地下水取水构筑物。辐射井进水面积大，其单井产水量位于各类地下水取水构筑物之首。高产辐射井日产水量在 10 万 m^3 以上。辐射井还有管理集中，占地省，便于卫生防护等优点。

辐射管施工难度较高，辐射井产水量的大小，不仅取决于水文地质条件（如含水层透水性和补给条件）和其他自然条件，而且很大程度上取决于辐射管的施工质量和施工技术水平。

2）辐射井的构造。以下是辐射井的两个组成部分。

① 集水井。集水井的作用是汇集从辐射管来的水，安放抽水设备以及作为辐射管施工的场所，对于不封底的集水井还兼有取水井之作用。据上述要求，集水井直径不应小于 3m。我国多数辐射井都采用不封底的集水井，用以扩大井的出水量。但不封底的集水井对辐射管施工及维护均不方便。

集水井通常都采用圆形钢筋混凝土井筒，沉井施工。

② 辐射管。辐射管的配置可分为单层或多层，每层根据补给情况采用 4~8 根。最下一层距含水层底板应不小于 1m，以利于进水。最下层辐射管还应高于集水井井底 1.5m，以便顶管施工。为减小互相干扰，各层应有一定间距。当辐射管直径为 100~150mm 时，层间间距采用 1~3m。

辐射管的直径和长度，视水文地质条件和施工条件而定。辐射管直径一般为 75~100mm。当地层补给条件好，透水性强，施工条件许可时，宜采用大管径。辐射管长度一般在 30m 以内。当设在无压含水层中时，迎地下水水流方向的辐射管宜长一些。为利于集水和排砂，辐射管应有一定坡度向集水井倾斜。

辐射管一般采用厚壁钢管（壁厚为 6~9mm），以便于直接顶管施工。当采用套管施工时，也可采用薄壁钢管、铸铁管及其他非金属管。辐射管进水孔有条形孔和圆形孔两种，其孔径或缝宽应按含水层颗粒组成确定。圆孔交错排列、条形孔沿管轴方向错开排列。孔隙率一般为 15%~20%。为了防止地表水沿集水井外壁下渗，除在井口外围填黏土外，最好在靠近井壁 2~3m 的辐射管上不穿孔眼。对于封底的辐射井，其辐射管在井内之出口处应设闸阀，以便于施工、维修和控制水量。

(3) 复合井　复合井是大口井与管井的组合。它由非完整式大口井和井底以下设有一根至数根管井过滤器所组成（图 2-26）。实际上，这是大口井和管井上下重合的分层或分段取水系统。它适用于地下水位较高，厚度较大的含水层。复合井比大口井更能充分利用厚度较大的含水层，增加井的出水量。在水文地质条件适合的地区，比较广泛地作为城镇水源、铁路沿

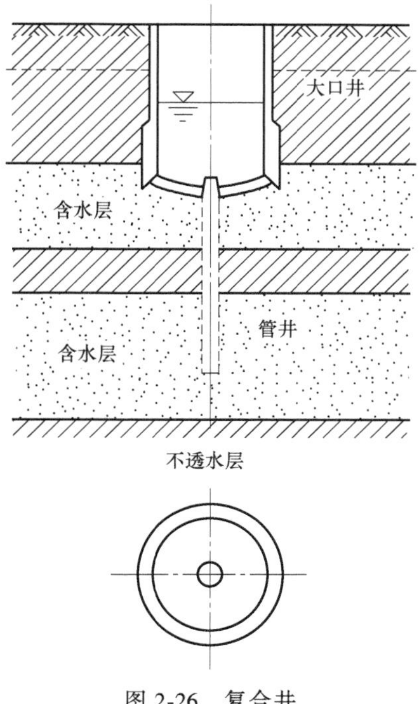

图 2-26　复合井

线给水站及农业用井。在已建大口井中，如水文地质条件适当，也可在大口井中打入管井过滤器改造为复合井，以增加井水量和改良水质。

（4）渗渠　渗渠即水平铺设在含水层中的集水管（渠）。渗渠可用于集取浅层地下水，如图 2-27 所示；也可铺设在河流、水库等地表水体之下或旁边，集取河床地下水或地表渗透水，如图 2-28 所示。由于集水管是水平铺设的，也称水平式地下水取水构筑物。渗渠的埋深一般在 4~7m，很少超过 10m。因此，渗渠通常只适用于开采埋藏深度小于 2m，厚度小于 6m 的含水层。渗渠也有完整式和非完整式之分。

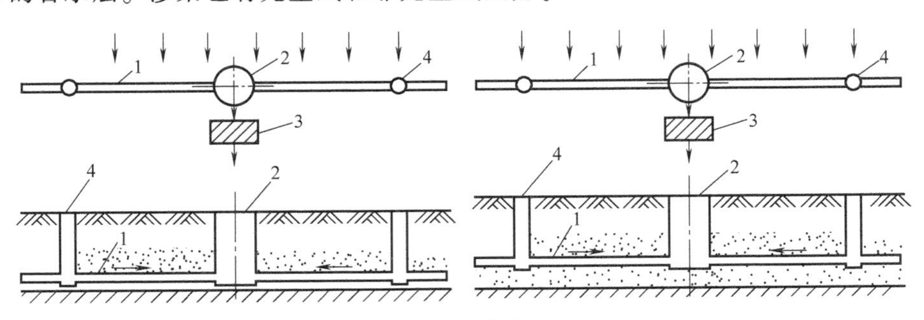

图 2-27　渗渠（集取地下水）

1—集水管　2—集水井　3—泵站　4—检查井

渗渠通常由水平集水管、集水井、检查井和泵站所组成（图 2-27）。集水管一般为穿孔钢筋混凝土管，水量较小时，可用穿孔混凝土管、陶土管、铸铁管，也可用带缝隙的干砌块石或装配式钢筋混凝土暗渠。钢筋混凝土集水管管径应根据水力计算确定，一般在 600~1000mm。管上进水孔有圆孔和条孔两种。圆孔孔径为 20~30mm；条孔宽为 20mm，长度为 60~100mm。孔眼内大外小，交错排列于管渠的上 1/2~2/3 部分。孔眼净距满足结构要求。但孔隙率一般不应超过 15%。

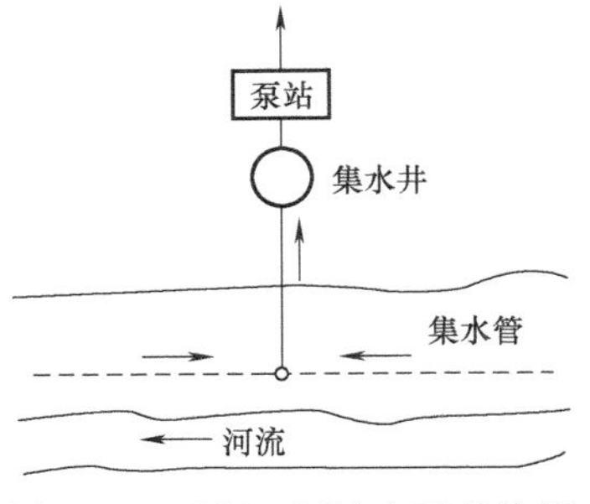

图 2-28　平行于河流布置的渗渠

渗渠的渗流允许速度可参照管井的渗流允许流速。为便于检修、清通，集水管端部、转角、变径处以及每 50~150m 均应设检查井。洪水期能被淹没的检查井井盖应密封，用螺栓固定，防止洪水冲开井盖涌入泥砂，淤塞渗渠。

2.4.4　地表水取水构筑物

地表水水源较之地下水源一般水量较充沛，分布较广泛，因此常常利用地表水作为给水水源。

由于地表水水源的种类、性质和取水条件各不相同，因而地表水取水构筑物有多种形式。按水源分，则有河流、湖泊、水库、海水取水构筑物；按取水构筑物的构造形式分，则有固定式（岸边式、河床式、斗槽式）和活动式（浮船式、缆车式）两种；在山区河流上，则有带低坝的取水构筑物和低栏栅式取水构筑物。

1. 江河固定式取水构筑物

江河取水构筑物的类型很多，但可分为固定式取水构筑物和活动式取水构筑物两类。在选择形式时，应根据取水量和水质要求，结合河床地形、河床冲淤、水位变幅，冰冻和航运等情况以及施工条件，在保证取水安全可靠的前提下，通过技术经济比较确定。

固定式取水构筑物与活动式取水构筑物相比具有取水可靠、维护管理简单、适应范围广等优点，但投资较大、水下工程量较大、施工期长，在水源水位变幅较大时，尤其这样。固定式取水构筑物设计时应考虑远期发展的需要，土建工程一般按远期设计，一次建成，水泵机组设备可分期安装。

江河固定式取水构筑物主要分为岸边式和河床式两种，另外还有斗槽式等。

（1）岸边式取水构筑物　直接从江河岸边取水的构筑物，称为岸边式取水构筑物，是由进水间和泵房两部分组成。它适用于江河岸边较陡，主流近岸，岸边有足够水深，水质和地质条件较好，水位变幅不大的情况。

按照进水间与泵房的合建与分建，岸边式取水构筑物的基本形式可分为合建式和分建式。

1）合建式岸边取水构筑物。合建式岸边取水构筑物是进水间与泵房合建在一起，设在岸边，如图 2-29 所示。河水经过进水孔进入进水间的进水室，再经过格网进入吸水室，然后由水泵抽送至水厂或用户。在进水孔上设有格栅，用以拦截水中粗大的漂浮物。设在进水间中的格网用以拦截水中细小的漂浮物。

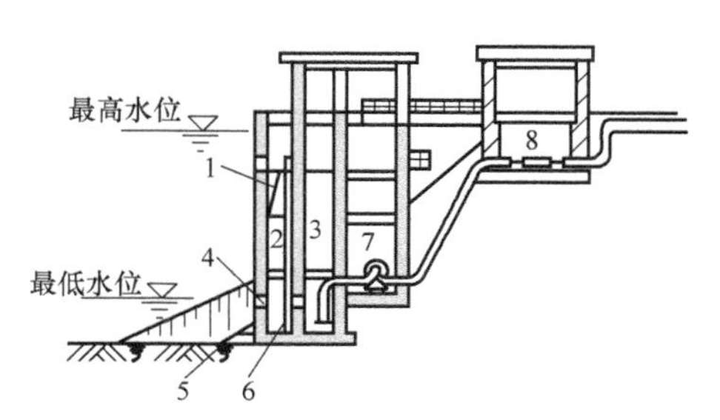

图 2-29　合建式岸边取水构筑物

1—进水间　2—进水室　3—吸水室　4—进水孔　5—格栅　6—格网　7—泵房　8—阀门井

合建式的优点是布置紧凑，占地面积小，水泵吸水管路短，运行管理方便。因而采用较广泛，适用在岸边地质条件较好时。但合建式土建结构复杂，施工较困难。

当地基条件较好时，进水间与泵房的基础可以建在不同的标高上，呈阶梯式布置（图 2-29）。这种布置可以利用水泵吸水高度以减小泵房深度，有利于施工和降低造价，但水泵起动时需要抽真空。

当地基条件较差时，为了避免产生不均匀沉降，或者由于供水安全性要求高，水泵需要自灌时，则宜将进水间与泵房的基础建在相同标高上。但是泵房较深，土建费用增加，通风及防潮条件差，操作管理不甚方便。

为了缩小泵房面积，减小泵房深度，降低泵房造价，可采用立式泵或轴流泵取水。这种布置将电动机设在泵房上层，操作方便，通风条件较好。但立式泵安装较困难，检修不方便。在水位变化较大的河流上，水中漂浮物不多，取水量不大时，也可采潜水泵取水。潜水泵和潜水电动机可以设在岸边进水间内，当岸坡地质条件好时也可设在岸边斜坡上。这种取水方式结构简单，造价低，但水泵电动机淹没在水下，故检修较困难。

2）分建式岸边取水构筑物。当岸边地质条件较差，进水间不宜与泵房合建时，或者分建对结构和施工有利时，则宜采用分建式（图 2-30）。进水间设于岸边，泵房则建于岸内地质条件较好的地点，但不宜距进水间太远，以免吸水管过长。进水间和泵房之间的交通大多采用引桥，有时也采用堤坝连接。分建式土建结构简单，施工较容易，但操作管理不便，吸水管路较长，增加了水头损失，运行安全性不如合建式。

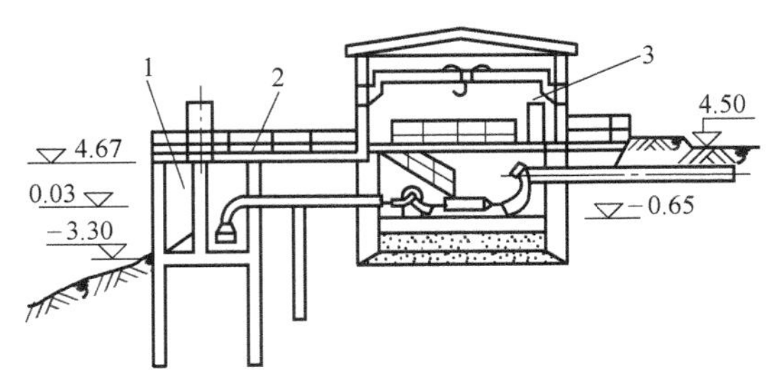

图 2-30　分建式岸边取水构筑物
1—进水间　2—引桥　3—泵房

（2）河床式取水构筑物　河床式取水构筑物与岸边式基本相同，但用伸入江河中的进水管（其末端设有取水头部）来代替岸边式进水间的进水孔。因此，河床式取水构筑物是由泵房、进水间、进水管（即自流管或虹吸管）和取水头部等部分组成。

当河床稳定，河岸较平坦，枯水期主流离岸较远，岸边水深不够或冰质不好，而河中又具有足够水深或较好水质时，适宜采用河床式取水构筑物。河水经取水头部的进水孔流入，沿进水管流至集水间，然后由泵抽走。集水间与泵房可以合建，也可以分建。按照进水管形式的不同，河床式取水构筑物有以下类型：

1）自流管取水。图 2-31 和图 2-32 分别表示集水间与泵房合建和分建的自流管取水构

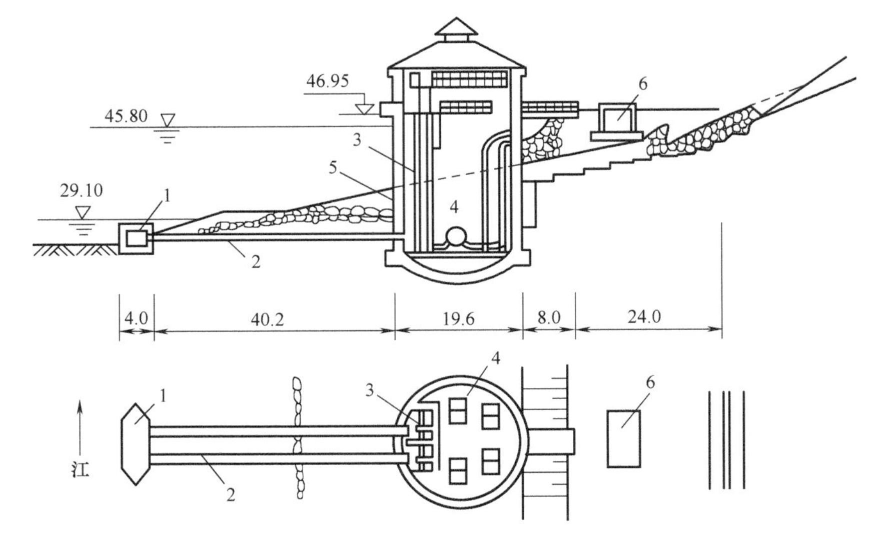

图 2-31　自流管取水构筑物（集水间与泵房合建）（单位：m）
1—取水头部　2—自流管　3—集水间　4—泵房　5—进水孔　6—阀门井

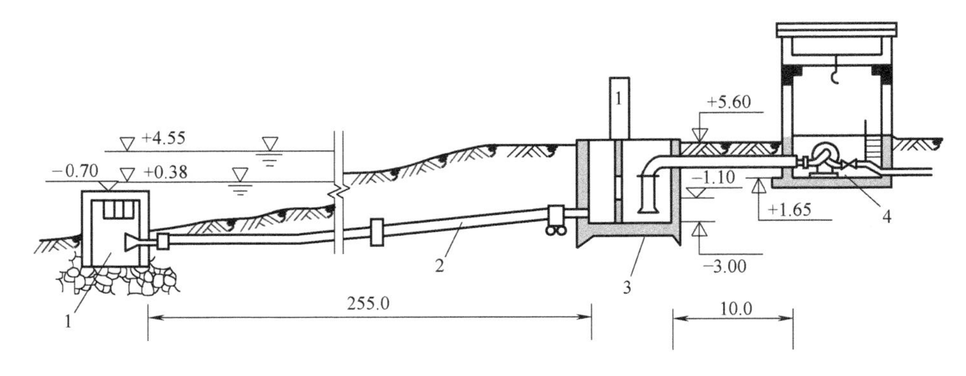

图 2-32　自流管取水构筑物（集水间与泵房分建）（单位：m）
1—取水头部　2—自流管　3—集水间　4—泵房

筑物，河水通过自流管进入集水间。由于自流管淹没在水中，河水靠重力自流，工作较可靠。但敷设自流管时，开挖土石方量较大，适用于自流管埋深不大时，或者在河岸可以开挖隧道以敷设自流管时。

在河流水位变幅较大，洪水期历时较长，水中含沙量较高时，为了避免在洪水期引入底层含沙量较多的水，可在集水间壁上开设进水孔（图2-31），或设置高位自流管，以便在洪水期取上层含沙量较少的水。分层取水对降低进水含沙量有一定作用，但也要结合具体情况采用。某些河流（如山区河流）水位变化频繁，高水位历时不长，采用分层取水不仅操作不便，而且在水位陡落时，如不能及时开启自流管上的阀门，易于造成断水。河水含沙量分布比较均匀时，分层取水意义不大。

2）虹吸管取水。图2-33所示为虹吸管取水构筑物。河水通过虹吸管进入集水井中，然后由水泵抽走。当河水位高于虹吸管顶时，无需抽真空即可自流进水；当河水位低于虹吸管顶时，需先将虹吸管抽真空方可进水。在河滩宽阔，河岸较高，且为坚硬岩石，埋设自流管需开挖大量土石方，或管道需要穿越防洪堤时可采用虹吸管。由于虹吸管高度最大可达7m，与自流管相比提高了埋管的高程，因此可大大减少水下土石方量，缩短工期，节约投资。但虹吸管对管材及施工质量要求较高，运行管理要求严格，并需保证严密不漏气；需要装置真空设备，工作可靠性不如自流管。

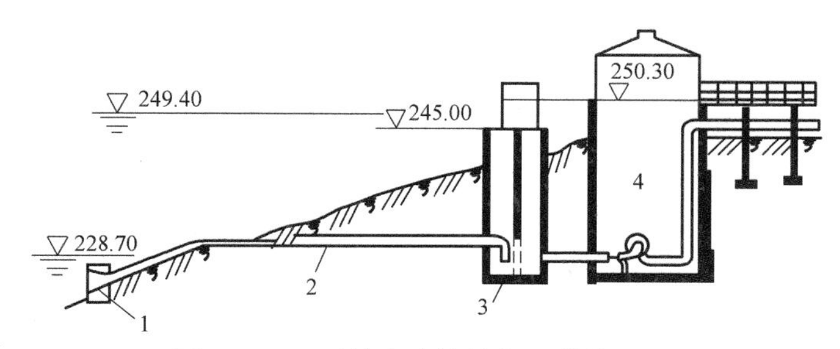

图2-33　虹吸管取水构筑物（单位：m）

1—取水头部　2—虹吸管　3—集水井　4—泵房

3）水泵直接吸水。如图2-34所示，不设集水间，水泵吸水管直接伸入河中取水。由于可以利用水泵吸水高度以减小泵房深度，又省去集水间，故结构简单，施工方便，造价较低。在不影响航运时，水泵吸水管可以架空敷设在桩架或支墩上。为了防止吸水头部被杂草或其他漂浮物堵塞，可利用水泵从一个头部吸水管抽水，向另一个被堵塞的头部吸水管进行反冲洗。这种形式一般适用于水中漂浮物不多，吸水管不长的中小型取水泵房。

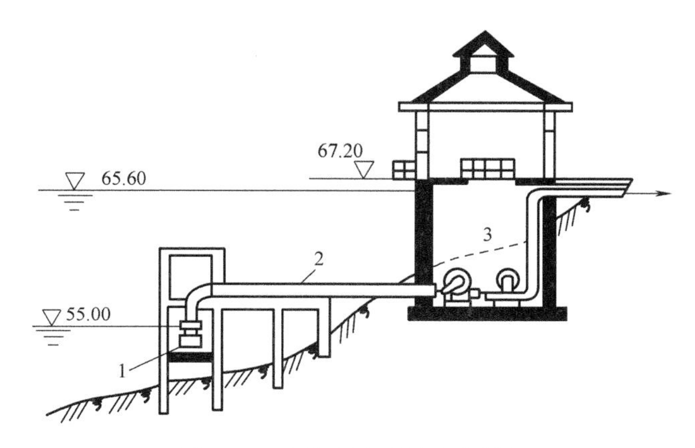

图2-34　直接吸水式取水构筑物

1—取水头部　2—水泵吸水管　3—泵房

4）桥墩式取水。整个取水构筑物建在水中，在进水间的壁上设置进水孔，如图2-35所示。由于取水构筑物建在江内，缩小了水流过水断面面积，容易造成附近河床冲刷，因此，基础埋深较大，施工较复杂。此外，还需要设置较长的引桥与岸边连接，不仅造价昂贵，而且影响航运，故只在大河、含沙量较高、取水量较大、岸坡平缓、岸边无建泵房条件的情况下使用。

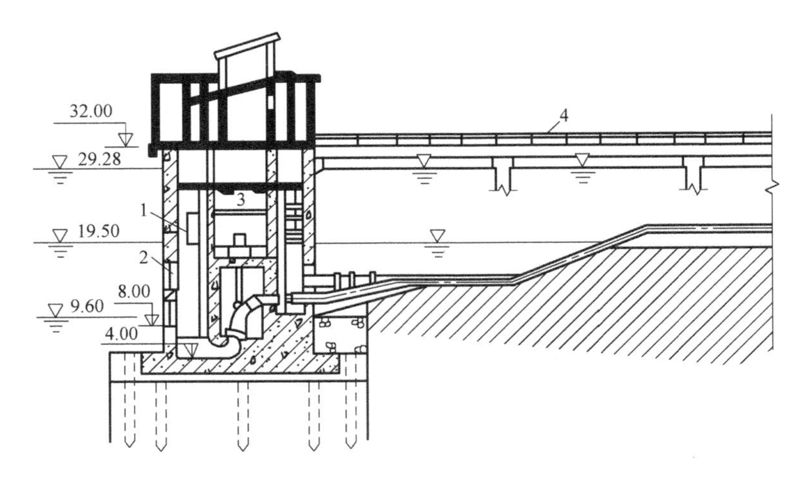

图 2-35 桥墩式取水构筑物

1—进水间 2—进水孔 3—泵房 4—引桥

2. 江河移动式取水构筑物

在水源水位变幅大，供水要求急和取水量不大时，可考虑采用移动式取水构筑物（浮船式和缆车式）。

（1）浮船式取水构筑物 浮船式取水构筑物具有投资少、建设快、易于施工（无复杂的水下工程）、有较大的适应性和灵活性，能经常取得含沙量少的表层水等优点。因此，在我国西南、中南等地区应用较广泛，如图 2-36 所示。目前一只浮船的最大取水能力已达 30 万 m^3/d。但它也存在缺点，例如，河流水位涨落时，需要移动船位，阶梯式连接时需拆换接头以致短时停止供水，操作管理麻烦；浮船还受到水流、风浪、航运等的影响，安全可靠性较差。

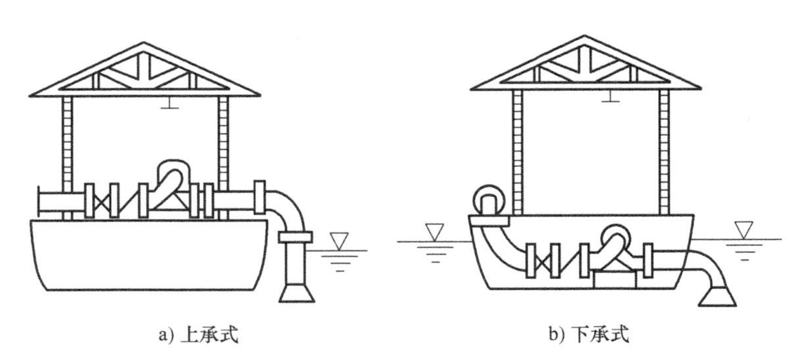

a) 上承式　　b) 下承式

图 2-36 取水浮船竖向布置

（2）缆车式取水构筑物 缆车式取水构筑物由泵车、坡道或斜桥、输水管和牵引设备等部分组成，其布置图如图 2-37 所示。当河水涨落时，泵车由牵引设备带动，沿坡道上的轨道上下移动。缆车式取水构筑物的优点与浮船取水构筑物基本相同。缆车移动比浮船方便，缆车受风浪影响小，比浮船稳定。但缆车取水的水下工程量和基建投资比浮船取水大，宜在水位变幅较大，涨落速度不大（不超过 2m/h），无冰凌和漂浮物较少的河流上采用。缆车式取水构筑物位置应选择在河岸地质条件较好，并有 10°～28°的岸坡处为宜。河岸太陡，则所需牵引设备过大，移车较困难；河岸平缓，则吸水管架太长，容易发生事故。

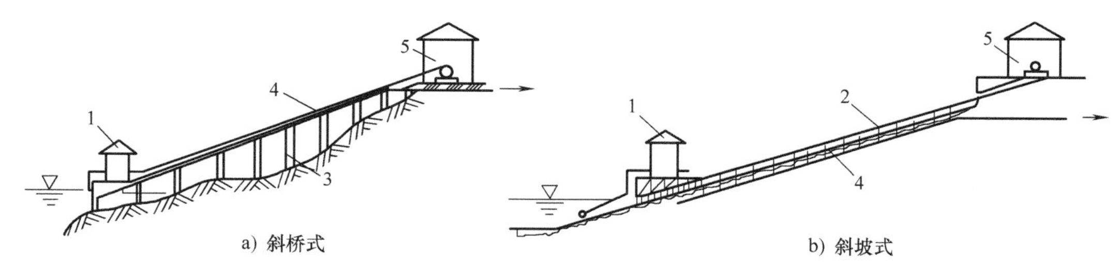

图 2-37　缆车式取水构筑物布置

1—泵车　2—坡道　3—斜桥　4—输水斜管　5—卷扬机房

3. 湖泊和水库取水构筑物

我国湖泊较多，新中国成立以来，为了满足农业灌溉、发电和工业生产用水以及人民生活需要，水位变化较剧烈，这就使在浅水滩大的湖湾向风岸，当冬季刮大风时，造成湖水浊度大大超过夏季暴雨时的湖水浊度的原因。

湖泊、水库是由河流、地下水、降雨时的地面径流作为补给水的，因此其水质与补给水来源的水质有密切关系。因而各个湖泊、水库的水质，其化学成分是不同的。湖泊（或水库）不同位置的化学成分也不完全一样，含盐量也不一样，同时各主要离子间不保持一定的比例关系，这是与海水水质区别之处。湖水水质化学变化常常具有生物作用，这又是与河水、地下水的水质的不同之处。湖泊、水库中的浮游生物较多，多分布于水体上层 10m 深度以内的水域中，如蓝藻分布于水的最上层，硅藻多分布于较深处。浮游生物的种类和数量，近岸处比湖中心多，浅水处比深水处多，无水草处比有水草处多。

（1）取水构筑物位置的选择　在湖泊、水库取水时，取水构筑物位置的选择应注意以下几点：

1）不要选择在湖岸芦苇丛生处附近。一般在这些湖区有机物丰富，水生物较多，水质较差，尤其是水底动物（如螺、蚌等）较多，而螺丝等软体动物吸着力强，若被吸入后将会产生严重的堵塞现象。湖泊中有机物一般比较丰富，就是在非芦苇丛生的湖区，也应考虑在水泵吸水管上投氧，使水底动物和浮游生物在进入取水构筑物时就被杀死，消除后患。

2）不要选择在夏季主风向的向风面的凹岸处，因为在这些位置有大量的浮游生物集聚并死亡，沉至湖底后腐烂，从而水质恶化，水的色度增加，且产生臭味。同时藻类如果被吸入水泵提升至水厂后，还会在沉淀池（特别是斜管沉淀池）和滤池的滤料内滋长，使滤料产生泥球，增大滤料阻力。

3）为了防止泥沙淤积取水头部，取水构筑物位置应选在靠近大坝附近，或远离支流的汇入口。因为在靠近大坝附近或湖泊的流出口附近，水深较大，水的浊度也较小，也不易出现泥沙淤积现象。

4）取水构筑物应建在稳定的湖岸或库岸处。在风浪的冲击和水流的冲刷下，湖岸、库岸常常会遭到破坏，甚至发生崩坍和滑坡。一般在岸坡坡度较小、岸高不大的基岩或植被完整的湖岸和库岸是比较稳定的地方。

（2）湖泊和水库取水构筑物的类型

1）隧洞式取水和引水明渠取水。隧洞式取水构筑物可采用水下岩塞爆破法施工，这就是在选定的取水隧洞的下游一端，先行挖掘修建引水隧洞，在接近湖底或库底的地方预留一定厚度的岩石即岩塞，最后采用水下爆破的方法，一次炸掉预留岩塞，从而形成取水口。这一方法在国内外均获得采用，图 2-38 为隧洞式取水岩塞爆破法示意图。

我国不少取水构筑物，如岳阳电厂从芭蕉湖取水、宣威电厂从钱电水库取水、鄂城钢铁厂从梁子湖取水，均采用引水明渠的取水方式。

2）分层取水的取水构筑物。这种取水方式适宜于深水湖泊或水库。在不同季节，深水湖泊或水库的水质相差较大，例如，在夏秋季节，表层水藻类较多，在秋末这些漂浮生物死亡沉积于库底或湖底，因腐烂而使水质恶化发臭。在汛期、雨后的地面径流带有大量泥沙流入湖泊水库，使水的浊度骤增，显然泥沙含量越靠湖底、库底就越高，采用分层取水的方式，可以根据不同水深的水质情况，取得低浊度、低色度、无臭的水。

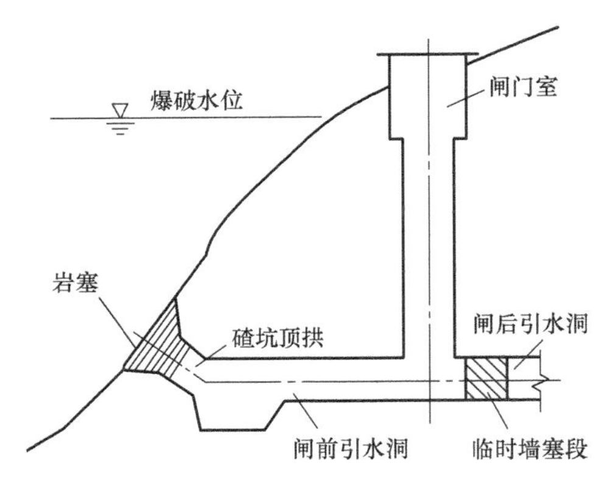

图 2-38　岩塞爆破法示意图

3）自流管式取水构筑物。在浅水湖泊和水库取水，一般采用自流管或虹吸管把水引入岸边深挖的吸水井内，然后水泵的吸水管直接从吸水井内抽水（与河床式取水构筑物类似），泵房与吸水井既可合建，也可分建，图 2-39 为自流管式取水构筑物。以上为湖泊、水库的常用取水构筑物类型，具体选择时应根据水文特征和地形、地貌、气象、地质、施工等条件进行技术性和经济性比较后确定。

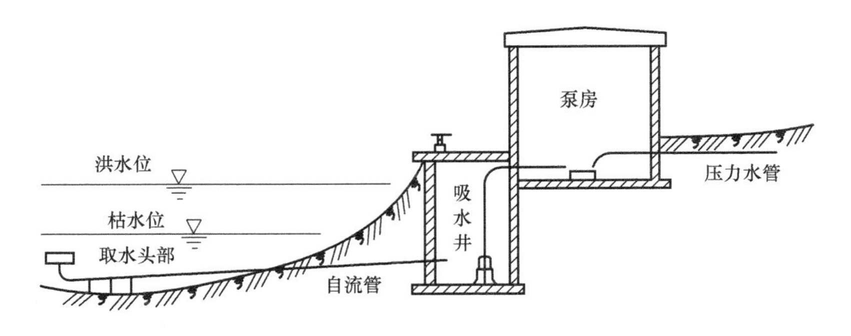

图 2-39　自流管式取水构筑物

2.5　城市输配水管网

输水和配水系统是指保证输水到给水区并且配水到所有用户的全部设施，它包括输水管渠、配水管网、泵站、水塔和水池等；输水管渠是从水源到城市水厂或者从城市水厂到相距较远管网的管线或渠道，它的作用很重要，在某些远距离输水工程投资很大。管网是给水系统的主要组成部分，它和输水管渠、二级泵站和调节构筑物有着密切的关系。

对输水和配水系统的总要求是供给用户所需的水量，保证配水管网足够的水压，保证不间断给水。

1. 管网布置形式

给水管网的布置应满足以下要求：

1）按照城市规划平面图布置管网，布置时应考虑给水系统分期建设的可能，并留有充分的发展余地。

2）管网布置必须保证供水安全可靠，当局部管网发生事故时，断水范围应减到最小。

3）管线遍布在整个给水区内，保证用户有足够的水量和水压。

4）力求以最短距离敷设管线，以降低管网造价和供水能量费用。

尽管给水管网有各种各样的要求和布置，但给水管网只有两种基本形式：树状网和环状网。树状网一般适用于小城市和小型工矿企业，这类管网从水厂泵站或水塔到用户的管线布置成树枝状。显而易见，树状网（图 2-40）的供水可靠性较差，因为管网中任一段管线损坏时，在该管段以后的所有管线就会断水。另外，树状网的末端因用水量已经很小，管中的水流缓慢，甚至停滞不流动，因此水质容易变坏，有出现浑水和红水的可能。树状网中水锤的作用损坏管线较严重。

环状网（图 2-41）中管线连接成环状，当任一段管线损坏时，可以关闭附近的阀门使其与其余管线隔开，然后进行检修，水还可从另外管线供应用户，断水的地区可以缩小，从而供水可靠性增加。环状网还可以大大减轻因水锤作用产生的危害。但是环状网的造价明显地比树状网要高。

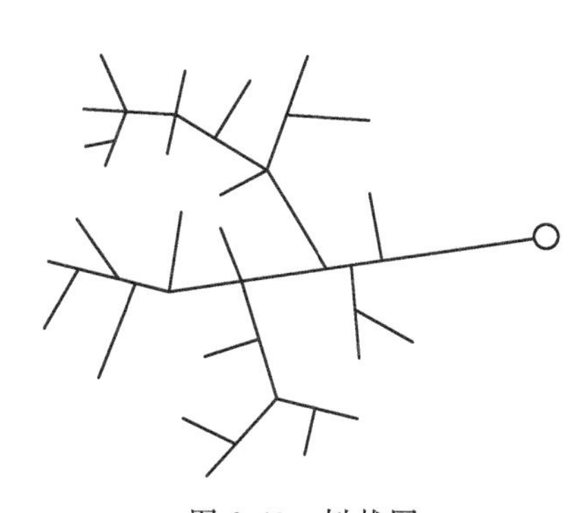

图 2-40　树状网

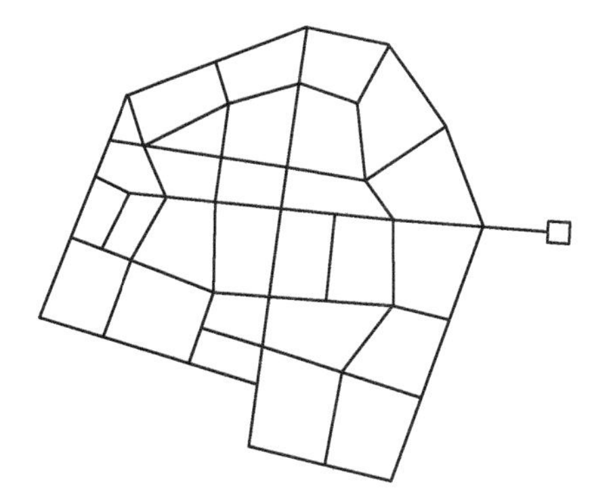

图 2-41　环状网

一般在城市建设初期可采用树状网，以后随着给水事业的发展逐步连成环状网。实际上，现有城市的给水管网，多数是将树状网和环状网结合起来。在城市中心地区，布置成环状网，在郊区则以树状网形式向四周延伸。供水可靠性要求较高的工矿企业须采用环状网，并用树状网或双管输水到个别较远的车间。

给水管网的布置既要求安全供水，又要贯彻节约投资的原则，为安全供水以采用环状网较好，要节约投资最好采用树状网。在管网布置时，既要考虑供水的安全，又尽量以最短的路线埋管，并考虑分期建设的可能，即先按照近期规划埋管，随着用水量的增值逐渐埋设管线。

2. 管网定线

(1) 城市给水管网定线 城市给水管网定线是指在地形平面图上确定管线的走向和位置。定线时一般只限于管网的干管以及干管之间的连接管，不包括从干管到用户的分配管和接到用户的进水管，如图 2-42 所示。干管一般管径较大，用以输水到各地区。分配管的作用是从干管取水供给用户和消火栓，管径较小，常由城市消防流量决定所需最小的管径。

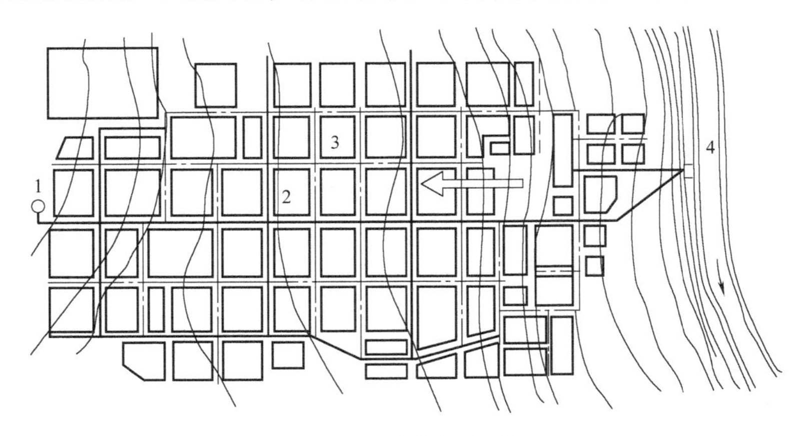

图 2-42 干管和分配管

1—水塔 2—干管 3—分配管 4—水厂

由于给水管网一般敷设在街道以下，就近供给两侧用户，所以管网的形状随城市的总平面布置图而定。

城市管网定线取决于城市平面布置，供水区的地形、水源和调节池位置、街区和用户，特别是大用户的分布，河流、铁路、桥梁等的位置等，考虑以下要点：

定线时，干管延伸方向应和二级泵站输水到水池、水塔、大用户的水流方向一致。如图 2-42 箭头所示，循水流方向，以最短的距离布置一条或数条干管，干管位置应从用水量较大的街区通过。干管的间距，可根据街区情况，采用 500~800m。从经济上来说，给水管网的布置采用一条干管接出许多支管形成树状网的费用最省，但从供水可靠性着想，以布置几条接近平行的干管并形成环状网为宜。

干管和干管之间的连接管使管网形成了环状网。连接管的作用是在局部管线损坏时，可以通过它重新分配流量，从而缩小断水范围，较可靠地保证供水。连接管的间距可根据街区的大小考虑在 800~1000m。

干管一般按城市规划道路定线，尽量避免在高级路面或重要道路下通过，以减小今后检修时的困难。管线在道路下的平面位置和标高，应符合城市或厂区地下管线综合设计的要求，给水管线和建筑物、铁路以及其他管道的水平净距，均应参照有关规定。

考虑以上要求，城市管网是树状网和若干环组成的环状网相结合的形状，管线大致均匀分布于整个给水区。

管网中还须安排其他管线和附属设备，例如，在供水范围内的道路下需要敷设分配管，以便把干管的水送到用户和消火栓。分配管直径至少 100mm，大城市采用直径 150~200mm，主要原因是通过消防流量时，分配管中的水头损失不致过大，以免火灾地区的水压过低。

城市内工厂、学校、医院等用水均从分配管接出，将水接到用户。一般建筑物用一条进水管，用水要求较高的建筑物或建筑物群，有时在不同部位接入两条或数条进水管，以增加供水的可靠性。

（2）工业企业给水管网 工业企业给水管网的布置有它的特点，在同一工业企业内，往往根据水质和水压要求，分别布置管网，形成分质、分压的管网系统。消防用水管网通常不单独设置，而是由生活或生产给水管网供给消防用水。

根据工业企业的特点，可采取各种管网布置形式，例如生活用水管网不供给消防用水时，可为树状网；生活和消防合并的管网，应为环状网。

工业企业生产用水管网可按照生产工艺对给水可靠性的要求，采用树状网、环状网或两者相结合的形式。不能断水的企业，生产用水管网必须是环状网，到个别距离较远的车间可用双管代替环状网。大多数情况下，生产用水管网是环状网、双管和树状网的结合形式。

大型工业企业的各车间用水量一般较大，所以生产用水管网不像城市管网那样易于划分干管和分配管，定线和计算时全部管线都要加以考虑。

工业企业内的管网定线比城市管网简单，因为厂区内车间位置明确，车间用水量大并且比较集中，易于做到以最短的管线到达用水量大的车间的要求。但是，由于某些工业企业有许多地下建筑物和管线，地面上又有各种运输设施，以致定线比较困难。

3. 输水灌渠定线

从水源到水厂或水厂到管网的管道或渠道称为输水管渠。其特征是输水管渠不负责向用户配水。输水管渠定线就是选择和确定输水管渠线路的走向和具体位置。输水管渠定线时，应先在地形平面图上初步选定几种线路方案，然后沿线踏勘了解，从投资、施工、管理等方面，对各种线路方案进行技术性和经济性比较后再做决定。缺乏地形图时，则需在踏勘选线的基础上，进行地形图测量，绘出地形图后在图上推敲拟选的管线路径。

输水管渠定线时，必须与城市建设规划相结合，尽量缩短线路长度（线路简短可保证供水安全、减少拆迁、少占农田、减小工程量），有利于施工并节省投资。应选择最佳的地形和地质条件，最好能全部或部分重力输水；输水管渠应尽量沿现有道路定线，方便施工和管线维护；应尽量减少与铁路、公路和河流的穿越交叉，避免穿越沼泽、岩石、滑坡、高地下水位和河水淹没与冲刷地区，避免侵蚀性土区以及地质不良地段等，以降低造价和便于维护管理；必须穿越障碍时，需采取有效措施，保证安全供水。这些是输水管渠定线的基本原则。

当输水管渠定线时，经常会遇到山嘴、山谷、山岳等障碍物以及穿越河流和干沟等。这时应考虑：在山嘴地段是绕过山嘴还是开凿山嘴；在山谷地段是延长路线通过还是用倒虹管；遇独山时是从远处通过还是开凿隧洞通过；穿越河流或干沟时是用过河管还是倒虹管等。

路线选定后，接下来要考虑采用单管渠输水还是双管渠输水，管线上应布置哪些附属构筑物，以及输水管的排气和检修放空等问题。为保证安全供水，可以用一条输水管而在用水区附近建造水池进行安全水量存储，或者采用两条输水管。输水管条数主要根据输水量、事故时须保证的用水量、输水管渠长度、当地有无其他备用水源等情况而定。供水不许间断时，输水管一般不宜少于两条。当输水量小、输水管长，或有其他水源可以利用时，可考虑单管输水另加安全水池的方案。

输水管渠的输水方式可分成两类：第一类是水源的地形低于给水区，例如取用江河水时，需通过泵站加压输水，根据地形高差、管线长度和水管承压能力等情况，还有可能需在输水途中设置加压泵站。第二类是水源位置高于给水区，例如取用蓄水库水时，可采用重力自流管（渠）输水。

根据水源和给水区的地形高差及地形变化，输水管可以是重力管或压力管。远距离输水时，地形往往起伏变化较大，采用压力管的情况较多；重力输水比较经济，管理方便，应优先考虑。重力管又分成明渠和暗管两种。暗管定线简单，只要将管线埋在水力坡线以下并且尽量按最短的距离输水即可。明渠选线比较困难，且输水水质不便于保护。

为避免输水管局部损坏时，输水量降低过多，可在平行的 2 条或 3 条输水管之间设置连通管，并安装必要的阀门，以缩小事故检修时断水区段的长度，使输水管线的总输水能力降低不至于过大。

输水管线的坡度没有特殊要求，但应考虑检修时的可排空性。输水管线有坡度反向的情况时，应在每个管线的凸顶点安装排气阀，在每个管线的下凹低处设置泄水阀。管线埋深应考虑防冰冻和上部载荷的要求。

远距离输水时，一般情况往往是加压和重力输水两者的结合形式。有时，虽然水源低于给水区，个别地段也可借重力自流输水；水源高于给水区时，个别地段也有采用加压输水。

2.6 给水管材与附属构筑物

2.6.1 给水管道材料和配件

管道材料应该符合以下要求：

（1）密闭性能好　减少水量漏失，降低产销差率，避免管网检修时外界污水渗入。

（2）化学稳定性　管道内壁具有耐蚀性，不会受到水中各种物质的侵蚀，同时也不会向水中析出有毒有害物质。

（3）水力条件好　内壁光滑，不易结垢，减少水头损失，降低常年供水电耗。

（4）施工维修方便　尽可能缩短维修所造成的停水时间。

（5）建设投资省　管网建设费用占总费用的 50%~70%，管材的价格占管道综合工程的 50%以上。

（6）使用寿命长　管网扩建对城市交通、环境产生很大影响，一般按永久性工程设施进行设计。

水管分为金属管和非金属管。水管材料的选择，取决于承受的水压，外部载荷，埋管条件，供应情况等。

1. 钢管

钢管应用历史较长，范围较广，输水工程一般选用螺旋焊缝与直缝焊接钢管。螺旋焊接钢管采用卷板，利用螺旋管焊接生产线一次成形。螺旋焊管受加工工艺影响，管材存在较大残余应力，这部分残余应力与管道运行期间工作应力组合后，降低了管道承受内压的能力。另外，螺旋焊接管的焊缝较直缝焊管的焊缝长，这就意味着薄弱环节多，可靠性差。由于输水工程管道内压一般不算太高，即使螺旋焊接管存在上述问题也不影响其应用。

钢管按其制造方法分为无缝钢管和焊接钢管两种。无缝钢管采用优质碳素钢或合金钢制成，有热轧、冷轧（拔）之分。焊接钢管是由卷成管形的钢板以对缝或螺旋缝焊接而成，在制造方法上，又分为低压流体输送用焊接钢管、螺旋缝电焊钢管、直接卷焊钢管、电焊管等。无缝钢管可用于各种液体、气体管道等。焊接管道可用于输水管道、煤气管道、暖气管道等。

（1）焊接钢管

1）低压流体输送用焊接钢管与镀锌焊接钢管。

低压流体输送用焊接钢管是由碳素软钢制造，是管道工程中最常用的一种小直径的管材，适用于输送水、煤气、蒸气等介质，按其表面质量的不同，分为镀锌管（俗称白铁管）和非镀锌管（俗称黑铁管）。内外壁镀上一层锌保护层的较非镀锌的重 3%～6%。按其管材壁厚不同分为薄壁管、普通管和加厚管三种。薄壁管不宜用于输送介质，可作为套管用。

2）直缝卷制电焊钢管。

直缝卷制电焊钢管可分为电焊钢管和现场用钢板分块卷制焊成的直缝卷焊钢管，能制成几种管壁厚度。

3）螺旋缝焊接钢管。

螺旋缝焊接钢管分为自动埋弧焊接钢管和高频焊接钢管两种。

① 螺旋缝自动埋弧焊接钢管按输送介质的压力高低，分为甲类管和乙类管两类。甲类管一般用普通碳素钢 Q235、Q235F 及普通低合金结构钢 16Mn 焊制，乙类管采用 Q235、Q235F、Q195 等焊制，用作低压力的流体输送管材。

② 螺旋缝高频焊接钢管，尚没有统一的产品标准，一般采用普通碳素钢 Q235、Q235F 等制造。

（2）无缝钢管　无缝钢管按制造方法分为热轧管和冷拔（轧）管。冷拔（轧）管的最大公称直径为 200mm，热轧管最大公称直径为 600mm。在管道工程中，管径超过 57mm 时常选用热轧管，管径小于 57mm 时常用冷拔（轧）管。管道工程常用的无缝钢管有以下三种：

1）一般无缝钢管。

一般无缝钢管简称无缝钢管，用普通碳素钢、优质碳素钢、普通低合金钢和合金结构钢制造，用于制作输送液体的管道或结构及零件时使用。

无缝钢管按外径和壁厚供货，在同一外径下有多种壁厚，承受的压力范围较大。通常钢管长度，热轧管为 3～12.5m，冷拔（轧）管为 1.5～9m。

2）低中压锅炉用无缝钢管。

低中压锅炉用无缝钢管是用 10、20 优质碳素钢制造。

在给水管网中，通常只在管径大和水压高处，及因地质、地形条件限制或穿越铁路、河谷和地震地区时使用钢管。钢管用焊接或法兰连接，所用配件如三通、四通、弯管和渐缩管等，由钢板卷焊而成，也可直接用标准铸铁配件连接。

2. 镀锌管

镀锌钢管存在锈蚀问题，影响水质和使用年限，已经停止在饮用水方面的应用，主要用于消火栓和自动喷水灭火系统。生活用水采用的镀锌钢管为内衬聚乙烯或聚丙烯的镀锌钢管。

镀锌钢管衬塑有两种方式，一种是内部衬涂聚乙烯，另一种是在薄镀锌钢管内部挤压聚乙烯管。前一种方式涂衬层既不容易粘牢，也不容易衬匀；后一种方式效果较好，钢塑复合管的连接管件内部，也都衬有聚乙烯。

3. 铸铁管

铸铁管即用铸铁浇铸成型的管道。铸铁管用于给水、排水和煤气输送管线，它包括铸铁直管和管件。按铸造方法不同，分为连续铸铁管和离心铸铁管，其中离心铸铁管又分为砂型和金属型两种。按材质不同分为灰铸铁管和球墨铸铁管。柔性接口用橡胶圈密封。

由于灰铸铁管口径不大、材质不稳定，因此事故较多，在输水工程中基本不采用。延性铸铁管也称为球墨铸铁管，其强度比钢管大，延伸率也高出10%。另外，球墨铸铁管如没进行退火处理，称为铸态球墨铸铁管，其材质的性能除延伸率低于球墨铸铁管外，其余性能指标均与球墨铸铁管相似，价格也低，应用较多。

连续灰铸铁管的公称口径为75~1200mm，采用承插式或法兰盘式接口形式；按功能又可分为柔性接口和刚性接口两种，直管长度有4m、5m及6m；按壁厚不同分LA、A和B三级。砂型离心灰铸铁管的公称口径为200~1000mm，有效长度为5m及6m；按壁厚不同分P、G两级。其强度大、韧性好、管壁薄、金属用量少，能承受较高的压力，

球墨铸铁管与灰铸铁管相比，强度大、韧性好、管壁薄、金属用量少，能承受较高的压力，有效长度为5m及6m；按壁厚不同分P、G两级。管与管之间的连接，采用承插式或法兰盘式接口形式；按功能又可分为柔性接口和刚性接口两种。柔性接口用橡胶圈密封，允许有一定限度的转角和位移，因而具有良好的抗振性和密封性，比刚性接口安装简便快速，劳动强度小。

4. 预应力混凝土管

按生产工艺分成两种，一种因加工工艺分为三步，通常称为三阶段预应力混凝土管；另一种方法是一次成型，通常称为一阶段管。预应力混凝土管因加工工艺简单、造价低，较适合我国的经济状况而应用普遍。但管材制作过程中存在弊病，如三阶段管喷浆质量不稳定，易脱落和起鼓；一阶段管在施加预应力时不易控制（特别在插口端部），且因体积及重量大造成运输安装都不方便，使其应用受到限制。

预应力混凝土管口径一般在2000mm以下，工作压力在0.4~0.8MPa。口径大、工作压力高的工程应用时要慎重。

5. 预应力钢筒混凝土管PCCP

预应力钢筒混凝土管（Prestressed Concrete Cylinder Pipe）简称PCCP，是目前世界上使用非常广泛的非金属—金属复合管材，是一种新型的钢性管材，是钢板、混凝土、高强钢丝和水泥砂浆几种材料组成的复合结构，具有钢材和混凝土各自的特性。它是带有薄钢筒的高强度混凝土管芯缠绕在管芯外的预应力钢丝，喷以水泥砂浆保护层，两端分别焊有钢制承口圈和插口圈，与钢筒焊在一起，承插口有凹槽和胶圈形成了滑动式胶圈的柔性接头。

根据钢筒在管芯中的位置不同，预应力钢筒混凝土管分为两种：内衬式预应力钢筒混凝土管（PCCPL）、埋置式预应力钢筒混凝土管（PCCPE）。预应力钢筒混凝土管（PCCP）具有合理的复合结构，管材在工作状态下由管芯中（外）的薄钢板承担管材的抗渗功能，由缠绕在管芯外的预应力钢丝和管芯的混凝土壁承受管材的内水压和外载荷（动、静载荷），广泛应用于长距离输水干线、压力倒虹吸、城市供水工程、工业有压输水管线、电厂循环水工程下水管道、压力排污干管等。

预应力钢筒混凝土管的管径一般为 *DN*600～*DN*3600，工作压力为 0.4～2.0MPa，其中 *DN*1200 以下一般为内衬式，*DN*1400 以上通常为埋置式。

6. 塑料管

塑料给水管制造能耗低，以长度计，制造能耗仅为金属管道的 18.7%，其内表面光滑，水力条件优越，不生锈，不结垢，水质卫生，没有管道二次污染，重量轻，加工和接口方便，安装劳动强度低，节约综合施工费用；但管材强度低，对基础及回填土要求较高，膨胀系数较大，需考虑温度补偿措施，抗紫外线能力较弱，存在应变腐蚀问题（以蠕变系数来表示）。

塑料管有热塑性塑料管和热固性塑料管两大类。热塑性塑料管采用的主要树脂有聚氯乙烯树脂（PVC）、聚乙烯树脂（PE）、聚丙烯树脂（PP）、聚苯乙烯树脂（PS）、丙烯腈-丁二烯-苯乙烯树脂（ABS）、聚丁烯树脂（PB）等；热固性塑料管（GRP）通常是指玻璃纤维增强树脂塑料管，又称玻璃钢管。玻璃钢管的特点是强度较高，重量轻，耐腐蚀，不结垢，内壁光滑，阻力小，在相同管径、流量条件下，比金属管道和混凝土管道水头损失小，节省能耗。但玻璃钢管生产工艺复杂，价格较高，管壁相对薄，属于柔性管道，对基础与回填要求较高，也存在应变腐蚀问题。

7. 给水管网常用管材性能比较

1）离心球墨铸铁管综合性能较好，强度高，延伸性好，耐腐蚀，耐老化，使用寿命达 50～80 年，由于本身较重，运输、安装不是很容易。

2）钢管耐高压，韧性好，管壁薄，管身长，接口少，抗振性能好，但耐蚀性差，刚性连接接头的防腐处理很难进行，相对使用寿命短。

3）铜管具有优良的性能，易于安装，经久耐用，安全卫生，口径小，但价格较高。

4）不锈钢管综合力学性能好，耐腐蚀，口径不大，但价格高。

5）预应力钢筋混凝土管耐腐蚀，不污染水质，承插连接，但重量大，运输安装不方便。

6）预应力钢筒混凝土管有较高的强度和刚度，耐腐蚀，不污染水质，承插连接，密封性能好，寿命长，与水泥管相比有较好的抗渗性，运输和安装不方便，施工时需要吊装工具。

7）塑料管道质轻，易于运输安装，耐腐蚀，内壁光滑、水头损失小，节约运行成本，对水质无二次污染，生产、安装、使用中可大量节能，使用寿命在 50 年以上，安装费用低，安装省时，有的品种更适合非开挖铺设和管道的修复工程，有的品种可以卷盘运输以节省运输费用。有的材料耐高温、低温能力低，有的管道需要较大壁厚才能与金属管道有同等的耐压等级，壁厚增加的成本在经济上使其反而处于劣势。

8）塑料与金属的复合管道既有金属管材高的强度和刚度，又有塑料管的优点，综合性能优越。如铝塑复合管最大的优势是结合了金属和塑料的特点，具有耐高低温、耐压、耐腐蚀、质轻、抗气体渗透等优点。管材级聚乙烯具有长期耐破坏性、耐环境应力，经过共聚交联可大幅度提高其耐热性，但其最大的缺点是强度和弹性模量较低，通过与金属材料复合可弥补此缺陷。

9）玻璃钢夹砂管质轻，强度高，运输安装方便，内壁光滑，水头损失小，输水能力强，耐腐蚀，但耐冲击性差，施工地基条件要求高，密封性一般，相对易老化。

8. 管材与管道漏损的关系

在相同条件下，主要管材发生漏损事故的可能性，由大到小的排列顺序大致为：钢管（镀锌钢管）>铸铁管>石棉水泥管、钢筋混凝土管>塑料管（PE、PVC 等）>球墨铸铁管。造成这种现象的主要原因是各种管材自有的特性造成的。

在我国正在服役的城市供水管网中，灰铸铁管在所有管材中要占 80%以上的比例。20 世纪 60 年代，我国开始大量生产灰铸铁管，它采用了连续浇铸的铸管工艺，而这种方式铸造的管材材质问题比较多，在新管试压和投产运行时常常会发生管道断裂现象。究其原因，主要是连续浇铸工艺本身的缺点造成的，这种工艺使管材存在先天缺陷，如组织疏松、气孔、黑渣和内沟等，不仅脆性大，而且达不到应有的应力要求。另外，铸铁管管壁偏薄，成品仅做泵试验，而且只有压力指标。因此，铸铁管很容易在较大的温变拉伸应力和水锤等冲击力下遭到破坏。再者，灰铸铁管的连接方法多为承插口石棉水泥刚性连接，这种接口虽然握固力强，但不能承受剪力和进行伸缩补偿，这也就使得灰铸铁管容易发生接口漏水。

镀锌钢管以及其他材质的钢管是我国初期选用较多的小口径管材，这类管材的漏损率也很高。一般钢管的耐蚀性差，管道埋设在土壤中，出于复杂环境，使用一段时间后管身容易腐蚀，导致管壁变薄，引起局部穿孔漏水，甚至发生爆管。镀锌管的管径一般较小，它是在钢管上镀锌来进行防腐处理的，但镀锌一般都很薄，容易被消耗掉，特别是镀锌质量较差的情况下，所起的作用就更有限了。管道朝阳极易被腐蚀，因此容易产生锈蚀结垢，发生漏水并影响水质，这也是后面章节中小口径管道漏水的主要原因。

预应力钢筋混凝土管的漏失率也是较高的。虽然这种管材有自身的优点，如承压抗拉能力强等，但基本都会存在质量上的问题，这些问题在设计或生产之初就形成了，如钢筋布置不够恰当，保护层不好导致钢筋容易发生锈蚀，这些因素都使其整体强度受到极大影响。石棉管和普通水泥管的漏失率在所有管材中大致发生在中间位置。对于普通水泥管而言，由于组成的基本原料是水泥，造价较低，抗压能力也不错，但抗拉能力差，不能与预应力的钢筋混凝土管相提并论，这使得它在受到拉应力时很容易发生漏损；对于石棉管来说，使用年限长了以后漏水就很严重，而且自身材料有毒，不适宜用作饮用水管道。

塑料管一般为承插连接，如 UPVC 管等，橡胶圈密封，管道柔性好，抗拉能力很强，没有其他管材由于管道地基不均匀沉降而造成管道破裂的缺点，但将管道直接敷设于较干硬的原状土沟上时，就会造成管道受力不均匀，出现某一点或局部受压过大，导致管道承受过大压力而发生漏损甚至爆管事故。此外，塑料管容易老化，使用年限超过 10 年以后就很容易变脆，这也造成了塑料管材漏损情况的形成。

球墨铸铁管是近年来建设部大力推广使用的管材，在各种管材的综合比较中，这种管材有很多优点。球墨铸铁管的材质成分中片状石墨组织变成了球状，这使得它既维持了原来灰铸铁管抗压能力好的性能，又增加了抗拉性、延伸性、弯曲性和耐冲击性，而且还具有耐蚀性好，强度高，有韧性等特质，这些都使得球墨铸铁管的漏损率大大低于灰铸铁管。此外，由于球墨铸铁管大多采用胶圈接口，而非原来的刚性接口，它对较为复杂的土质状况的适应性较好，只要管道两端的沉降差在允许范围内，接口不致发生渗漏。

以上种种优点都造成了球墨铸铁管发生漏损事故的几率很低。总而言之，在所有管材中，钢管（包括镀锌钢管）、普通铸铁管的漏损率都很高，石棉水泥管、塑料管、预应力钢筋混凝土管的漏损率居中，球墨铸铁管的漏损率较低。

2.6.2　给水管网的附件——阀门

阀门是用以连接、关闭和调节液体、气体或蒸汽流量的设备，是给水管道系统的重要组成部分。阀门根据所输送的液体的功能不同，而有许多种类。

阀门型号共有 7 个单元，其意义如下：

第 1 单元：用汉语拼音字母代表阀门类型，代号见表 2-3。

表 2-3　阀门类型代号

类　别	代　号	类　别	代　号
闸阀	Z	旋塞阀	X
截止阀	J	止回阀	H
节流阀	L	安全阀	A
球阀	Q	减压阀	Y
蝶阀	D	泄水阀	S

第 2 单元：用数字表示阀门的驱动方式。对于手轮、手柄或用扳手直接转动的阀门，本单元可省略，数字代号意义见表 2-4。

表 2-4　阀门驱动方式代号

代号	1	2	3	4	5	6
驱动方式	蜗轮	正齿轮	伞齿轮	气动	液动	电动

第 3 单元：用数字表示阀门与管道的连接方式，代号见表 2-5。

表 2-5　阀门与管道的连接方式代号

代号	1	2	4	6	7	8	9
连接方式	内螺纹	外螺纹	法兰	焊接	对夹	卡箍	卡套

第 4 单元：用数字表示阀门结构形式，对于不同种类的阀门，数字意义也不同，现分别列出。

（1）闸阀数字意义见表 2-6。

表 2-6　闸阀结构形式代号

<table>
<tr><th>代号</th><th colspan="3">闸阀结构形式</th></tr>
<tr><td>1</td><td rowspan="4">杆</td><td rowspan="2">明杆</td><td>单闸板</td></tr>
<tr><td>2</td><td>双闸板</td></tr>
<tr><td>5</td><td rowspan="2">暗杆</td><td>单闸板</td></tr>
<tr><td>6</td><td>双闸板</td></tr>
<tr><td>3</td><td rowspan="2">平行式</td><td rowspan="2">明杆</td><td>单闸板</td></tr>
<tr><td>4</td><td>双闸板</td></tr>
</table>

（2）止回阀和底阀数字意义见表 2-7。

表 2-7 止回阀和底阀结构形式代号

代号		结构形式
1	升降式	水平瓣
2		垂直瓣
4	旋启式	单瓣
5		多瓣

（3）安全阀数字意义见表 2-8。

表 2-8 安全阀结构形式代号

代号	0	1	2	3	4	5	6	7	8	9
结构	弹簧式									
	封闭式			不封闭	封闭	不封闭式				
	带散热片			带扳手			带控制机构	带扳手		先导式
	全启式	微启式	全启式	双弹簧微启	全启式	微启式	全启式	微启式	全启式	
		单杠杆		双杠杆						

（4）球阀数字意义见表 2-9。

表 2-9 球阀结构形式代号

	球阀结构形式	代号		球阀结构形式	代号
浮动球	直通式	1	固定球	直通式	5
	三通式	4		三通式	7

（5）蝶阀数字意义见表 2-10。

表 2-10 蝶阀结构形式代号

代号	0	1	2	3
结构	杠杆式	垂直板式	—	斜板式

（6）减压阀数字意义见表 2-11。

表 2-11 减压阀结构形式代号

代号	1	2	3	4	5	6	7
结构	薄膜式	弹簧膜式	活塞式	波纹管式	杠杆式	—	组合式

第 5 单元：用汉语拼音字母表示密封圈和衬里材料，代号见表 2-12。

第 6 单元：用数字表示公称压力，单位为 10^5Pa。

第 7 单元：用汉语拼音表示阀体材料，代号见表 2-13。

表 2-12 密封圈和衬里材料代号

材质	代号	材质	代号
合金钢	H	衬橡胶	J
铜合金	T	衬搪瓷	C
巴氏合金	B	衬铅	Q
硬质合金	Y	氟塑料	F
渗氮钢	D	尼龙	N
橡胶	X	无密封圈	W

表 2-13 阀体材料代号

代号	阀体材料	代号	阀体材料
Z	灰铸铁	C	碳素钢
K	可锻铸铁	I	铬钼合金钢
G	高硅铸铁	P	铬镍钛耐酸钢
Q	球墨铸铁	R	铬镍钼钛耐酸钢
T	铜和铜合金	V	铬钼钒合金钢

例如：Z15T—10 表示内螺纹暗杆楔式闸阀，公称压力为 1.0MPa。其中第 2 单元为手动（省略），第 7 单元阀体材料为灰铸铁（省略）。

(1) 闸阀与蝶阀

1）闸阀（图 2-43）是指关闭件（闸板）由阀杆带动，沿阀座密封面做升降运动的阀门。闸阀具有流体阻力小、开闭所需外力较小、介质的流向不受限制等优点；但其外形尺寸和开启高度都较大，安装所需空间较大，水中有杂质落入阀座后阀不能关闭严密，关闭过程中密封面间的相对摩擦容易引起擦伤现象。

2）蝶阀（图 2-44）是指启闭件（蝶板）绕固定轴旋转的阀门。蝶阀具有操作力矩小、

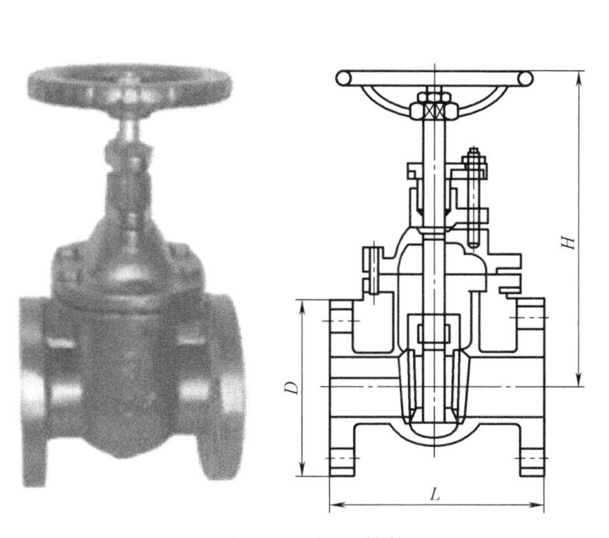

图 2-43 闸阀及结构

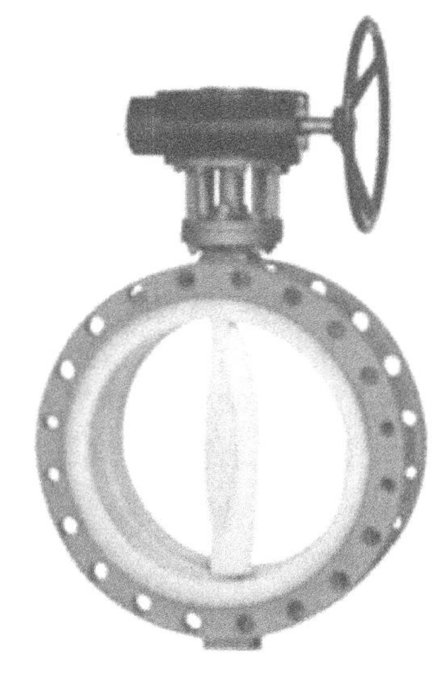

图 2-44 蝶阀

开闭时间短、安装空间小、重量轻等优点；蝶阀的主要缺点是蝶板占据一定的过水断面，增大了水头损失，且易挂积杂物和纤维。

（2）止回阀　止回阀（图2-45）又称单向阀，它用来限制水流朝一个方向流动。一般安装在水泵出水管，用户接管和水塔进水管处，以防止水的倒流。该阀靠水流的压力达到自行关闭或开启的目的。当水倒流时，阀瓣自动关闭，截断水的流动，避免事故的发生。

止回阀安装和使用时应注意以下几点：

1）升降式止回阀应安装在水平方向的管道上，旋启式止回阀既可安装在水平管道上，又可安装在垂直管道上。

2）安装止回阀要使阀体上标注的箭头与水流方向一致，不可倒装。

3）大口径水管上应采用多瓣止回阀或缓闭止回阀，使各瓣的关闭时间错开或缓慢关闭，以减轻水锤的破坏作用。

（3）排气阀和泄水阀　由于地形变化，特别是长距离输水管的最高处或管件上需要装置排气阀，以排除管中的气体。排气阀分单口和双口两种。单口排气阀用在直径小于300mm的水管上，口径为水管直径的1/5～1/2。双口排气阀口径可按水管直径的1/10～1/8选用，安装在直径400mm以上的水管上。如图2-46所示。

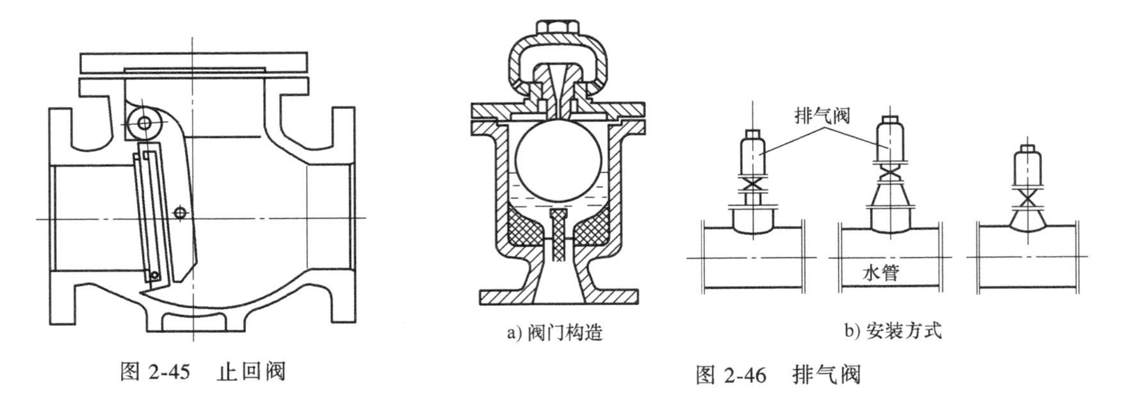

图2-45　止回阀

图2-46　排气阀

为了排除管道内沉积物或检修放空及满足管道消毒冲洗排水要求，在管道下凹处及阀门间管段最低处，施工时应预留泄水口，用以安装泄水阀。确定泄水点时，要考虑好泄水的排放方向，一般将其排入附近的干渠、河道内，不宜将泄水通向污水渠，以免污水倒灌污染水源。

（4）消火栓　消火栓安装在给水管网上，是市政和建筑物内消防供水的主要水源之一。室外消火栓有双出口和三出口两种形式，出水口直径有65mm、80mm、100mm和150mm四种规格。至少一个出水口直径不小于100mm。安装间距不超过120m。

消火栓与市政供水管网的连接形式有以下三种：

1）位于主水管旁，引水平专用分支管并设控制阀门连接消火栓，如图2-47a所示。

2）消火栓设立在非专用于消火栓的分支管道上，与主控阀安装在一个井室内，如图2-47b所示。

3）直接在输配水管道上加三通，消火栓直立于管道上，如图2-47c所示。

地上消火栓（图2-48）部分露出地面，目标明显、易于寻找、出水操作方便，适应于气温较高的地区，但容易冻结、易损坏，有些场合妨碍交通，容易被车辆意外撞坏，影响市

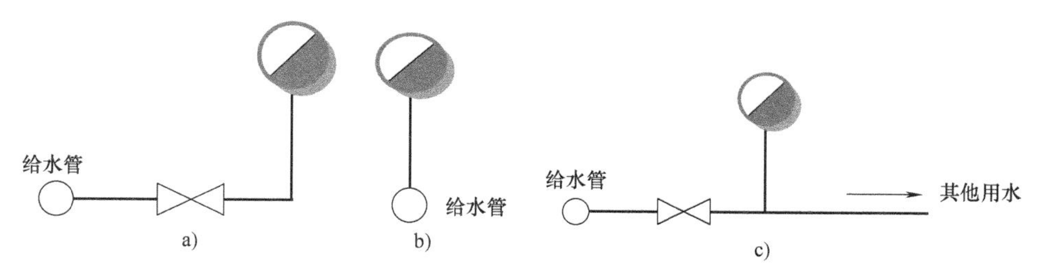

图 2-47　消火栓与给水管连接方式

容。地上消火栓有两种型号，一种是 SS100，另一种是 SS150。SS100 消火栓的公称通径为 100mm，有一个 100mm 的出水口，两个 65mm 的出水口；SS150 消火栓的公称通径为 150mm，有一个 150mm 的出水口，两个 65mm 或 80mm 的出水口。

地下消火栓（图 2-49）隐蔽性强，不影响城市美观，受破坏情况少，寒冷地带可防冻，适用于较寒冷的地区。但目标不明显，寻找、操作和维修都不方便，容易被建筑物和停放的车辆等埋、占、压，要求在地下消火栓旁设置明显标志。地下消火栓一般需要与消火栓连接器配套使用。消火栓连接器主要由本体、闸体、快速接头等零部件组成，其材质为铸造铝合金。地下消火栓有两种型号，SX65 和 SX100。

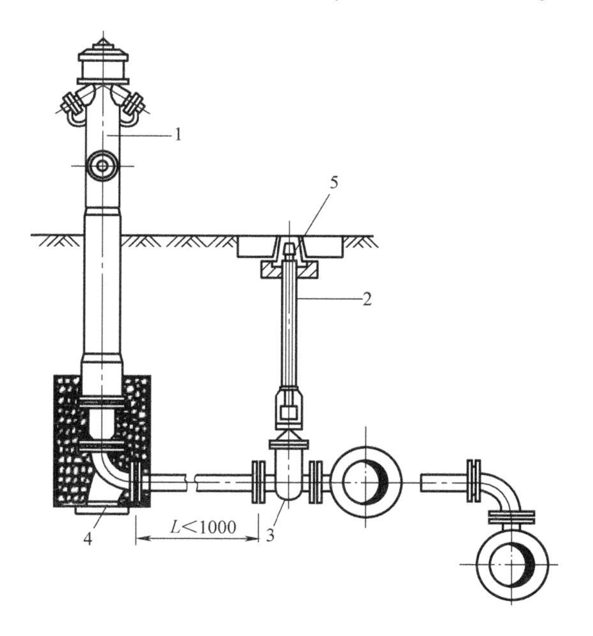

图 2-48　地上消火栓

1—SS100 地上式消火栓　2—阀杆

3—阀门　4—弯头支座　5—阀门套筒

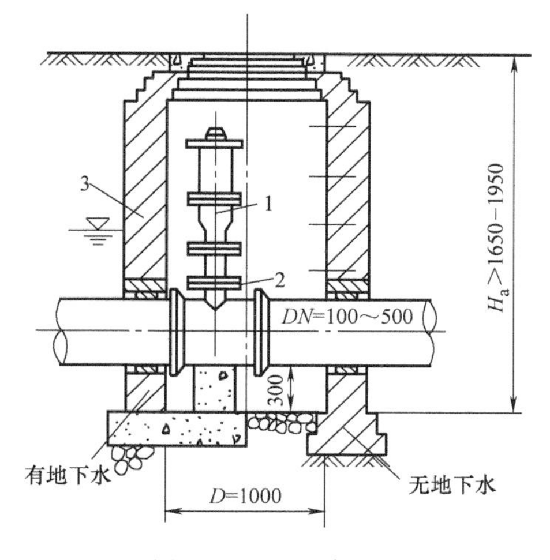

图 2-49　地下消火栓

1—SX100 消火栓

2—消火栓三通　3—阀门井

2.6.3　给水管道附属构筑物

1. 阀门井

阀门井用于安装管网中的阀门及管道附件。为了降低造价，配件和附件应布置紧凑。阀门井的平面尺寸，应满足阀门操作和安装拆卸各种附件所需的最小尺寸。井深由水管埋设深度确定，但井底到水管承口或法兰盘底的距离至少为 0.10m，法兰盘和井壁的距离宜大于 0.15m，从承口外缘到井壁的距离应在 0.30m 以上，以便于接口施工。

阀门井有圆形与方形两种，一般采用砖砌，也可用石砌或钢筋混凝土建造。阀门井的形式根据所安装的附件类型、大小和路面材料而定。安装在道路下的大阀门，可采用图 2-50 所示的阀门井。

由于阀门井是管道的枢纽，所以其自身有以下要求：

1）阀门井本身不能渗水，必须保证其密封性。

2）给水管道在使用过程中，管道会受到来自不同方面的压力，从而会产生不同程度的抖动或沉降，即要求给水管道与阀门井的连接方式要可靠，能够适应一定程度的抖动和沉降，而不会使水渗进井室；埋地很深的阀门井管道稍大时一般都采用铸铁阀门（如截止阀，蝶阀等）长期在水里浸泡，会影响其使用寿命或引起断裂，因此对密封性的要求更高。

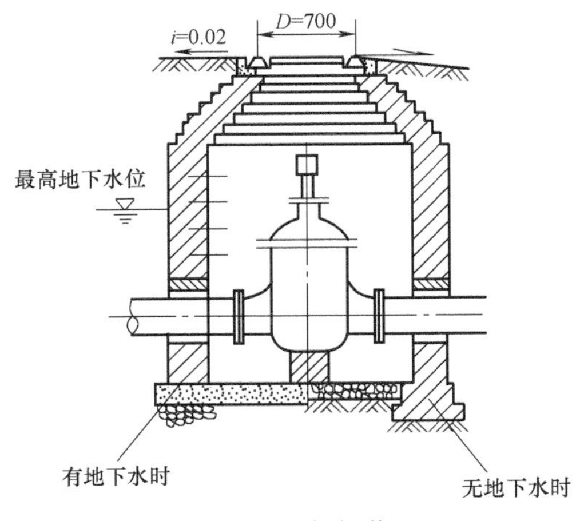

图 2-50 阀门井

3）阀门井井筒与井体、井盖的连接方式要可靠，不能因为大雨或积水就渗水进入井室。

4）阀门井是埋设于地下的，要承受来自各个方向的不同压力，受不同化学物质的腐蚀和侵害，因此要求其承压能力和耐酸碱腐蚀性要好。

2. 管道支墩

根据异形管在管网中布置的方式，支墩有以下几种常用类型：

1）水平支墩：又分为弯头处支墩、堵头处支墩、三通处支墩。

2）上弯支墩：管中线由水平方向转入垂直向上方向的弯头支墩。

3）下支墩：管中线由水平方向转入垂直向下向的弯头支墩。

4）空间两相扭曲支墩：管中线既有水平转向又会有垂直转向的异形管支墩。

支墩设计时应遵循以下原则：

1）当管道转弯角度<10°时，可以不设置支墩。

2）管径>600mm 的管线上，水平敷设时应尽量避免选用 90°弯头，垂直敷设时应尽量避免使用 45°以上的弯头。

3）支墩后背必须为原形土，支墩与土体应紧密接触，若有空隙，需用与支墩相同材料填实。

4）支撑水平支墩后背的土壤，其最小厚度应大于墩底在设计地面以下深度的 3 倍。

3. 给水管道穿越障碍物

当给水管线通过铁路、公路和河谷时，必须采用一定的措施。

1）管线穿过铁路时，其穿越地点、方式和施工方法应严格按照铁路部门穿越铁路的技术规范。根据铁路的重要性，采取以下措施：穿越临时铁路或一般公路，或非主要路线且水管埋设较深时，可以不设套管，但应尽量将铸铁管接口放在两股道之间，并用青铅接头，钢管则应有相应的防腐措施；穿越较重要的铁路或交通频繁的公路时，水管须放在钢筋混凝土套管内，套管直径根据施工方法而定，大开挖施工时应比给水管直径大300mm，顶管法施工时应比给水管直径大600mm；穿越铁路或公路时，水管管顶应在铁路路轨底或公路路面以下1.2m左右；管道穿越铁路时，两端应设检查井，井内设阀门或排水管等。

2）管线穿越河川山谷时，可利用现有桥梁架设水管，或敷设倒虹管，或建造水管桥，应根据河道特性、通航情况、河岸地质地形条件、过河管材料和直径、施工条件选用。

给水管架设在现有桥梁下穿越河流最为经济，施工和检修比较方便。通常水管架在桥梁的人行道下。

倒虹管从河底穿越，其优点是隐蔽，不影响航运。但施工和检修不便。倒虹管设置一条或两条，在两岸应设阀门井。阀门井顶部标高应保证洪水时不致淹没。井内有阀门和排水管等。倒虹管顶在河床下的深度一般不小于0.5m，在航道线范围内不应小于1m。

倒虹管一般用钢管，并须加强防腐措施。当管径小、距离短时可用铸铁管，但应采用柔性接口。倒虹管直径按流速大于不淤流速计算，通常小于上下游的管线直径，以降低造价和增加流速，减少管内淤积。

大口径水管由于重量大，架设在桥下有困难时，或当地无现成桥梁可利用时，可建造水管桥，架空跨越河道。水管桥应有适当高度以免影响航行。架空管一般用钢管或铸铁管，为便于检修可以用青铅接口，也有采用承插式预应力钢筋混凝土管。在过桥水管或水管桥的最高点，应安装排气阀，并且在桥管两端设置伸缩接头。在冰冻地区应有适当的防冻措施。

钢管过河时，本身也可作为承重结构，称为拱管，其施工简便，并可节省架设水管桥所需的支承材料。一般拱管的矢高和跨度比为1/8~1/6，常用的是1/8。拱管一般由每节长度为1~1.5m的短管焊接而成，焊接要求较高，以免吊装时拱管下垂或开裂。拱管在两岸有支座，以承受作用在拱管上的各种作用力。

4. 水锤消除设备

水锤是供水装置中常见的一种物理现象，它在供水装置管路中的破坏力是惊人的，对管网的安全平稳运行十分有害，容易造成爆管事故。水锤消除的措施通常可以采用以下一些设备：

（1）采用泄压保护阀　该设备安装在管道的任何位置，和水锤消除器工作原理一样，只是设定的动作压力是高压，当管路中压力高于设定保护值时，排水口会自动打开泄压。

（2）采用水力控制阀　这是一种采用液压装置控制开关的阀门，一般安装于水泵出口，该阀利用机泵出口与管网的压力差实现自动启闭，阀门上一般装有活塞缸或膜片室控制阀板启闭速度，通过缓闭来减小停泵水锤冲击，从而有效消除水锤。

（3）采用快闭式止回阀　该阀结构是在快闭阀板前采用导流结构，停泵时，阀板同时关闭，依靠快闭阀板支撑住回流水柱，使其没有冲击位移，从而避免产生停泵水锤。

2.6.4 调节构筑物

调节构筑物是用来调节管网内的流量的，有水塔和水池等。建于高地的水池作用与水塔相同，既能调节流量，又可保证管网所需要的水压。当城市或工业区靠近山或有高地时，可根据地形建造高地水池。如城市附近缺乏高地，或因高地离给水区太远，以致建造高地水池不经济时，可建造水塔。

1. 水塔

水塔一般采用钢筋混凝土或砖石等建造，但以钢筋混凝土水塔或砖支座的钢筋混凝土水柜用得较多。

钢筋混凝土水塔的构造主要由水柜（或水箱）、塔架、管道和基础组成。进、出水管可以合用，也可分别设置。为防止水柜溢水和将柜内存水放空，须设置溢水管和排水管，管径可和进、出水管相同。溢水管上不设阀门。排水管从水柜底接出，管上设阀门，并接到溢水管上。溢水管上不应设阀门。排水管从水柜底接出，管上设阀门，并接到溢水管上。和水柜连接的水管上应安装伸缩接头，以便温度变化或水塔下沉时有适当的伸缩余地。为观察水柜内的水位变化，应设浮标水位尺或电传水位计。水塔顶应有避雷设施。

水塔外露于大气中，应注意保温问题。因为钢筋混凝土水柜经过长期使用后，会出现微细裂缝，浸水后再加冰冻，裂缝会扩大，可能因此引起漏水。根据当地气候条件，可采取不同的水柜保温措施；或在水柜壁上贴砌 8~10cm 的泡沫混凝土、膨胀珍珠岩等保温材料，或在水柜外贴砌一砖厚的空斗墙，或在水柜外再加保温外壳，外壳与水柜壁的净距不应小于 0.7m，内填保温材料。

水柜通常做成圆筒形，高度和直径之比为 0.5~1.0。水柜过高不好，因为水位变化幅度大会增加水泵的扬程，多耗动力，且影响水泵效率。有些工业企业，由于各车间要求的水压不同，而在同一水塔的不同高度放置水柜；或有将水柜分成两格，以供应不同水质的水。

塔体用以支承水柜，常用钢筋混凝土、砖石或钢材建造。近年来也采用装配式和预应力钢筋混凝土水塔。装配式水塔可以节约模板用量。塔体形状有圆筒形和支柱式。水塔基础可采用单独基础、条形基础和整体基础。

砖石水塔的造价比较低，但施工费时，自重较大，宜建于地质条件较好地区。从就地取材的角度，砖石结构可与钢筋混凝土结合使用，即水柜用钢筋混凝土，塔体用砖石结构。

2. 水池

给水工程中，常用钢筋混凝土水池、预应力钢筋混凝土水池和砖石水池，一般做成圆形或矩形。

水池应有单独的进水管和出水管，安装位置应保证池内水流的循环。此外应有溢水管，管径和进水管相同，管端有喇叭口，管上不设阀门。水池的排水管接在集水坑内；管径一般按 2h 内将池水放空计算。容积在 $1000m^3$ 以上的水池，至少应设两个检修孔。

为使池内自然通风，应设若干通风孔，高出水池覆土面 0.7m 以上。池顶覆土厚度视当地平均室外气温而定，一般在 0.5~1.0m 之间，气温低则覆土应厚些。当地下水位较高，水池埋深较大时，覆土厚度需按抗浮要求决定。为便于观测池内水位，可装置浮标水位尺或水位仪。

预应力钢筋混凝土水池可做成圆形或矩形，它的水密性高，大型水池可较钢筋混凝土水池节约造价。

装配式钢筋混凝土水池近年来也有采用。水池的柱、梁、板等构件事先预制，各构件拼装完毕后，外面再加钢箍，并加张力，接缝处喷涂砂浆使不漏水。

砖石水池具有节约木材、钢筋、水泥，能就地取材，施工简便等特点。我国中南、西南地区，盛产砖石材料，尤其是丘陵地带，地质条件好，地下水位低，砖石施工的经验也丰富，更宜于建造砖石水池。但这种水池的抗拉、抗渗、抗冻性能差，所以不宜用在湿陷性的黄土地区、地下水过高地区或严寒地区。

第3章

城市排水管道系统

人们在生活和生产活动中产生大量污水，污水中含有很多有害物质，极易腐化发臭，污染环境，危害人们的生活和生产；城市内降水径流量较大，如不及时排放，也会对城市中的人们造成危险，此外雨水在降落及流经过程中也受到一定的污染，如不及时排除，也会危害人们的生活和生产。将城市污水、降水有组织地排除与处理的工程称为排水系统。城市排水系统是指收集、输送、处理和利用污水（废水）的一整套工程设施。城市排水管道系统是城市排水系统的一个组成部分，它担负着收集和输送城市各种污水、废水和降雨的任务。

3.1 城市排水系统组成与排水体制

3.1.1 排水的分类

城市排水按照来源和性质可分为生活污水、工业废水和降水（雨水和雪水），而城市污水是排入城市排水管道的生活污水和工业废水的总称。

1. 生活污水

生活污水是指人们日常生活中用过的水，主要包括从住宅、公共场所、机关、学校、医院、商店及其他公共建筑和工厂的生活间，如厕所、浴室、盥洗室、厨房、食堂和洗衣房等处排出的水。生活污水中含有较多有机物和病原微生物等污染物质，在收集后需经过处理才能排入水体、灌溉农田或再利用。

2. 工业废水

工业废水是指在工业生产过程中所产生的废水。工业废水水质随工厂生产类别、工艺过程、原材料、用水成分以及生产管理水平的不同而有较大差异。根据污染程度的不同，工业废水又分为生产废水和生产污水。

生产废水是指在使用过程中受到轻度污染或仅水温增高的水，如冷却水，通常简单处理后即可在生产中重复使用，或直接排放水体。生产污水是指在使用过程中受到较严重污染的水，它具有危害性，需经处理后方可再利用或排放。不同的工业废水所含污染物质有所不同。如冶金、建材工业废水含有大量无机物，食品、炼油、石化工业废水所含有机物较多。另外，不少工业废水含有的物质是工业原料，具有回收利用价值。

3. 降水

降水即大气降水，包括液态降水和固态降水，通常主要指降雨。降落的雨水一般比较清洁，但初期降雨的雨水径流会携带着大气、地面和屋面上的各种污染物质，污染程度相对严重，应予以控制。由于降雨时间集中，径流量大，特别是暴雨，若不及时排除会造成灾害。另外，冲洗街道和消防用水等，由于其性质和雨水相似，也并入雨水。通常雨水不需处理，可直接就近排入水体。

城市污水通常是指排入城市排水管道系统的生活污水和工业废水的混合物。在合流制排水系统中，还可能包括截流入城市合流制排水管道系统的雨水。城市污水实际上是一种混合污水，其性质变化很大，随着各种污水的混合比例和工业废水中污染物质的特性不同而异。城市污水需经过处理后才能排入天然水体、灌溉农田或再利用。

在城市和工业企业中，应当有组织、及时地排除上述废水和雨水，否则可能污染和破坏环境，甚至形成环境公害，影响人们的生活和生产乃至威胁到人身健康。

3.1.2 污水管道系统的组成

城市生活污水排水系统由建筑污水管道系统及设备、室外污水管道系统、污水泵站及压力管道、排水管道系统上的构筑物污水厂、出水口及事故排出口等组成。

1. 建筑污水管道系统及设备

建筑污水系统（也称室内污水系统）负责收集生活污水并将其排送至室外居住小区的污水管道中。住宅及公共建筑内各种卫生设备是生活污水排水系统的起端设备，生活污水从这里经水封管、支管、竖管和出户管等建筑排水管道系统流入室外居住小区管道系统。在每个出户管与室外居住小区管道相接的连接点设置检查井，供检查和清通管道之用。通常情况下，居住小区内以及公建的庭院内要设置化粪池，建筑内的下水在经过化粪池后才排出小区进入市政下水干管道，如图 3-1 所示。

2. 室外污水管道系统

分布在地面下的依靠重力流输送污水至泵站、污水厂或水体的管道系统称为室外污水管道系统，分为居住小区污水管道系统和市政污水管道系统。

居住小区污水管道系统是敷设在居住小区范围内的污水管道系统，分为接户管、小区支管和小区干管。接户管是指布置在建筑物周围接纳建筑出户管的污水管道；小区污水支管一般布置在居住组团内道路下与接户管连接；小区干管一般布置在小区道路或市政道路下，接纳各居住组团内小区支管流来的污水。

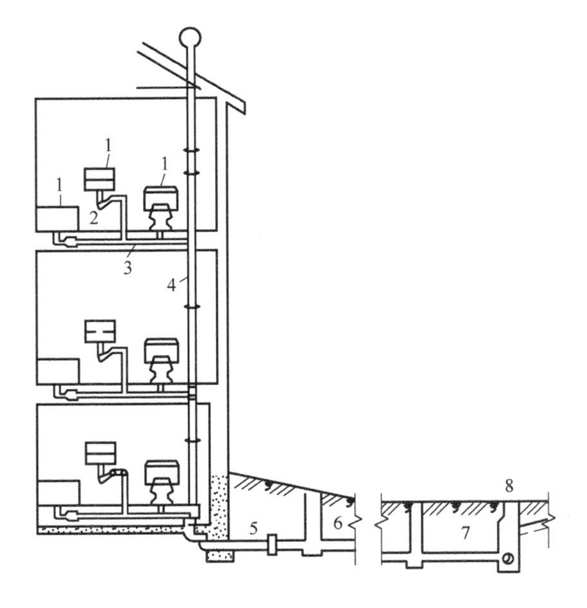

图 3-1 生活污水收集系统

1—房屋卫生设备 2—水封 3—支管 4—竖管 5—出户管 6—庭院污水支管 7—连接支管 8—检查井

市政污水管道系统由市政污水支管、污水干管、污水主干管等组成，敷设在城市的较大的街道下，用以接纳各居住小区、公共建筑污水管道流来的污水。支管或干管是一个相对概念，在同样的范围和层面

（同为市政管道或同为小区内管道），管径大、收水量和收水范围大的就是主干管，管径小、收水量和收水范围小的就是支干管。在排水区界内，常按地面高程决定的分水岭把排水区域划分成几个排水流域。在各排水流域内，干管收集由支管流来的污水，此类干管常称为流域干管。主干管是收集两个或两个以上干管流来污水的管道。市郊总干管是接收主干管污水并输送至总泵站、污水处理厂或通至水体出水口的管道。由于污水处理厂和排放出口通常在建成区以外，所以，市郊总干管一般在污水受水管道系统的覆盖区范围之外。

3. 污水泵站和压力管道

污水一般以重力流排除，因此管道一般按一定坡度敷设。但往往由于受到地形等条件的限制需要把低处的水向高处提升，这时就需要设置泵站。泵站分为局部泵站、中途泵站和总泵站等。由于设置泵站，相应地出现了压力管道，即压送从泵站出来的水至高地自流管道或至污水厂的承压管段。某排水提升泵站如图 3-2 所示。

提升泵站应根据需要设置，当管道系统的规模较大或需要长距离输送时，可能需要设置多座泵站。因雨水的径流量较大，一般应尽量不设或少设雨水泵站。

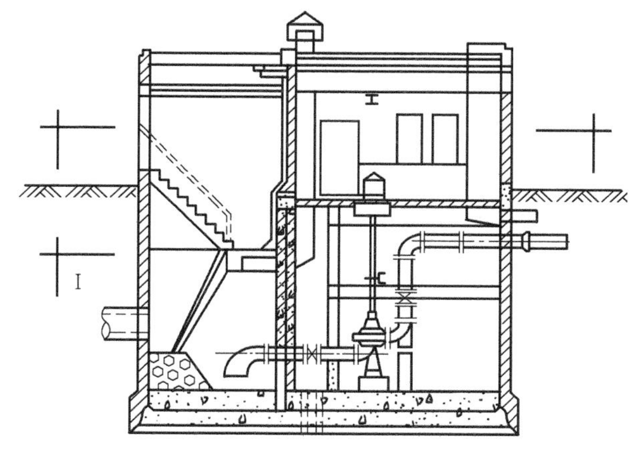

图 3-2　某排水提升泵站

4. 排水管道系统上的构筑物

排水管道系统中有雨水口、检查井、倒虹管、水封井、换气井、跌水井、溢流井等附属构筑物及流量仪等检测设施，便于系统的运行与维护管理。

5. 排水调节池

排水调节池指拥有一定容积的污水、废水和雨水贮存设施，用于调节排水管道流量或处理水量的差值。通过水量调节池可以降低其下游高峰排水量，从而减少输水灌渠或污水处理的设计规模，降低工程造价。水量调节池还可以在系统事故时贮存短时间的排水量，以降低造成环境污染的危害。水量调节池也能起到均和水质的作用，特别是工业废水，不同工厂和不同车间排水的水质不同，不同时段排水的水质也会变化，这不利于净化处理。调节池可以中和酸碱，均化水质。

6. 污水厂

对原污水、污水厂生成污泥进行净化处理已达到一定质量标准（以便污水的利用或排放）的一系列构筑物及附属建筑物的整体合称为污水处理厂。城市中常称为市政污水厂或城市污水厂，在主厂中常称为企业废水处理站。城市污水厂一般设置在城市河流的下游地段，并与居民点或公共建筑保持一定的卫生防护距离。

7. 出水口及事故排出口

污水排入天然环境或天然水体的渠道或管道的终端口称为出水口，它是整个城市污水排水系统的终点设施。事故排出口是指在污水排水系统中某些易于发生故障地方（例如停电等的设施前，或在总泵站的前面）所设置的临时使用性永久出水口，仅在发生故障时，污水才通过事故排出口直接排入环境或水体。

3.1.3 合流制排水系统

生活污水、工业废水和雨水可以采用一个管渠来排除（即合流制），也可以采用两个或两个以上独立的管渠来排除（即分流制），污水的这种不同排除方式所形成的排水系统，称为排水体制。在一个城镇中，有时既有分流制，又有合流制，这种体制可称为混合制。

（1）直流式合流制排水系统　当生活污水、工业污水和雨水在同一排水系统汇集和排除时，称为合流制排水系统，如图 3-3 所示。采用这种系统时，街道下只有一条排水管道，因而管网建设比较经济。管道系统的布置就近坡向水体，分若干排出口，混合的污水未经处理直接排入水体，我国许多老城市的旧城区大多采用的是这种排水体制。由于直流式合流制排水系统对水体污染严重，目前不宜采用。

（2）截流式合流制排水系统　这种系统是在沿河的岸边铺设一条截流干管，同时在截流干管上设置溢流井，并在下游设置污水处理厂，如图 3-4 所示。污水与雨水合流后排向沿河的截流干管，并在干管上设置雨水溢流井。不降雨时，污水流入处理厂进行处理；降雨时，管中流量增大，当管内流量超过一定限度时，超出的流量将通过溢流井溢入河道中。这种排水体制比直排式有了较大的改进，但在雨天时，仍有部分混合污水未经处理而直接排放，成为水体的污染源而使水体遭受污染。截流式合流制适用于对老城市的旧合流制的改造。

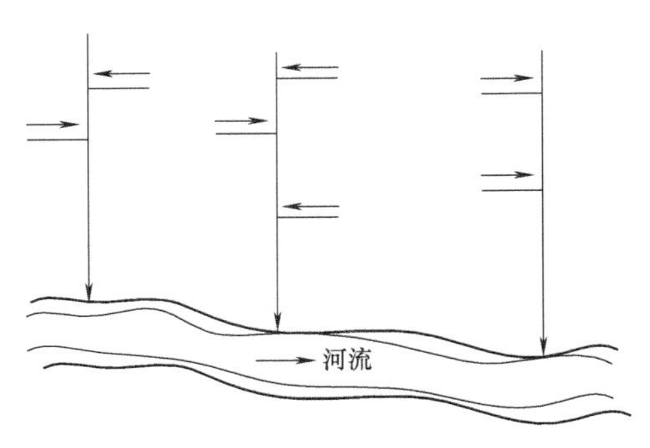

图 3-3　直流式合流制排水系统

（3）完全合流制排水系统　该系统是将污水和雨水合流于一条管渠，全部送往污水处理厂进行处理，如图 3-5 所示。采用这种系统时，街道下只有一条排水管道，因而管网建设比较经济。但是几种污水汇集后都流入处理厂，使处理厂的规模过大，投资过多，建设困难，污水厂的运行管理不便；不降雨时，排水管内水量较小，管中水力条件较差；如果直接排入水体又极不卫生。目前国内采用完全合流制排水系统很少。

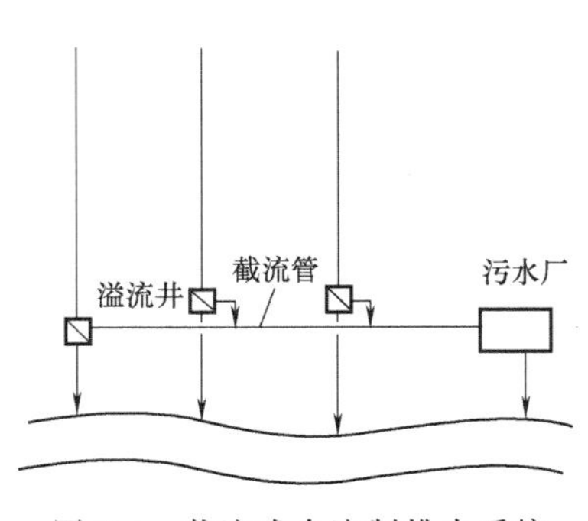

图 3-4　截流式合流制排水系统

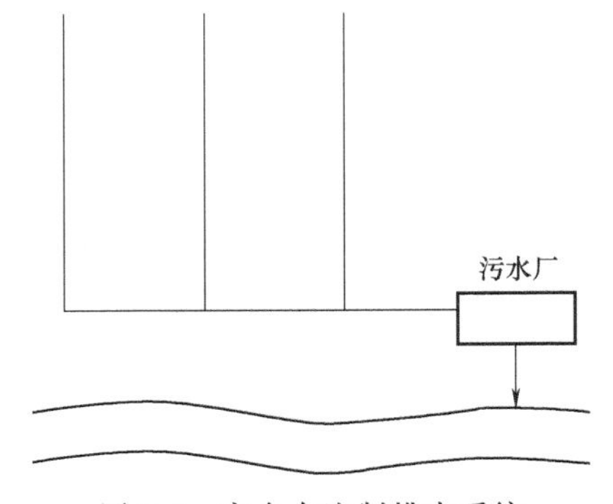

图 3-5　完全合流制排水系统

3.1.4 分流制排水系统

分流制是指用不同管渠分别收集和输送生活污水、工业废水和雨水的排水方式。排除生活污水、工业废水的系统称为污水排水系统；排除雨水的系统称为雨水排水系统。

（1）完全分流制排水系统　生活污水、工业废水和雨水分别以三个管道来排除；或者生活污水与水质相类似的工业污水合流，而雨水则流入雨水管道，如图3-6所示。

完全分流制排水系统卫生情况好，管内水力条件也较佳，并可以分期建设，减少一次投资，实际中采用的较多。但是由于管道数增多，投资比合流制增大。同时，因雨水可直接排入河道，初降的雨水较脏，有可能污染河道。

（2）不完全分流制排水系统　城市只设污水排水系统而不设雨水系统。雨水沿街道边沟或明渠排入水体，如图3-7所示。

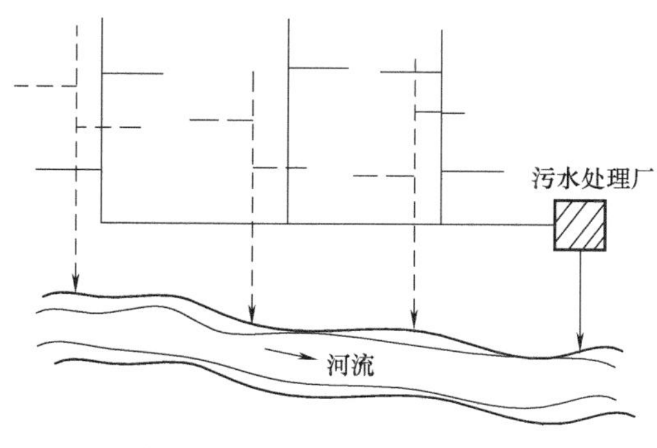

图3-6　完全分流制排水系统

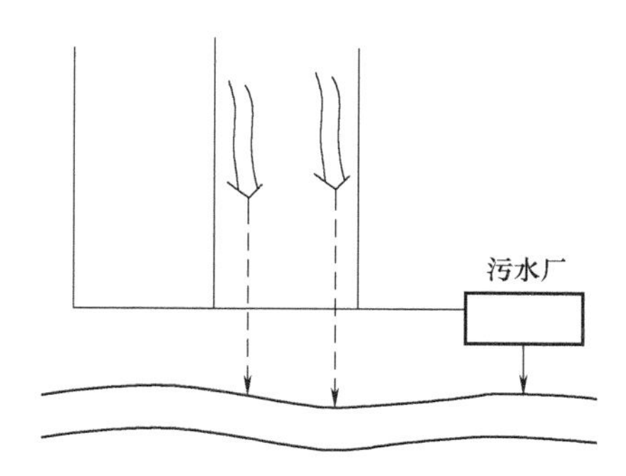

图3-7　不完全分流制排水系统

不完全合流制系统较完全分流制相比，较经济，需要具有有利地形时才能采用。在新建城市中，初期采用不完全分流制排水系统，先解决污水排除问题。随着城市的发展，道路逐渐完善，雨水管也建设起来，才改为完全的分流制，这样分期建设排水系统，有利于城市的发展。

3.1.5　排水体质的选择

排水体制的使用场合主要考虑当地对环境保护的需要、投资和运行费用，各种排水体制基础投资和对环境的影响比较见表3-1。

表3-1　各种排水体制基础投资和对环境的影响比较

排水体制类型	基础投资	运行费用	对环境（水体）的影响
直排式合流制排水系统	无需污水处理厂，管网建设较少，投资较低	较低	污染很严重
截流式合流制排水系统	需建污水处理厂，管网建设中等，投资低；如增设合流制排水系统污水溢流（CSOs）调节池，投资高	污水处理厂和泵站的运行费用较高	如没有CSOs调节池，在雨天会造成严重污染
部分分流制排水系统	需建污水处理厂，管网建设少，投资低	较低	雨天时造成严重污染
非截流式完全分流制排水系统	需建污水处理厂，管网建设多，投资高	较低	雨天时造成一定污染
截流式完全分流制排水系统	需建污水处理厂，管网建设多，需增加初雨截流设施，投资高	较低	较轻

为了进一步改善受纳水体的水质，建立理想的分流制或合流制系统，在排水体制的选择上应改变观念，允许部分地区在相当长的时间内采用合流制截流体系，并将工作重点放在提高污水处理率上，这才是保护水体的根本方法。在对老城市合流制排水系统改造时要结合实际制订可行方案，在各地新建开发区规划排水系统时也有必要充分分析当地条件、资金的合理运作。下面从不同角度分析各种排水体制的特点。

1. 城市规划方面

合流制仅有一条管渠系统，对地下建筑相互间的规划矛盾较小，占地少，施工方便。分流制管线多，对地下建筑的竖向规划矛盾较大。

2. 环境保护方面

直排式合流制不符合卫生要求，新建的城镇和小区已不再采用；完全合流制排水系统卫生条件较好，但工程量大，初期投资大，污水厂的运行管理不便，特别是在我国经济实力还不雄厚的城镇和地区，更是无法采用。在老城市的改造中，常采用截流式合流制，充分利用原有的排水设施，与直排式相比，减小了对环境的危害，但仍有部分混合污水通过溢流井直接排入水体。分流制排水系统的管线多，但卫生条件好，有利于环境保护，虽然初降雨水对水体有污染，但它比较灵活，比较容易适应社会发展的需要，又能符合城镇卫生的要求，所以在国内外得到推荐应用，而且也是城镇排水系统体制发展的方向；不完全分流制排水系统，初期投资少，有利于城镇建设的分期发展，在新建城镇和小区可考虑采用这种体制；半分流制卫生情况比较好，但管渠数量多，建造费用高，一般仅在地面污染较严重的区域（如某些工厂区等）采用。

3. 投资建设方面

合流制只敷设一条管渠，其管渠断面尺寸与分流制的雨水管渠相差不大，管道总投资较分流制低20%~40%，合流制的泵站和污水厂却比分流制的造价要高。由于管道工程的投资占给排水工程总投资的70%~80%，所以，总的投资分流制比合流制高。

如果是初建的城镇和小区，初期投资受到限制时，可以考虑采用不完全分流制，先建污水管道而后建雨水管道系统，以节省初期投资，有利于城镇发展，且工期短，见效快。随着工程建设的发展，逐步建设雨水排水系统。

4. 运行管理

合流制管道系统在晴天时流速较低，容易产生沉淀。但管中的沉淀物易被暴雨水流冲走，这样一来合流制管道系统的维护管理费用可以降低，但是流入污水厂的水量变化较大，污水厂运行管理复杂。分流制管道系统可以保证管内的流速，不致发生沉淀，同时，污水厂的运行管理也易于控制。

总的看来，排水系统体制的选择，应根据城镇和工业企业规划、当地降雨情况、排放标准、原有排水设施、污水处理和利用情况、地形和水体条件等，在满足环境保护要求的前提下，全面规划，按近期设计、考虑远期发展，通过技术经济比较，综合考虑而定。

一般情况下，新建的城镇和小区宜采用分流制和不完全分流制；老城镇的城区由于历史原因，一般已采用合流制，要改造成完全分流制难度较大，故在同一城镇内可采用不同的排水体制，旧城区可采用截流式合流制，易改建地区和新建的小区宜采用分流制或不完全分流制；在干旱少雨地区，或街道较窄、地下设施较多而修建污水和雨水两条管线有困难的地区，也可考虑采用完全合流制。

3.1.6　排水管道雨污混接问题

1. 国外排水管道雨污混接问题现状

国外采用分流制排水系统的趋势已经减弱，采用新型合流制排水系统的趋势有所增强。

在德国北部、东部地区排水体制以分流制为主，南部则以合流制为主，1990—2008 年，“合流制系统的赤道线”（以合流制系统管网占总排水管网 50%以上的地区为界横穿德国的划分线）逐渐南移。目前德国的雨水处理技术已经比较成熟，修建了大量的雨水截流设施，如合流制系统调蓄池（CSO 池）、分流制系统雨水存储池、分流制系统澄清池等；保留了很多合流制系统，注重结合源头控制和末端控制，改善现有排水系统和控制雨水径流污染，从而有效地控制了城市水体污染问题。

美国在 1972 年颁布的清洁水法中，推荐采用分流制系统。但是，美国并没有完全依靠新建分流制管网取代合流制管网来实现城市面源污染的控制。2001 年美国的 32 个州中仍然都有合流制排水系统，其积极地研究一系列最优化管理方法来控制排水系统的溢流污染；另外，对污染严重的合流制系统增设截流设施，控制进入受纳水体的污染物浓度及总量。

在日本，多数大城市都保留了合流制排水系统，日本共有 192 座城市使用合流制，合流制系统服务人口占总人口的 20%。东京的 23 个行政区以及大阪分别约有 82%和 97%的地区采用合流制管道系统。日本针对已有的合流制系统雨季溢流情况采取溢流污水进行处理的方式，而不是进行耗资大、实施困难的分流制改造，这些与德国及其他一些欧美国家的策略不谋而合。由于更多的使用合流制排水系统，因而对于雨水系统存在的雨污混接问题发现较少。研究表明由于公众意识、施工质量等方面的原因，分流制雨水系统会出现由于雨污混接、地下水入渗等引起的非雨水入流问题。

2. 我国排水管道雨污混接问题现状

我国针对新建城区及新建排水系统大都以实现分流制为目标，在实际的分流制排水系统中，会发生雨水、污水管道间交叉连接的现象，最终导致污水排入河道等受纳水体，直接影响了地表水环境，并危及人类生活安全。调查显示，北京、广州、无锡排水管道混接现象比较严重。

由于错接混接问题而使雨期进入污水厂的水量水质发生变化，影响污水厂处理效率。究其原因主要有：

1）在一些主要城市的老城区内，伴随城市化的进行，新建管网系统对原有管网系统进行了补充，并未完全替代原有管网，出现了许多合流制、分流制并存的现象，这也为老城区内雨污水混接问题埋下了隐患；在城市未改造地块（如城中村、老街坊、老民居、河岸建筑群等）雨污分流工程难以实施。这些地方的原有建设标准低，导致了雨污系统混乱，污水管道缺乏空间。

2）基础设施缺乏、居民私自改建以及无法律规章的约束或监管不严导致排水管网中“污水不污、雨水不雨、雨污混接”的状况多处出现。经过抽查发现，公路和部分城市道路缺乏雨水收集系统，雨天时雨水进入污水收集系统的情况比较普遍；有些施工工地的泥浆未经沉淀处理排向污水管网等情况造成“污水不污”。有些住宅居民将阳台改装为厨房或洗衣房，装设了洗衣机和排水管，并在雨水立管中直通排放污水；有些公共洗车场将洗车污水排入雨水管网；更有甚者，有些住宅区管理部门平时忽视对污水管网的定期维护养护，污水管道出现严重堵塞后就采取“短路旁通”行为，私接乱接到附近的雨水管道；同时，实施分流工程时出现了一些错接、混接行为，造成“雨水不雨”情况。

3）管线的复杂性使得人们有意无意地混接、乱接。在混合制排水系统中，管道布置错综复杂，即使专业人员也很难搞清楚，对普通民众来说就更加困难，在他们的眼里只有“下水道”，不管什么水都排入“下水道”。这虽然不是分流制本身的问题，但现实问题的严重性及长期性却不容忽视。

4）雨污分流工程投资大，收效慢。经过对雨污分流工程的投资效益分析发现，分流制排水系统虽然有效地减少了污水处理厂的规模和投资、提高了污水处理效率，但需要增加一套污水收集系统，污水收集系统的工程量及投资比污水处理厂的工程量及投资大。美国在20世纪60年代末对600多个城市的排水体系进行调查，结果表明，保留合流制并增建截流管与将合流制改为分流制的投资比为1∶3。

国内实际分流制管网中存在许多雨污错接、混接的现象。以深圳市为例，由于深圳这座城市建设较晚，它的排水体制完全采用分流制，但在1990年对特区内罗湖、上步两区约25%的雨水管道进行抽查时，发现有260余处较集中的污水排入点，由此推断整个雨水系统有千余处被接入污水，实际情况是两区的雨水、污水系统几乎已全部混流。对深圳市的排水管道进行研究时发现雨水管中即使在非降雨期也有水排出，表明雨水管中发生了交叉连接。

3.2 城市排水管道系统布置

3.2.1 排水管网平面布置需考虑的因素

1. 城市规划

一般城市的规划范围就是排水管网系统的服务范围；规划人口数影响污水管网的设计标准；城市的铺砌程度影响雨水径流量的大小；规划的道路是管网定线的可能路径。所以城市规划是城市排水管网系统平面布置最重要的依据，排水管网规划必须与城市总体规划一致，并作为城市总体规划的一个重要组成部分。

2. 地形

在一定条件下，地形是影响管道定线的主要因素。定线时应充分利用地形，使管道的走向符合地形趋势，一般宜顺坡排水。在整个排水区域较低的地方，例如集水线或河岸低处敷设主干管及干管，这样便于支管接入，而横支管的坡度尽可能与地面坡度一致。在地形平坦地区，应避免小流量的横支管进行长距离平行等高线敷设，让其尽早接入干管。要注意干管与等高线垂直，主干管与等高线平行。由于主干管管径较大，保持最小流速所需坡度小，因此与等高线平行较合理。当地形向河道的坡度很大时，主干管与等高线垂直，下管与等高线平行。这种布置虽然主干管的坡度较大，但设置跌水井的总数量减少，而使干管的水力条件得到改善。有时，由于地形的原因还可以按不同的排水流域布置成几个独立的排水系统。

3. 污水处理厂及出水口位置

污水处理厂与出水口的位置决定了排水管网总的走向，所有管线都应朝出水口方向铺设并组成枝状管网。有一个出水口或一个污水处理厂就有一个独立的排水管网系统。

4. 水文地质条件

排水管网应尽量敷设在水文地质条件好的街道下面，最好埋设在地下水位以上。如果不能保证在地下水位以上铺管时，在施工时应注意地下水的影响和地下水向管内渗水的问题。

5. 道路宽度

管道定线时还需要考虑街道宽度及交通情况，排水干管一般不宜敷设在交通繁忙而狭窄的街道下。若街道宽度超过40m时，为了减少连接支管的数目和减少与其他地下管线的交叉，可考虑设置两条平行的排水管道。

6. 地下管线及构筑物的位置

在现代化城市和工厂的街道下，有各种地下设施：各种管道——给水管、污水管、雨水管、煤气管、供热管等；各种电缆电线——电话电缆、民用电缆、动力电缆、有线电视电缆、电车电缆等；各种隧道——人行横道、地下铁道、防空隧道、工业隧道等：设计排水管道在街道横断面上的位置（平面位置和垂直位置）时，应与各种地下设施的位置联系起来综合考虑，并应符合《室外排水设计规范》（GB 50014—2006）的有关规定要求。

由于排水管道是重力流，管道（尤其是干管）的埋设深度较其他种类的管道大，有很多连接支管。如果位置安排不当造成与其他管道交叉，就会增加排管上的困难。在管道综合时，通常是首先考虑排水管道在平面和垂直方向上的位置。

3.2.2 排水管道的布置形式

排水管道的平面布置，根据城市地形、竖向规划、污水厂的位置、土壤条件、水体情况，以及污水的种类和污染程度等因素确定。下面几种布置形式是以地形为主要因素的布置形式。

（1）正交式布置　在地势向水体适当倾斜的地区，各排水流域的干管可以最短距离沿与水体大体垂直相交的方向布置，这种布置称为正交式布置，如图3-8a所示。正交式布置的干管长度短、管径小，造价经济，污水排出迅速，但污水未经处理直接排放会使水体遭受严重污染。因此。在现代城市中，直接排放形式仅用于雨水排除。

（2）截流式布置　在正交式布置的基础上，沿河岸再敷设总干管将各干管的污水截流并输送至污水厂，这种布置称为截流式布置，如图3-8b所示。截流式布置对减轻水体污染、改善和保护环境有重大作用，适用于分流制的污水排水系统。将生活污水和工业废水经处理后排入水体，也适用于区域排水系统。此种情况下，区域性的管截流总干管，需要截流区域内各城镇的所有污水输送至区域污水厂进行处理。对于截流式合流制排水系统，因雨天有部分混合污水泄入水体，对水体有所污染，这就是合流制的缺点。

（3）平行式布置　在地势向河流方向有较大倾斜的地区，为了避免干管坡度及管内流速过大，使管道受到严重冲刷，可使干管与等高线及河道基本平行、主干管与等高线及河道呈一定斜角的形式敷设，这种布置称为平行式布置，如图3-8c所示。但是，能否采用平行式布置，取决于城镇规划道路网的形态。

（4）分区式布置　在地势高低相差较大地区，当污水不能靠重力流流至污水厂时，可采用分区式布置。分区式布置是分别在地形较高区和地形较低区依各自的地形和路网情况敷设独立的管道系统，如图3-8d所示。高地区污水靠重力流直接流入污水厂，低地区污水用水泵抽送至高地区干管或污水厂。这种布置只能用于个别阶梯地形或起伏很大的地区，其优

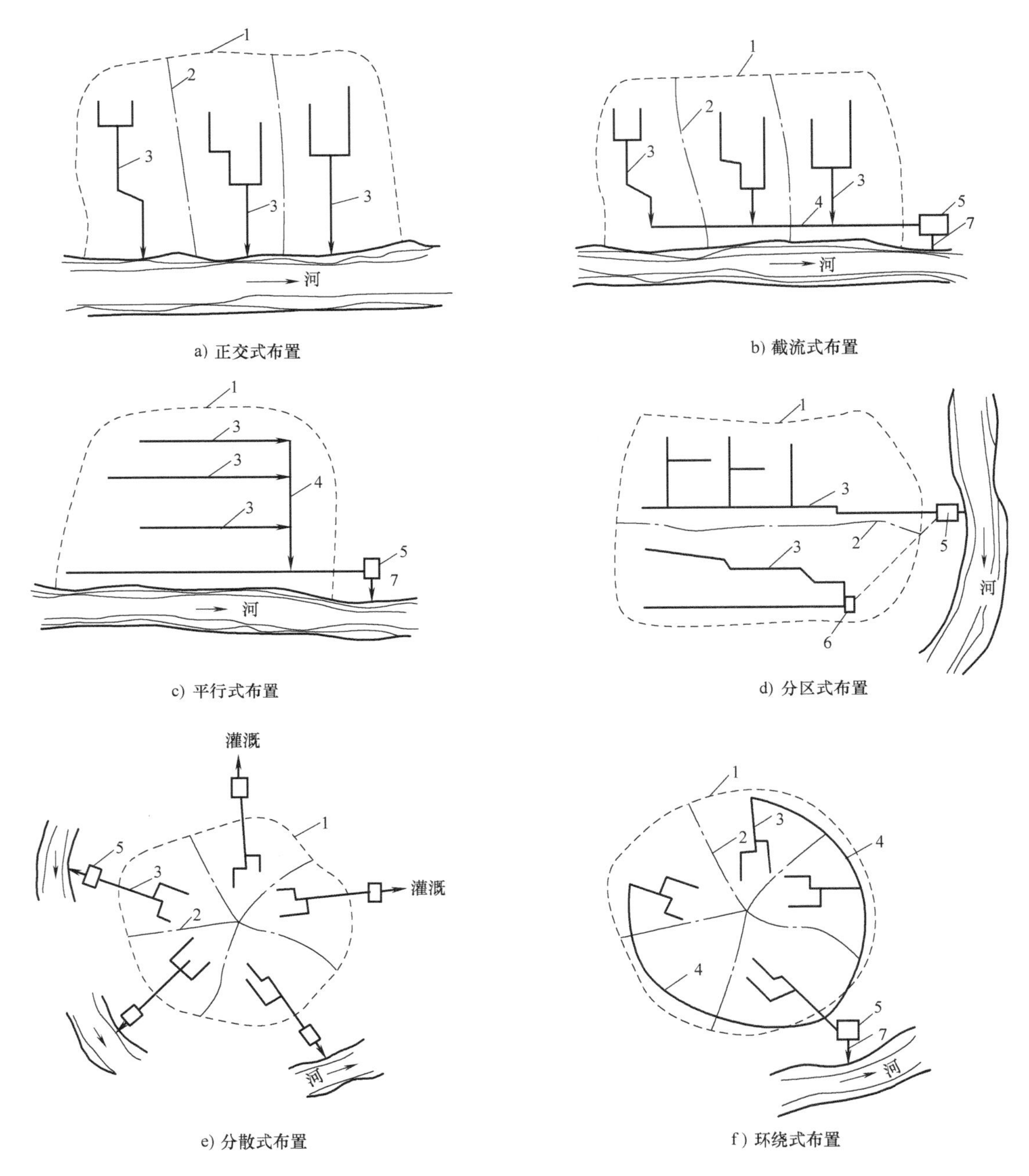

图 3-8　城镇排水管道系统布置形式

1—城市边界　2—排水流域分界线　3—干管　4—主干管　5—污水厂　6—污水泵站　7—出水口

点是能充分利用地形较高区的地形排水，节省能源。

（5）分散式布置　当城市周围有河流，或城市中央部分地势较高、地势向四周倾斜的地区，各排水流域的干管常采用放射状分散式布置，各排水流域具有独立的排水系统，如图 3-8e 所示。这种布置具有干管长度短、管径小、管道埋深浅等优点，但污水厂和泵站（如需要设置时）的数量将会增多。在地形平坦的大城市，采用辐射状分散布置也是比较有利的。

（6）环绕式布置　在分散式布置的基础上，沿城市四周布置截流总干管，将各干管的污水截流送往污水厂，这种布置称为环绕式布置，如图3-8f所示。在环绕式布置中，便于实现只建一座大型污水厂，避免修建多个小型污水厂，可减少占地、节省基建投资和运行管理费用。

应当注意的是城市的地形是非常复杂的，加之多种因素的影响，在实际中单独采用一种形式布置管道的情况较少，通常是根据当地条件，因地制宜地采用各种形式综合布置。

将两个以上城镇地区的污水统一排除和处理的系统，称作区域（或流域）排水系统。这种系统是以一个大型区域污水厂代替许多分散的小型污水厂，不仅能够降低污水厂的基建和运行管理费用，而且能可靠地防止工业和人口稠密地区的地面水污染，改善和保护环境。实践证明，生活污水和工业废水的混合处理效果以及控制的可靠性，大型区域污水厂比分散的小型污水厂效果要好。

在工业和人口稠密的地区，将全部对象的排水问题同本地区的国民经济发展、城市建设和工业扩大、水资源综合利用以及水体污染控制的卫生技术措施等各种因素，进行综合考虑研究解决，是经济合理的。区域排水系统就是由局部单项治理发展至区域综合治理，是控制水污染、改善和保护环境的新发展。

3.2.3　污水管道系统的布置

确定污水管线的位置和走向，也称为污水管道系统定线。正确的定线是经济、合理设计污水管道系统的先决条件，是污水管道系统设计的重要环节。污水管道平面布置，一般按主干管、干管、支管顺序依次进行。污水管网布置一般涉及以下几部分内容：

1. 确定排水区界、划分排水流域

排水区界是污水排水系统设置的界限。它是根据城市规划的设计规模确定的。在排水区界内，一般根据地形划分为若干个排水流域。在丘陵和地形起伏的地区，流域的分界线与地形的分水线基本一致，由分水线所围成的地区即为一个排水流域。地形平坦无明显分水线的地区，可按面积的大小划分，使各流域的管道系统合理分担排水面积，并使干管在最大合理埋深的情况下，各流域的绝大部分污水能自流排出。

2. 污水管道的布置与定线

污水管道定线应尽可能地在管线较短和埋深较小的情况下，让最大区域的污水能自流排出。

地形一般是影响管道定线的主要因素。定线时应充分利用地形，使管道的走向符合地形坡向的趋势，有利顺坡排水。在整个排水区域较低的地方敷设主干管及干管，便于支管的污水自流接入，而横支管的坡度尽可能与地面坡度一致。在地形平坦地区，应避免小流量的横支管长距离平行于等高线敷设，宜让其尽早接入干管。干管宜与等高线垂直，主干管与等高线平行敷设。由于主干管管径较大，保持最小流速所需坡度小，其走向与等高线平行是合理的。当地形倾向河道的坡度很大时，主干管与等高线垂直，干管与等高线平行，这种布置虽然主干管的坡度较大，但可少设置跌水井，从而使干管的水力条件得到改善。地形比较复杂时，宜布置成几个独立的排水系统，如由于地形中间隆起而布置成两个排水系统；地势起伏较大时，宜布置成高低区排水系统；高区不宜随便设置跌水井，应优先保证向污水厂的重力流输水的实现；个别低洼地区采取局部泵站提升。

污水总干管的走向和数目取决于污水厂和出水口的位置和数目。在大城市或地形复杂的城市，可能需要建几个独立的污水厂分别处理与利用污水，这就需要敷设几条总干管。在小城市或地形倾向一方的城市，通常只设一座污水厂，则只需敷设一条总干管。若相邻城镇联合建造污水厂，则需建造相应的区域性截流污水总干管道。

如果适当增大起端干管的直径，可能减小管道敷设坡度而减小整个管道系统的埋深，则适当增大干管上游段的直径是有利的。

管道定线时还应考虑街道宽度及交通情况。污水干管一般不宜敷设在交通繁忙而狭窄的街道下。若街道宽度超过 40m 时，为了减少连接支管穿越街道的次数以及与其他地下管线的交叉次数，可考虑在街道的两侧分别设置一条相互平行的污水管道（街道双侧敷管）。

污水支管的平面布置取决于地形、街坊平面和建筑规划，并应便于用户接管排水。当街区面积不太大，街道污水管网可采用集中出水方式时，街道支管敷设在服务街区较低侧的街道下，称为低边式布置，如图 3-9a 所示。当街区面积较大且地势平坦时，宜在街区四周的街道敷设污水支管，称为周边式布置，如图 3-9b 所示。街区内污水管网按各建筑的需要设计，组成一个系统，再穿过其他街区并与所穿街区的污水管网相连，称为穿坊式布置，如图 3-9c 所示。

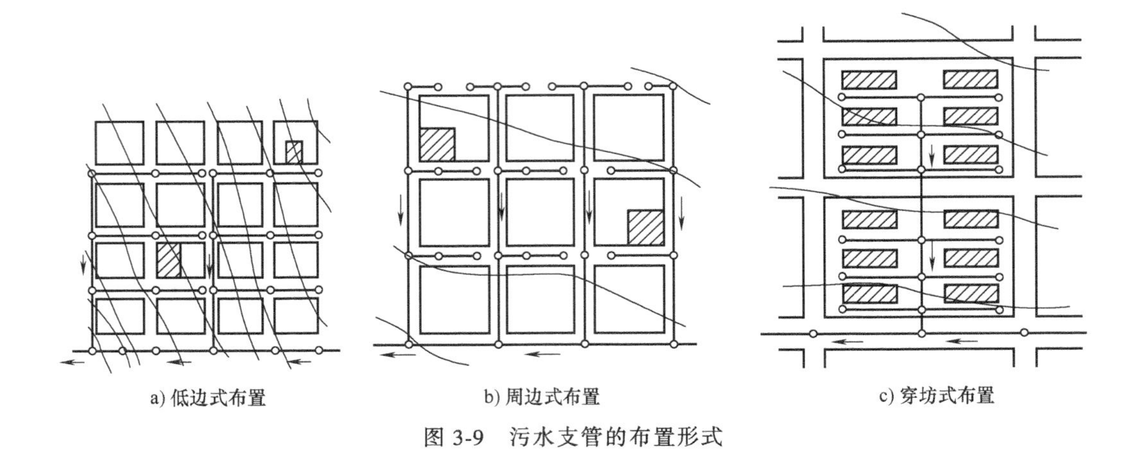

a) 低边式布置　　b) 周边式布置　　c) 穿坊式布置

图 3-9　污水支管的布置形式

3. 确定污水管道系统的控制点

控制点是指在污水排水区域内，对管道系统的埋深起控制作用的点。控制点通常在管道起点或最低最远点，各条管道的起点大都是该条管道的控制点。这些控制点中离污水厂最远的那点，通常是整个系统的控制点。控制点的埋深影响整个管道系统的埋深。

确定控制点的标高，一方面要保证排水区域内各点的污水都能够排出，并考虑发展留有适当的余地；另一方面不能因为照顾个别控制点而增加整个管道系统的埋深。对于这些点，可以采取加强管材强度，增设保温材料、局部填土或设置泵站提高管位等措施，以减小控制点的埋深，从而减小整个管道系统的埋深，降低工程造价。

4. 确定污水管道在街道下的具体位置

在城市街道下常有各种管线，如给水管、污水管、雨水管、煤气管、热力管、电力电缆、电信电缆等。此外，街道下还可能有地铁、地下人行横道、工业隧道等地下设施。这就需要在各单项管道工程规划的基础上，综合规划，统筹考虑，合理安排各种管线在空间的位置，以利于施工和维护管理。由于污水管道为重力流管道，其埋深大，连接支管多，使用过程中难免渗漏损坏。所有这些都增加了污水管道的施工和维修难度，还会对附近建筑物和构筑物的基础造成危害，甚至污染生活饮用水。因此，污水管道与建筑物应有一定间距，与生活给水管道交叉时，应敷设在生活给水管的下面。

管线综合规划时，所有地下管线都应尽量设置在人行道、非机动车道和绿化带下，只有在不得已时，才考虑将埋深加大，维修次数较少的污水、雨水管道布置在机动车道下。各种管线在平面上布置的次序一般是，从建筑规划线向道路中心线方向依次为：电力电缆——电信电缆——煤气管道——热力管道——给水管道——雨水管道——污水管道。若各种管线布置时发生冲突，处理的原则是：未建让已建的，临时让永久的，小管让大管，压力管让无压管，可弯管让不可弯管。

5. 污水厂和出水口位置的选定

现代化的城市，需将各排水流域的污水通过主干管输送到污水厂，经处理后再排放，以保护受纳水体。在布置污水管道系统时，应遵循以下原则选定污水厂和出水口的位置。

1）出水口应位于城市河流的下游。

2）出水口不应设回水区，以防回水区被污染。

3）污水厂要位于河流的下游，并与出水口尽量靠近，以减小排放渠道的长度。

4）污水厂应设在城镇夏季主导风向的下风向，并与城镇、工矿企业以及郊区居民点保持300m以上的卫生防护距离。

5）污水厂应设在地质条件较好，不受雨水、洪水威胁的地方，并有扩建的余地。

3.3　城市污水管道系统设计

3.3.1　城市污水量计算

污水管道系统的设计流量是污水管道及其附属构筑物能保证通过的最大流量。通常以最大日最大时流量作为污水管道系统的设计流量，其单位为L/s。它包括生活污水设计流量和工业废水设计流量两大部分。就生活污水而言，又可分为居民生活污水、公共设施排水和工业企业内生活污水和淋浴污水三部分。

1. 生活污水设计流量

（1）居民生活污水设计流量　居民生活污水主要来自居住区，它通常按下式计算

$$Q_1 = \frac{nNK_z}{24 \times 3600} \tag{3-1}$$

式中　Q_1——居民生活污水设计流量，单位为L/s；

n——居民生活污水量定额，单位为L/(人·d)；

N——设计人口数；

K_z——生活污水量总变化系数。

1）居民生活污水量定额。居民生活污水量定额是指在污水管道系统设计时所采用的每人每天所排出的平均污水量。

在确定居民生活污水量定额时，应调查收集当地居住区实际排水量的资料，然后根据该地区给水设计所采用的用水量定额，确定居民生活污水量定额。在没有实测的居住区排水量资料时，可按相似地区的排水量资料确定。若这些资料都不易取得，则根据《室外排水设计规范》（GB 50014—2006）的规定，按居民生活用水定额确定污水定额。对于给水排水系统完善的地区，可按用水定额的90%计算，一般地区可按用水定额的80%~90%计算。

2）设计人口数。设计人口数是指污水排水系统设计期限终期的规划人口数，是计算污水设计流量的基本数据。它是根据城市总体规划确定的，在数值上等于人口密度与居住区面积的乘积。即

$$N=\rho F \tag{3-2}$$

式中 N——设计人口数；

ρ——人口密度，单位为人/hm^2；

F——居住区面积，单位为 hm^2。

人口密度表示人口的分布情况，是指在单位面积上居住的人口数，以人/hm^2表示。它有总人口密度和街坊人口密度两种形式。总人口密度所用的面积包括街道、公园、运动场、水体等处的面积，而街坊人口密度所用的面积只是街坊内的建筑用地面积。在规划或初步设计时，采用总人口密度，而在技术设计或施工图设计时，则采用街坊人口密度。

设计人口数也可根据城市人口增长率按复利法推算，但在实际工程中使用不多。

3）生活污水量总变化系数。流入污水管道的污水量时刻都在变化。污水量的变化程度通常用变化系数表示。变化系数分为日变化系数、时变化系数和总变化系数三种。

一年中最大日污水量与平均日污水量的比值称为日变化系数（K_d）；

最大日最大时污水量与最大日平均时污水量的比值称为时变化系数（K_h）；

最大日最大时污水量与平均日平均时污水量的比值称为总变化系数（K_z）。

显然，按上述定义有

$$K_z=K_d K_h \tag{3-3}$$

表 3-2 生活污水量总变化系数

污水平均日流量/(L/s)	5	15	40	70	100	200	500	≥1000
总变化系数 K_z	2.3	2.0	1.8	1.7	1.6	1.5	1.4	1.3

注：1. 当污水平均日流量为中间数值时，总变化系数用内插法求得。

2. 当居住区有实际生活污水量变化资料时，可按实际数据采用。

我国在多年观测资料的基础上，经过综合分析归纳，总结出了总变化系数与平均流量之间的关系式，即

$$K_z=\frac{2.7}{Q^{0.11}} \tag{3-4}$$

式中 Q——污水平均日流量，单位为 L/s。当 $Q<5$L/s 时，$K_z=2.3$；当 $Q>1000$L/s 时，$K_z=1.3$。

设计时也可采用式（3-4）直接计算总变化系数，但比较麻烦。

（2）公共设施排水量　公共设施排水量 Q_2 应根据公共设施的不同性质，按《建筑给水排水设计规范》（GB 50015—2003）的规定进行计算。

公共设施排水量包括公共浴室、旅馆、医院、学校住宿区、洗衣房和餐饮娱乐中心等。

公共设施排水量与居民生活污水量合并计算，此时应选用综合生活污水量定额，也可以单独计算。公共建筑的生活污水排水定额及小时变化系数和生活用水定额相同，单独计算时用下式计算：

$$Q_2=\frac{SNK_h}{24\times3600} \tag{3-5}$$

式中　Q_2——公共建筑生活污水设计流量，单位为 L/s；

S——公共建筑最高日生活污水量标准［L/(d·人)］，一般按《建筑给水排水设计规范》中有关公共建筑的用水量标准选用，排水量大的建筑也可以通过调查或参考相近建筑选用。

K_h——时变化系数，它是最大日最大时污水量与最大日平均时污水量的比值。

（3）工业企业生活污水和淋浴污水设计流量　工业企业的生活污水和淋浴污水主要来自生产区的食堂、卫生间、浴室等。其设计流量的大小与工业企业的性质、污染程度、卫生要求有关。一般按下式进行计算：

$$Q_3=\frac{A_1B_1K_1+A_2B_2K_2}{3600T}+\frac{C_1D_1+C_2D_2}{3600} \tag{3-6}$$

式中　Q_3——工业企业生活污水和淋浴污水设计流量，单位为 L/s；

A_1——一般车间最大班职工人数；

B_1——一般车间职工生活污水定额，以 25L/(人·班) 计；

K_1——一般车间生活污水量时变化系数，以 3.0 计；

A_2——热车间和污染严重车间最大班职工人数；

B_2——热车间和污染严重车间职工生活污水量定额，以 35L/(人·班) 计；

K_2——热车间和污染严重车间生活污水量时变化系数，以 2.5 计；

C_1——一般车间最大班使用淋浴的职工人数；

D_1——一般车间的淋浴污水量定额，以 40L/(人·班) 计；

C_2——热车间和污染严重车间最大班使用淋浴的职工人数；

D_2——热车间和污染严重车间的淋浴污水量定额，以 60L/(人·班) 计；

T——每工作班工作时数，单位为 h。淋浴时间按 60min 计。

2. 工业废水设计流量

工业废水设计流量按下式计算：

$$Q_4=\frac{mMK_z}{3600T} \tag{3-7}$$

式中　Q_4——工业废水设计流量，单位为 L/s；

m——生产过程中每单位产品的废水量定额，单位为 L/单位产品；

M——产品的平均日产量，单位为单位产品/d；

T——每日生产时数，单位为 h；

K_z——总变化系数。

生产单位产品或加工单位数量原料所排出的平均废水量，也称为单位产品的废水量定额。工业企业的工业废水量随各行业类型、采用的原材料、生产工艺特点和管理水平等有很大差异。现有企业的废水量标准可根据实测现有车间的废水量而求得；在设计新建工业企业时，可参考与其生产工艺过程相似的已有工业企业的数据来确定；当工业废水量标准资料不易得到时，可用工业用水量标准作为依据估算废水量。

工业废水量的变化取决于工厂的性质和生产工艺过程。工业废水量的日变化一般较小，其日变化系数为 1.0 时，变化系数可通过实测得到。某些工业废水量的时变化系数大致如下：冶金工业 1.0~1.1；化学工业 1.3~1.5；纺织工业 1.5~2.0；食品工业 1.5~2.0；皮革工业 15~20；造纸工业 1.3~1.8，可供参考。

3. 地下水渗入量

在地下水位较高地区，因当地土质、管道及接口材料、施工质量等因素的影响，一般均存在地下水渗入现象，设计污水管道系统时宜适当考虑地下水渗入量。地下水渗入量 Q_5 一般按单位管道长（m）或单位服务面积（公顷）计算，如海口市的地下水位在 0.7~1.6m，管道的渗透性大，设计时按渗透系数为 $0.1\text{L}/(10^4\text{m}^2\cdot\text{s})$ 来计算地下水渗入量；也可相对于污水量取一定比例，如日本规程（指针）规定采用经验数据：每人每日最大污水量的 10%~20%。

4. 城市污水管道系统设计总流量

城市污水管道系统的设计总流量一般采用直接求和的方法进行计算，即直接将上述各项污水设计流量计算结果相加，作为污水管道设计的依据，城市污水管道系统的设计总流量可用下式计算：

$$Q=Q_1+Q_2+Q_3+Q_4 \tag{3-8}$$

设计时也可按综合生活污水量进行计算，综合生活污水设计流量为

$$Q_1'=\frac{n'NK_z}{24\times3600} \tag{3-9}$$

式中 Q_1'——综合生活污水设计流量，单位为 L/s；

n'——综合生活污水定额，对给水排水系统完善的地区按综合生活用水定额的 90%计，一般地区按 80%计；

其余参数同前。

此时，城市污水管道系统的设计总流量为

$$Q=Q_1'+Q_3+Q_4 \tag{3-10}$$

实际上，由于各项污水设计流量均为最大值，是不大可能在同一时间出现的，直接求和的计算方法是不合理的。然而，合理地计算城市污水设计总流量需要逐项分析各项污水水量的变化规律，这在实际工程设计中很难办到，只能采用上述简化计算方法。采用直接求和方法计算所得城市污水设计总流量往往超过其实际值，由此设计出的污水管网是偏安全的。

3.3.2 污水管段设计流量的计算

污水管道系统的设计总流量计算完毕后，还不能进行管道系统的水力计算。为此还需在管网平面布置图上划分设计管段，确定设计管段的起止点，进而求出各设计管段的设计流量。只有求出设计管段的设计流量，才能进行设计管段的水力计算。

1. 设计管段的划分

在污水管道系统上，为了便于管道的连接，通常在管径改变、敷设坡度改变、管道转向、支管接入、管道交汇的地方设置检查井。对于两个检查井之间的连续管段，如果采用的

设计流量不变，且采用同样的管径和坡度，这样的连续管段就称为设计管段。设计管段两端的检查井称为设计管段的起止检查井（简称起迄点）。

2. 设计管段的流量确定

每一设计管段的污水设计流量包括以下3种流量，如图3-10所示。

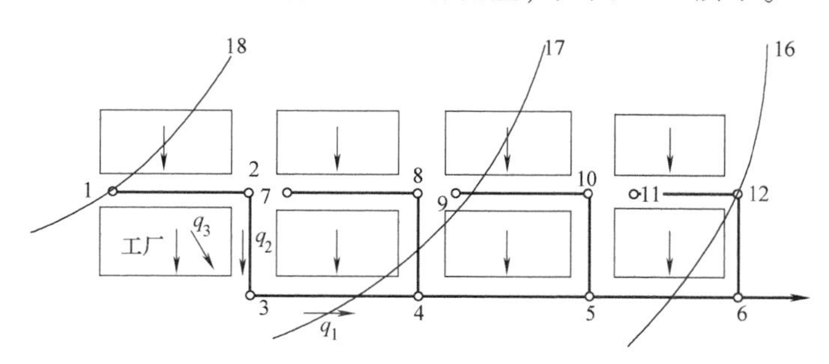

图3-10 设计管段的设计流量

（1）本段流量 q_1 本段流量是指从本管段沿线街坊流来的污水量。对于某一设计管段而言，它沿管线长度是变化的，即从管段起点为零逐渐增加到终点达到最大。为了计算的方便，通常假定本段流量是在起点检查井集中进入设计管段的，它的大小等于本管段服务面积的全部污水量。一般用下式计算：

$$q_1 = Fq_sK_z \tag{3-11}$$

式中 q_1——设计管段的本段流量，单位为L/s；

F——设计管段服务的街坊面积，单位为 hm^2；

K_z——生活污水量总变化系数；

q_s——生活污水比流量，单位为 $L/(s \cdot hm^2)$。

生活污水比流量可采用下式计算：

$$q_s = \frac{n\rho}{24 \times 3600} \tag{3-12}$$

式中 n——生活污水定额或综合生活污水定额，单位为L/(人·d)；

ρ——人口密度，单位为人/hm^2。

（2）转输流量 q_2 转输流量是指从上游管段和旁侧管段流来的污水量。它对某一设计管段而言，是不发生变化的，但不同的设计管段，可能有不同的转输流量。

（3）集中流量 q_3 集中流量是指从工业企业或其他大型公共设施流来的污水量。对某一设计管段而言，它也不发生变化。

设计管段的设计流量是上述本段流量、转输流量和集中流量三者之和。

3.3.3 污水管道设计参数

为保证污水管道的正常运行，《室外排水设计规范》（GB 50014—2006）中对这些因素综合考虑，提出以下计算控制参数，在污水管道设计计算时，一般应予以遵守。

1. 设计充满度

设计流量下，污水在管道中的水深 h 和管道直径 D 的比值称为设计充满度（或水深比）。当 $h/D=1$ 时称为满流；当 $h/D<1$ 时称为非满流。

由于污水流量时刻在变化，很难精确计算，而且雨水和地下水可能通过管道接口渗入污水管道。因此，有必要保留一部分断面，为未预见的水量的增长留有余地，避免污水溢出造成环境污染。另外，污水管道内沉积的污泥可能分解析出一些有害气体，如污水中可能含有汽油、苯、石油等易燃液体时，可能形成爆炸性气体。故需留出适当的空间，以利于管道内的通风，排除有害气体，对防止管道爆炸有良好效果；同时也便于管道的疏通和维护管理。

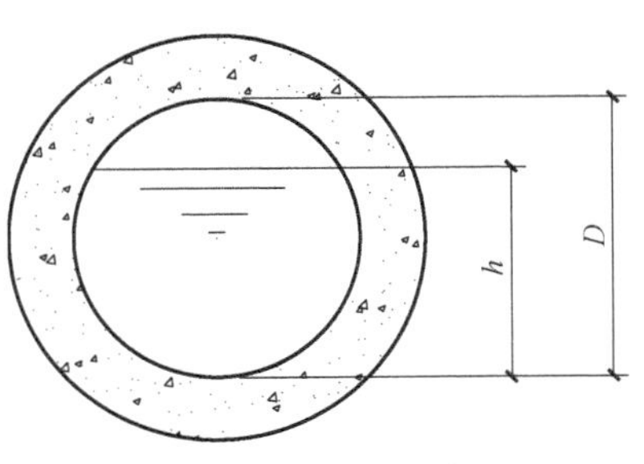

图 3-11　充满度示意图

我国《室外排水设计规范》规定，污水管道应按非满流进行设计，对管道的最大设计充满度有相应的限制，管道的允许最大设计充满度见表 3-3。在进行水力计算时，所选用的充满度应小于或等于表 3-3 中所规定的数值。对于明渠，设计规范还规定了设计超高（即渠中水面到渠顶或渠道翼墙顶的高度）不小于 0.2m。

表 3-3　最大设计充满度

管径 D 或渠高 H/mm	最大设计充满度	管径 D 或渠高 H/mm	最大设计充满度
200~300	0.55	500~900	0.70
350~450	0.65	≥1000	0.75

在计算配置污水管道的管径时，管道的设计流量中不包括淋浴或短时间内突然增加的污水量，但当管径小于或等于 300mm 时，应复核当其满流时是否能满足设计流量的通过要求。

2. 设计流速

对应于设计流量、设计充满度的管道内的水流平均速度称为设计流速。为了防止管道中产生淤积或冲刷，设计流速不宜过小或过大，应在最大至最小设计流速范围之内。最小设计流速是保证管道内不致发生淤积的控制流速。《室外排水设计规范》（GB 50014—2006）规定了污水管道在设计充满度下的最小设计流速为 0.6m/s。含有金属、矿物固体或重油杂质的生产污水管道，最小设计流速宜适当加大，其值要根据试验或调查研究决定。明渠的最小设计流速为 0.4m/s，最大设计流速与管材相关，是保证管道不因长期剧烈冲刷而缩短运行寿命的控制流速。通常，金属管道的最大设计流速为 10m/s，非金属管道的最大设计流速为 5 m/s，明渠最大设计流速见表 3-4。

表 3-4　明渠最大设计流速

明渠类别	最大设计流速/$m \cdot s^{-1}$	明渠类别	最大设计流速/$m \cdot s^{-1}$
粗砂或低塑性粉质黏土	0.8	干砌块石	2.0
粉质黏土	1.0	浆砌块石或浆砌砖	3.0
黏土	1.2	石灰岩或中砂岩	4.0
草皮护面	1.6	混凝土	4.0

3. 最小管径

在污水管道系统的上游部分，由于设计污水流量很小，若根据流量计算，则管径会很小，而管径过小极易堵塞。此外，采用较大的管径，可选用较小的坡度，使管道埋深减小，因此，为了养护工作的方便，常规定一个允许的最小管径。在街区和厂区内污水管道最小管径为 *DN*200，街道下为 *DN*300。

在污水管道系统上游的管段，由于管段服务的排水面积较小，因而设计流量较小，按此设计流量计算得出的管径会小于最小管径，这时应采用最小管径值。一般可根据最小管径在最小设计流速和最大充满度情况下能通过的最大流量值，计算出设计管段服务的排水面积。若计算管段的服务排水面积小于此值，即可直接采用最小管径而不再进行管道的水力计算。这种管段称为不计算管段。对于这些不计算管段，当有适当的冲洗水源时，可考虑设置冲洗井，定期冲洗以免阻塞。

4. 最小设计坡度

在污水管道设计时，应尽可能减小管道敷设坡度以减小管道埋深。但管道坡度造成的流速应等于或大于最小设计流速，以防止管道内产生淤积和沉淀。因此，将相应于管道内流速为最小设计流速时的管道坡度称为最小设计坡度。

不同管径的污水管道有不同的最小坡度。管径相同的管道，因充满度不同，其最小坡度也不同。在给定设计充满度条件下，管径越大，相应的最小设计坡度值越小。通常对同一直径的管道只规定一个最小坡度，以满流或半满流时的最小坡度作为最小设计坡度。《室外排水设计规范》（GB 50014—2006）只规定了最小管径对应的最小设计坡度，街道内污水管道的最小管径为 *DN*200，相应的最小设计坡度为 0.004；街道下为 *DN*300，相应的最小设计坡度为 0.003，其余管径对应最小坡度见表 3-5。若管径增大，相应于该管径的最小坡度由最小设计流速保证。

表 3-5　管径和最小设计坡度

管径/mm	200	300	400	500	600	700	800	900	1500
最小设计坡度(%)	0.4	0.2	0.15	0.1	0.09	0.08	0.07	0.06	0.05

5. 污水管道埋设深度

污水管道的埋设深度通常指管道的内壁底到地面的距离。管道外壁顶部到地面的距离称为覆土厚度，如图 3-12 所示。管道埋深是影响管道造价的重要因素，是污水管道的重要控制参数。在实际工程中，同一直径的管道，采用的管材、接口和基础形式均相同，因其埋设深度不同，管道单位长度的工程费用相差较大。因此，合理地确定管道埋深对于降低工程造价是十分重要的。在土质较差、地下水位较高的地区，若能设法减小管道埋深，降低工程造价的效果尤为明显。

为了降低工程造价，缩短施工周期，管道埋设深度越小越好。但覆土厚度应有一个最小的限值，否则就不能满足应对管道上方可能出现载荷的要求。这个最小覆土厚度限值称为最小覆土厚度。

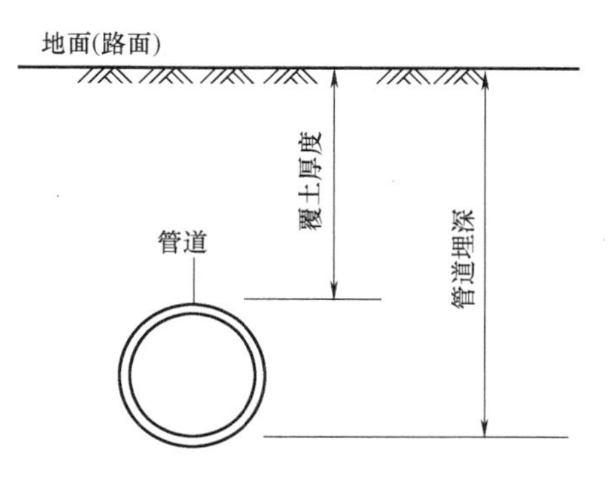

图 3-12　管道埋深和覆土厚度

污水管道的最小覆土厚度，一般应满足以下三个因素的要求：

（1）必须防止管道内污水冰冻和因土壤冻胀而损坏管道　《室外排水设计规范》（GB 50014—2006）规定：无保温措施的生活污水管道或水温与生活污水接近的工业废水管道，管内底最高可埋设在冰冻线以上 0.15m 处。有保温措施或水温较高的管道，管底在冰冻线以上的距离可以加大，其数值应根据该地区或条件相似地区的经验确定。

（2）必须防止管壁因地面载荷而受到破坏　埋设在地面下的污水管道承受着管顶覆盖土壤静载荷和地面上车辆运行产生的动载荷。为防止管道因外部载荷影响而受到损坏，首先要注意管材质量，另外必须保证管道有一定的覆土厚度。在车行道下管顶最小覆土厚度一般不小于 0.7m；车道基础外的管道最小覆土厚度一般为 0.6m。

（3）必须满足街道污水接入支管衔接的要求　为了使住宅和公共建筑内产生的污水能以重力流的形式顺利排入街道污水管网，就必须保证街道污水管道接入支管的连接点高程低于或等于街道污水支管在该连接点高程，而街道污水支管上游起点高程又必须低于或等于建筑物污水出户管高程。在气候温暖且地势平坦地区，这一点对于确定街道管网起点的最小埋深或覆土厚度是很重要的。从安装技术方面考虑，要使建筑物首层卫生设备的污水能顺利排出，污水出户管的最小埋深一般采用 0.5~0.7 m，所以街道污水管道起点最小埋深也应有 0.6~0.7m。根据图 3-13 所示街道污水管道最小埋深及式 3-13 计算出街道管网起点的最小埋设深度。

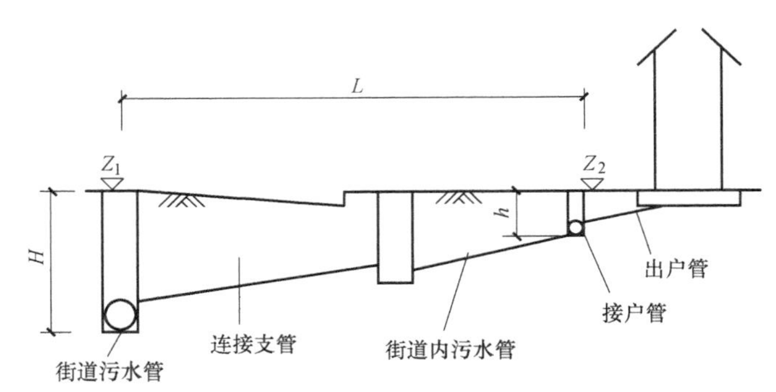

图 3-13　街道污水管道最小埋深

$$H=\{Z_1-[(Z_2-h)-iL]\}+\Delta h \tag{3-13}$$

式中　H——街道污水管网起点的最小埋深，单位为 m；

h——街道污水管起点的最小埋深，0.6~0.7m；

Z_1——街道污水管起点检查井处地面标高，单位为 m；

Z_2——街道污水管起点检查井处地面标高，单位为 m；

i——街道污水管和连接支管的坡度；

L——街道污水管和连接支管的总长度，单位为 m；

Δh——连接支管与街道污水管的管内底高差，单位为 m。

对每一个具体管道，从上述三个不同的因素出发，可以得到三个不同的管底埋深或管顶覆土厚度值。这三个数值中的最大值就是这一管道的允许最小覆土厚度或最小埋设深度。

当管道的坡度大于地面坡度时，管道的埋深就越来越大，尤其在地形平坦的地区更为突出。埋深越大，则管道的造价越高，施工期也越长。允许的管道埋深最大值称为最大允许埋深。该值的确定应根据管材、地下水位埋深、技术经济指标及施工方法而定，一般在干燥土壤中，最大埋深不超过7~8m；在多水、流沙、石灰岩地层中，一般不超过5m。当超过最大埋深时，应考虑建设提升泵站，以减小下游管道埋深。

6. 污水管的衔接

污水管渠系统中的检查井是清通、维护管渠的设施，也是管渠的衔接设施。一般在管渠尺寸、坡度、高程、方向发生变化及管渠相交汇时，必须设置检查井以满足结构和维护管理上的需要。检查井上、下游管段必须有较好的衔接，以保证管渠顺利运行。

污水管道在检查井中衔接时应遵循两个原则：①尽可能提高下游管段的高程，以减小管道埋深，降低造价；②避免上游管段中形成回水而造成淤积。

管道的衔接方式通常有管顶平接和水面平接两种，如图3-14所示。

管顶平接（图3-14a）是指在水力计算中，使上游管段终端和下游管段起端的管顶高程相同。由于下游管段的管径通常会等于或大于上游管段的管径，采用管顶平接就不至于使上游管段内产生回水现象，且高程推算大为简化。采用管顶平接时，下游管段的埋深将增加，这对于平坦地区或埋深较大的管道，有时是不适宜的。这时为了尽可能减小埋深，可采用水面平接的方法。

水面平接（图3-14b）是指在水力计算中，上游管段终端和下游管段起端在指定的设计充满度下的水面相平，即上游管段终端与下游管段起端的水面标高相同。由于上游管段的水面变化较大，水面平接时在上游管段中易形成回水，对管道的排水顺畅性不好，而且高程推算复杂。所以管顶平接在工程的设计实践中被广泛采用。水面平接比较适用于管径相同时的衔接。管顶平接比较适用于管径不相同时的衔接。

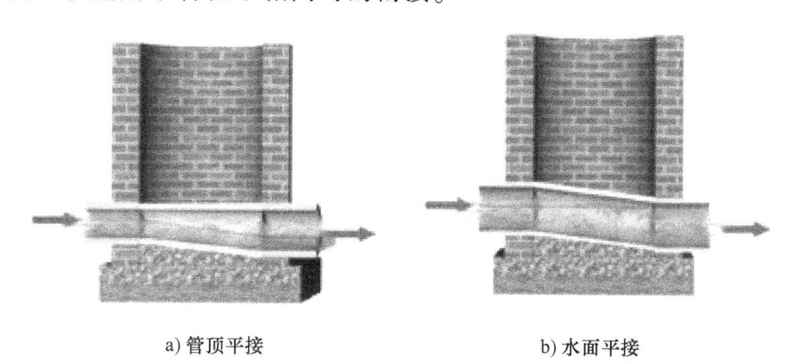

a) 管顶平接　　　　b) 水面平接

图3-14　污水管道的衔接

污水管道衔接有以下注意事项：

1）无论采用哪种衔接方式，下游管段起端的水面和管内底标高都不得高于上游管段终端的水面和管内底标高。

2）在地形坡度较大地区，为了限制管内流速不至于太大，采用的管道坡度将会小于地面坡度。为了保证下游管段的最小覆土厚度和减小上游管段的埋深，可根据地面坡度采用跌水井连接。

3）在地势平坦地区，管道坡度大于地面坡度，当管道埋深达到允许最大埋深时，必须减小下游管道埋深，这时上、下游管道宜采用提升泵站衔接。

4）在旁侧支管与干管交汇处，支管接入干管的转弯角度，与下游管道的夹角一般应大于90°，以防止在上游管道中产生回水。支管接入交汇检查井时，应避免与干管底有较大落差，若落差不足1m，可在支管上设斜坡；若落差大于1m以上，可在支管上设跌水井，跌落后再接入与干管的交汇井，以保证干管有良好的水利条件。

3.4 城市雨水管渠系统布置

雨水管渠系统是由雨水口、雨水管渠、检查井、出水口等构筑物组成的工程设施。雨水管渠系统的功能就是及时汇集并排除暴雨所形成的地面径流，保障居民生命安全和正常生产顺利进行。

3.4.1 雨水管渠系统的布置原则

城市雨水收集管道规划设计既要考虑到雨水能顺利地从建筑物、车间、工厂区或居住区内排除出去，又要考虑到经济合理性。管线布置应遵循以下几点：

(1) 充分利用地形，就近排入水体　规划雨水管线时，首先按地形划分排水区域，再进行管线布置。根据分散和直接的原则，多采用正交式布置，使雨水管渠尽量以最短的距离重力流排入附近的池塘、河流、湖海等水体中。

雨水管渠应尽量利用自然地形坡度布置，当地形坡度较大时，雨水干管布置在地形低处或溪谷线上；当地形平坦时，雨水干管布置在排水流域的中间，以便于支管接入，尽量扩大重力流排除雨水的范围。

当管道排入池塘或小河时，由于出水口的构造比较简单，造价不高，雨水管渠系统宜采用分散多出水口的管道布置形式。当河流的水位变化很大，管道出口离常年水位较远时，出水口的构造比较复杂，造价较高，就不宜采用过多的出水口，这时宜采用集中出水口的管道布置形式。当地形平坦，且地面平均高程低于河流常年的洪水位高程时，需将管道出口适当集中，在出水口前设雨水出流泵站，暴雨期间的雨水经抽升后排入水体，这时，宜在雨水进泵站前的适当地点设置调节池，以节省工程造价和经常运转费用，减小泵站的设计提升能力。

(2) 尽量避免设置雨水泵站　由于暴雨形成的雨水量大，雨水泵站的投资也很大，且雨水泵站在一年中运转时间短，利用率低，所以应尽可能靠重力流。但在一些地势平坦、区域较大或受潮汐影响的城市，应使经过泵站排泄的雨水径流量减少到最小限度。当地形平坦，且地面平均标高低于河流的洪水位标高时，需将管道适当集中，在出水口前设雨水泵站，经抽升后排入水体。尽可能使通过雨水泵站的流量减到最小，以节省泵站的工程造价和经常运转费用。

(3) 根据具体条件合理采用明渠或暗管　雨水管渠采用明渠或暗管应结合具体条件确定。一般在城市市区，建筑密度较大、交通频繁地区，均采用暗管排雨水。尽管造价高，但卫生情况较好，养护方便，在城市或建筑密度低、交通量小的地方，可采用明渠，以节省工程费用。

在每条雨水干管的起端，应尽可能采用道路边沟排除路面雨水。这样通常可以减少100~150m暗管长度，这对降低整个管渠工程造价是有意义的。

当管道接入明渠时，管道应设置挡土的端墙，连接处的土明渠应加铺砌；铺砌高度不低于设计超高，铺砌长度自管道末端算起3~10m时宜适当采用跌水。当跌差为0.3~2m时需做45°斜坡，斜坡应加铺砌；当跌差大于2m时，应按水工构筑物设计。

明渠接入暗管时，除应采取上述措施外，还应设置格栅，栅条间距采用100~150mm为宜。也可适当采用跌水，在跌水前3.5m处需进行铺砌。

（4）雨水管渠布置应与城镇规划相协调　通常应根据建筑物的分布，道路布置及街区内部的地形、出水口位置等布置雨水管道，使雨水以最短距离排入街道低侧的雨水主管道。进行城市竖向规划时，应充分考虑排水的要求，以便能合理利用自然地形就近排出雨水。另外对竖向规划中确定的填方或挖方地区，雨水管渠布置必须考虑今后地形变化，做出相应处理。

雨水主管道应平行道路敷设，且宜布置在人行道或草地带下，而不宜布置在快车道下，以免积水时影响交通或维修管道时破坏路面。从排除地面雨水的角度考虑，道路纵坡宜为0.3%~6%。若道路宽度大于40m时，可考虑在道路两侧分别设置雨水管道。雨水干管的平面和竖向布置应考虑与其他地下构筑物（包括各种管线及地下建筑物等）在相交处相互协调，雨水管道与其他各种管线（构筑物）的间距在布置上要满足国家相关规范规定的最小净距要求。在有连接条件的地方，应考虑两个管道系统之间的连接。

结合城市规划尽量利用洼地和河湖系统，调节洪峰，降低沟道设计流量。必要时可以开挖一些池塘、人工河流，以达到贮存径流量、就近排放的目的。结合景观规划，使河湖等水体起到游览、娱乐的作用。在缺水地区，可以考虑贮存水量，用于市政绿化和农田灌溉等。

（5）合理设置雨水口　雨水口的布置应使雨水不致漫过路口而影响交通，因此一般应设置在街道交叉路口的汇水点和低洼处，如图3-15所示。雨水口不宜设在对人行不便的地方、街道两旁。此外，沿道路的长度方向每隔一定距离也应设置雨水口，雨水口的间距主要取决于街道纵坡、路面积水情况以及雨水口的进水量，一般为30~80m，容易产生积水的区域应加密雨水口的数量。

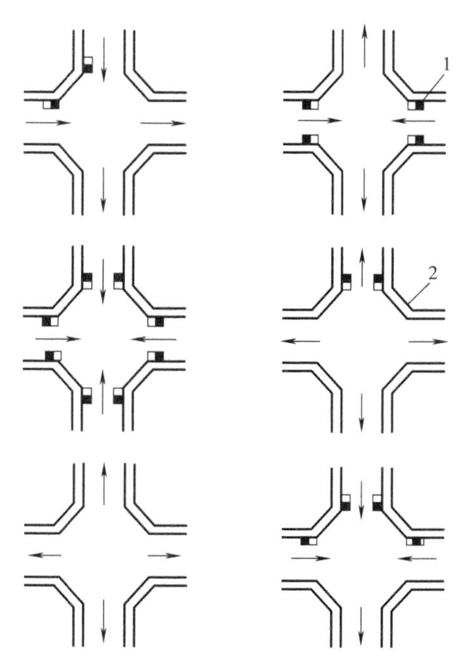

图3-15　道路交叉口雨水口布置

1—雨水口　2—路边

（6）排洪沟的设置　在进行城市雨水排水系统设计时，应考虑不允许规划范围以外的雨水、洪水进入市区并通过市区雨水管道下泻，其主要原因是规划范围以外的汇水面积通常很大，雨水或洪水量很大，如从城区通过管渠的规格会很大。所以，要区分城市雨水排出工程和城市防洪工程两种概念。

许多工厂或居住区傍山建设，雨季时设计地区以外若存在大量洪水径流，将直接威胁工厂和街区的安全。因此，对于靠近山麓建设的工厂和居住区，除在厂区和居住区设雨水管渠外，尚应考虑在设计地区的周边外围设置排洪沟，以拦截城镇外围的下泄洪水使其不进入城区，并将其单独引入附近水体，保证工厂和居住区的防洪安全。

3.4.2 雨量分析与暴雨强度公式

雨水设计流量是雨水管渠系统设计的依据。由于雨水径流的特点是流量大而历时短，因此应对雨量进行分析，以便经济合理地推算暴雨量和径流量，作为雨水管渠的设计流量。

1. 雨量分析的几个要素

降雨现象的分析，是用降雨量、暴雨强度、降雨历时、降雨面积和重现期等因素来表示降雨的特征。

2. 降雨量

降雨量是指单位地面面积上，在一定时间内降雨的雨水体积，又称在一定时间内的降雨深度。用 H 表示，单位以 mm 计，也可用单位面积的降雨体积（L/ha）表示。

年平均降雨量：指多年观测所得的各年降雨量的平均值，计量单位为“mm/a”。

月平均降雨量：指多年观测所得的各月降雨量的平均值，计量单位为“mm/月”。

年最大日降雨量：指多年观测所得的一年中降雨量最大一日的绝对量，计量单位为“mm/d”。

3. 降雨历时与暴雨强度

降雨历时是指连续降雨的时段，可以指一场雨全部降雨的时间，也可以指其中个别的连续时段，用 t 表示，单位为 min 或 h 。如果该降雨历时覆盖了降雨的雨峰时间，则该降雨时段内的平均降雨量即为暴雨强度，用 i 表示 ，单位为 mm/min 或者 mm/h。降雨历时取的越宽，计算得出的暴雨强度就越小。在工程上，常用单位时间内单位面积上的降雨体积 q（L/s · hm^2）表示。

采用以上计算单位时，由于 $1\text{mm/min}=10^{-3}(\text{m}^3/\text{m}^2)/\text{min}=10^{-3}(10^3\text{L}/\text{m}^2)/\text{min}=1(\text{L}/\text{m}^2)/\text{min}=1(\text{L/min})/\text{m}^2=10000(\text{L/min})/\text{hm}^2=10000/60\ (\text{L/s}\cdot\text{hm}^2)\approx167\ (\text{L/s}\cdot\text{hm}^2)$

可以得出

$$q=1000i/60\approx167i \tag{3-14}$$

暴雨强度是描述暴雨特征的重要指标，是确定雨水设计流量的重要依据。在任何一场暴雨中，暴雨强度随降雨历时的变化而变化。就雨水管渠设计而言，有意义的是找出降雨量最大的那个时段内的降雨量。因此，暴雨强度的数值与所取的连续时间段 t 的跨度和位置有关。在城市暴雨强度公式推求中，经常采用的降雨历时为 5min、10min、15min、20min、30min、45min、60min、90min、120min 这 9 个历时数值，特大城市可以用到 180min。

在分析暴雨资料时，必须选用对应各降雨历时的最大降雨量。各历时的暴雨强度为最大平均暴雨强度。

4. 降雨面积与汇水面积

降雨面积是指降雨所笼罩的面积，即降雨的范围。汇水面积是指雨水管渠汇集雨水的面积，用 F 表示，以公顷或平方千米为单位（ha 或 km^2）。

在城镇雨水管渠系统设计中，设计管渠的汇水面积较小，一般小于 100km^2，其汇水面积上最远点的集水时间不超过 60min 到 120min，这种较小的汇水面积，在工程上称为小汇水面积。在小汇水面积上可忽略降雨的非均匀分布，认为各点的暴雨强度都相等。这样，雨量计所测得的点雨量资料可以代表整个小汇水面积的面雨量资料。

5. 暴雨强度的频率

暴雨强度的频率是指在多次的观测中，等于或大于某值的暴雨强度出现的次数 m 与观测资料总项数 n 之比的百分数，即

$$P_n = \frac{m}{n} \times 100\% \tag{3-15}$$

式中　P_n——某值暴雨强度出现的频率；

m——将所有数据从大到小排序之后，某值暴雨强度所对应的序号；

n——降雨量统计数据的总个数。

由式3-15可知，n 越大，参与统计的数据越多，根据上面公式计算来的经验频率就越能反映其真实的发生概率。因此我国《室外排水设计规范》（GB 50014—2006）规定，在编制暴雨强度公式时，必须具有10年以上的自计雨量记录，且每年选择6~8场最大暴雨记录，计算各历时的暴雨强度值。将各历时的暴雨强度按照大小顺序排列成数列，然后不论年次，按照由大到小的方向选择年数3~4倍的个数作为统计的基础资料。某个暴雨强度的频率越小时，该暴雨强度的值就越大。

6. 暴雨强度的重现期

暴雨强度的重现期是指在多次的观测中，等于或大于某值的暴雨强度重复出现的平均时间间隔 P。单位用年（a）表示。重现期与频率互为倒数，即

$$P = 1/P_n$$

降雨强度、降雨历时、重现期三者之间的关系如图3-16所示。某一暴雨强度的重现期等于 P，是指在相当长的一个时间序列中，大于等于该暴雨强度的暴雨平均出现的可能性是 $1/P$。重现期越大，降雨强度越大。

确定设计重现期的因素有排水区域的重要性、功能、淹没后果严重性、地形特点和汇水面积的大小等。一般情况下，低洼地段采用的设计重现期大于高地；干管采用的大于支管；工业区采用的大于居住区；市区采用的大于郊区。重现期的最小值不宜低于0.33年，一般选用0.5~3年。重要的干道、区域，一般选用2~5年。北京天安门广场的雨水管道，是按照重现期10年进行设计的。

在排水管网的设计中，如果使用较高的设计重现期，则计算的设计排水量就越大，排水管网系统的设计规模相应增大，排水通畅，但排水系统的建设投资就比较高；反之，则投资较小，但安全性差。

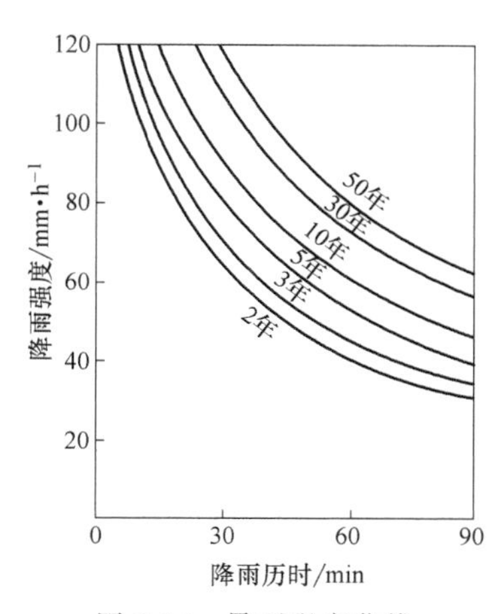

图3-16　暴雨强度曲线

7. 暴雨强度公式

暴雨强度公式反映暴雨强度 q（i）、降雨历时 t、重现期 P 三者之间的关系，是设计雨水管渠的依据。

《室外排水设计规范》中规定，采用的暴雨强度公式的形式为

$$q = \frac{167A_1(1+c\lg P)}{(t+b)^n} \tag{3-16}$$

式中　q——设计暴雨强度，单位为L/(s·ha)；

P——设计重现期，单位为年；

t——降雨历时，单位为 min；

A_1，c，b，n——地方参数，根据统计方法进行确定。

编制暴雨强度公式，必须具有 10 年以上自计雨量记录。按降雨历时 5、10、15、20、30、45、60、90、120（min），每年每个历时选 6~8 场最大暴雨记录，计算其暴雨强度值，然后不论年次，将每个历时的暴雨强度按大小次序排列，从中选择资料年数的 3~4 倍的最大值，作为统计的基础资料。目前，我国尚有一些城镇无暴雨强度公式，当这些城镇需要设计雨水管渠时，可选用附近地区城市的暴雨强度公式。

8. 降雨面积和汇水面积

降雨面积是指每一场降雨所笼罩的地面面积。汇水面积是指雨水管渠所汇集和排除雨水的地面面积，用 F 表示，常以公顷（hm^2）或平方千米（km^2）为单位。

在城镇雨水管渠系统设计中，设计管渠的汇水面积较小，一般小于 $100km^2$，其汇水面积上最远点的集水时间不超过 60~120min，这种较小的汇水面积在工程上称为小汇水面积。在小汇水面积上可忽略降雨的非均匀分布，认为各点的暴雨强度都相等。

3.4.3 雨水管渠设计流量的确定

1. 雨水设计流量计算公式

雨水管渠的设计流量按下式计算：

$$Q=\psi qF \tag{3-17}$$

式中 Q——雨水设计流量，单位为 L/s；

ψ——径流系数，为径流量和降雨量的比值，其值小于 1；

F——汇水面积，单位为 hm^2；

q——设计暴雨强度，单位为 $L/(s \cdot hm^2)$。

这个公式假定：①暴雨强度在汇水面积上的分布是均匀的；②单位时间径流面积的增长为常数；③汇水面积内地面坡度均匀；④地面不透水时，$\psi=1$。

2. 雨水管段设计流量的计算

在图 3-17 中，Ⅰ、Ⅱ、Ⅲ、Ⅳ为相毗邻的四个街区。假设汇水面积 $F_{Ⅰ}=F_{Ⅱ}=F_{Ⅲ}=F_{Ⅳ}$，雨水从各块面积上最远点分别流入雨水口所需的集水时间均为 τ（min）。1~2、2~3、3~4、4~5 分别为设计管段，试确定各设计管段的雨水流量。

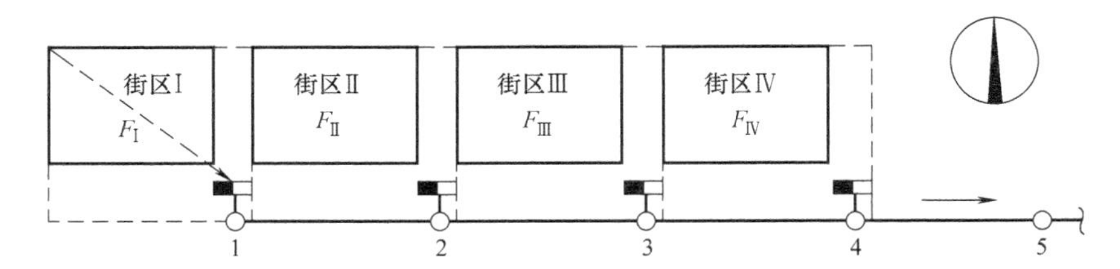

图 3-17 雨水管道设计流量计算示意图

从图 3-17 可知，四个街区的地形均为北高南低，道路是西高东低，雨水管道沿道路中心线敷设，道路断面呈拱形，为中间高、两侧低。降雨时，降落在地面上的雨水顺着地形坡度流到道路两侧的边沟中，道路边沟的坡度和地形坡度相一致。雨水沿着道路的边沟流到雨水口经检查井流入雨水管道。Ⅰ街区的雨水（包括路面上雨水），在 1 号检查井集中，流入管段 1~2。Ⅱ街区的雨水在 2 号检查井集中，并同Ⅰ街区经管段 1~2 流来的雨水汇合后流入管段 2~3。Ⅲ街区的雨水在 3 号检查井集中，同Ⅰ街区和Ⅱ街区流来的雨水汇合后流入管段3~4。其他依次类推。

已知管段 1~2 的汇水面积为 F_{I}，检查井 1 为管段 1~2 的集水点。由于汇水面积上各点离集水点 1 的距离不同，所以在同一时间内降落到 F_{I}面积上各点的雨水就不可能同时到达集水点 1，同时到达集水点 1 的雨水则是不同时间降落到地面上的雨水。

集水点同时能汇集多大面积上的雨水量，和降雨历时的长短有关。如雨水从降雨面积最远点流到集水点 1 所需的集水时间为 20min，而这场降雨只下 10min 就停了，待汇水面积上的雨水流到集水点时，降落在离集水点 1 附近面积上的雨水早已流过去了。也就是说，同时到达集水点 1 的雨水只能来自 F_1中的一部分面积，随着降雨历时的延长，就有越来越大面积上的雨水到达集水点 1，当恰好降雨历时 $t=20\text{min}$ 时，则第 1min 降落在最远点的雨水与第 20min 降落在集水点 1 附近的雨水同时到达，这时集水点 1 处的径流量达到最大。

通过上述分析可知，汇水面积是随着降雨历时 t 的增长而增加，当降雨历时等于集水时间时，汇水面积上的雨水全部流到集水点，则集水点产生最大雨水量。

为便于求得各设计管段相应雨水设计流量，做几点假设：①汇水面积随降雨历时的增加而均匀增加；②降雨历时大于或等于汇水面积最远点的雨水流到设计断面的集水时间（$t\geqslant\tau_0$）；③地面坡度的变化是均匀的，径流系数 ψ 为定值，且 $\psi=1.0$。

（1）管段 1~2 的雨水设计流量的计算　管段 1~2 是收集汇水面积 F_{I}（hm^2）上的雨水，设最远点的雨水流到 1 断面的时间为 τ（min），只有当降雨历时 $t=\tau$ 时，F_{I} 全部面积的雨水均已流到 1 断面，此时管段 1~2 内流量达到最大值。因此，管段 1~2 的设计流量为

$$Q_{1\sim2}=F_{\text{I}}q_1 \tag{3-18}$$

式中　q_1——管段 1~2 的设计暴雨强度，即相应于降雨历时 $t=\tau$ 时的暴雨强度，单位为 $\text{L/(s}\cdot\text{hm}^2)$。

（2）管段 2~3 的雨水设计流量计算　当 $t=\tau$ 时，全部 F_{II} 和部分 F_{I} 面积上的雨水流到 2 断面，此时管段 2~3 的雨水流量不是最大。只有当 $t=\tau+t_{1\sim2}$时，F_{I} 和 F_{II} 全部面积上的雨水均流到 2 断面，此时管段 2~3 雨水流量达到最大值。设计管段 2~3 的雨水设计流量为

$$Q_{2\sim3}=(F_{\text{I}}+F_{\text{II}})q_2 \tag{3-19}$$

式中　q_2——管段 2~3 的设计暴雨强度，是用（$F_{\text{I}}+F_{\text{II}}$）面积上最远点雨水流行时间求得的降雨强度。即相应于 $t=\tau+t_{1\sim2}$时的暴雨强度，单位为 $\text{L/(s}\cdot\text{hm}^2)$；

$t_{1\text{-}2}$——管段 1~2 的管内雨水流行时间，单位为 min。

同理，可求得管段 3~4 及管段 4~5 的雨水设计流量分别为

$$Q_{3\sim4}=(F_{\text{I}}+F_{\text{II}}+F_{\text{III}})q_{3\sim4} \tag{3-20}$$

$$Q_{4\sim5}=(F_{\text{I}}+F_{\text{II}}+F_{\text{III}}+F_{\text{IV}})q_{4\sim5} \tag{3-21}$$

式中　q_3、q_4——分别为管段 3~4、管段 4~5 的设计暴雨强度，即相应于用 $t=\tau+t_{1\sim2}+t_{2\sim3}$ 和 $t=\tau+t_{1\sim2}+t_{2\sim3}+t_{3\sim4}$时的暴雨强度，单位为 $\text{L/(s}\cdot\text{hm}^2)$；

$t_{2\sim3}$、$t_{3\sim4}$——分别为管道 2~3、管段 3~4 的管内雨水流行时间，单位为 min。

由上可知，各设计管段的雨水设计流量等于该管段所承担的全部汇水面积和设计暴雨强度的乘积。各设计管段的设计暴雨强度是相应于该管段设计断面集水时间的暴雨强度，因为

各设计管段的集水时间不同，所以各管段的设计暴雨强度也不同。在使用计算公式 $Q=\psi qF$ 时，应注意到随着排水管道计算断面位置不同，管道的计算汇水面积也不同，从汇水面积最远点到不同计算断面处的集水时间（其中也包括管道内雨水流行时间）也是不同的。因此，在计算平均暴雨强度时，应采用不同的降雨历时 t_i。

根据上述分析，雨水管道的管段设计流量是该管道上游节点断面的最大流量。在雨水管道设计中，应根据各集水断面节点上的集水时间 t_i 正确计算各管段的设计流量。

3.4.4 雨水管道设计数据的确定

1. 径流系数的确定

雨水径流量与总降雨量的比值称为径流系数，用符号 ψ 表示，即

$$\psi=\frac{\text{径流量}}{\text{降雨量}}$$

根据定义，其值小于 1。

影响径流系数 ψ 的因素很多，如汇水面积上地面覆盖情况、建筑物的密度与分布地形、地貌、地面坡度、降雨强度、降雨历时等。其中主要影响因素是汇水面积上的地面覆盖情况和降雨强度的大小。目前，在设计计算中通常根据地面覆盖情况按经验来定。《室外排水设计规范》GB 50014—2006 中有关径流系数的取值见表 3-6。

表 3-6　径流系数 ψ 值

地面种类	径流系数 ψ 值
各种屋面、混凝土和沥青路面	0.85~0.95
大块铺砌路面和沥青表面处理的碎石路面	0.55~0.65
级配碎石路面	0.40~0.50
干砌砖石和碎石路面	0.35~0.45
非铺砌土路面	0.25~0.35
公园和绿地	0.10~0.20

实际设计计算中，在同一块汇水面积上，兼有多种地面覆盖的情况，需要计算整个汇水面积上的平均径流系数 ψ_{av} 值。

$$\psi_{av}=\frac{\sum(F_i\psi_i)}{F} \tag{3-22}$$

式中　ψ_{av}——汇水面积上的平均径流系数；

F_i——汇水面积上各类地面的面积，单位为 hm^2；

ψ_i——相应于各类地面的径流系数；

F——全部汇水面积，单位为 hm^2。

【例 3-1】 某小区各类地面 F_i 及 ψ_i 值见表 3-7，求该小区平均径流系数 ψ_{av} 值。

【解】 由表 3-7 求得 $F=\sum F_i=5.0(hm^2)$，则

$$\psi_{av}=\frac{\sum(F_i\psi_i)}{F}$$

$$=\frac{1.6\times0.9+0.8\times0.9+0.8\times0.4+0.9\times0.3+0.9\times0.15}{5}=0.577$$

表 3-7　某小区平均径流系数计算表

地面种类	面积 F_i/hm^2	采用 ψ_i 值
屋面	1.6	0.90
沥青道路及人行道	0.8	0.90
圆石路面	0.8	0.40
非铺砌土路面	0.9	0.30
绿地	0.9	0.15
合　计	5.0	0.577

在设计中可采用区域综合径流系数。国内部分城市采用的综合径流系数 ψ 值见表 3-8。

表 3-8　国内部分城市采用的综合径流系数

城市	综合径流系数 ψ	城市	综合径流系数 ψ
上海	一般 0.50～0.60，最大 0.80，新建小区 0.40～0.44，某工业区 0.40～0.50	北京	建筑极稠密的中心区 0.70，建筑密集的商业、居住区 0.60，城郊一般规划区 0.55
无锡	一般 0.50，中心区 0.70～0.75	西安	城区 0.54，郊区 0.43～0.47
常州	0.55～0.60	齐齐哈尔	0.30～0.50
南京	0.50～0.70	佳木斯	0.30～0.45
杭州	小区 0.60	哈尔滨	0.35～0.45
宁波	0.50	吉林	0.45
长沙	0.60～0.90	营口	郊区 0.38，市区 0.45
重庆	一般 0.70，最大 0.85	白城	郊区 0.35，市区 0.38
成都	0.60	四平	0.39
广州	0.50～0.90	通辽	0.38
济南	0.60	浑江	0.40
天津	0.30～0.90	唐山	0.50
兰州	0.60	保定	0.50～0.70
贵阳	0.75	昆明	0.60
		西宁	半建成区 0.30，基本建成区 0.50

一般城市市区的综合径流系数采用 $\psi=0.5\sim0.8$，城市郊区的径流系数采用 $\psi=0.4\sim0.6$。随着各城市规模的不断扩大，不透水的面积迅速增加，在设计时应从实际情况考虑，综合径流系数可取较大值。《室外排水设计规范》GB 50014—2006 推荐的城市综合径流系数取值见表 3-9。

表 3-9　城市综合径流系数

区域情况	ψ 值
城市建筑密集区	0.60～0.85
城市建筑较密集区	0.45～0.60
城市建筑稀疏区	0.20～0.45

2. 设计暴雨强度的确定

（1）设计重现期 p 的确定　一般情况下，低洼地段采用的设计重现期应大于高地；干管采用的设计重现期应大于支管；工业区采用的设计重现期应大于居住区。市区采用的设计重现期应大于郊区。

设计重现期 p 的最小值不宜低于0.33a，一般地区选用0.5~3a，对于重要干道或短期积水可能造成严重损失的地区，一般选用3~5a，并应与道路设计相协调。特别重要的地区，可根据实际情况采用较高的设计重现期。在同一设计地区，可采用同一重现期或不同重现期。

（2）设计降雨历时的确定　对于雨水管道某一设计断面，集水时间 t 是由地面雨水集水时间 t_1 和管内雨水流行时间 t_2 两部分组成，如图3-18所示。所以，设计降雨历时可用下式表达：

$$t=t_1+mt_2 \tag{3-23}$$

式中　t——设计降雨历时，单位为min；

t_1——地面雨水集水时间，单位为min；

t_2——设计管段管内雨水流行时间，单位为min；

m——折减系数，暗管 $m=2$，明渠 $m=1.2$，陡坡地区暗管采用1.2~2。

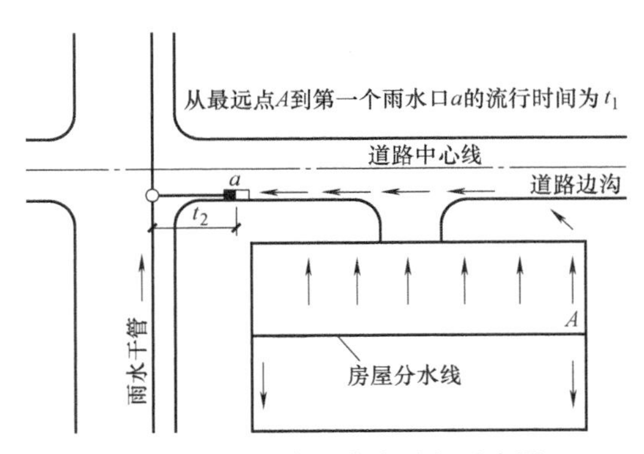

图3-18　设计断面集水时间示意图

1）地面雨水集水时间 t_1 的确定。

地面雨水集水时间 t_1 是指雨水从汇水面积上最远点 A 到第1个雨水口 a 的地面雨水流行时间。

地面雨水集水时间 t_1 的大小主要受地形坡度、地面铺砌及地面植被情况、水流路程的长短、道路的纵坡和宽度等因素的影响，这些因素直接影响水流沿地面或边沟的流行速度。其中，雨水流程的长短和地面坡度的大小是影响集水时间最主要的因素。

根据《室外排水设计规范》中规定：一般采用5~15min。按经验值，在汇水面积较小，地形较陡，建筑密度较大，雨水口分布较密的地区，宜采用较小的 t_1 值，可取 $t_1=5\sim8$min；而在汇水面积较大，地形较平坦，建筑密度较小，雨水口分布较疏的地区，宜采用较大值，可取 $t_1=10\sim15$min。起点检查井上游地面雨水流行距离以不超过120~150m为宜。

2）管内雨水流行时间 t_2 的确定。

管内雨水流行时间 t_2 是指雨水在管内从第一个雨水口流到设计断面的时间。它与雨水在管内流经的距离及管内雨水的流行速度有关，可用下式计算：

$$t_2=\sum\frac{L}{60v} \tag{3-24}$$

式中　t_2——管内雨水流行时间，单位为min；

L——各设计管段的长度，单位为m；

v——各设计管段满流时的流速，单位为m/s。

60指单位换算系数。

3）折减系数 m 值的确定。

管道内的水流速度也是由0逐渐增加到设计流速的。雨水在管内的实际流行时间大于设计水流时间。此外，雨水管道各管段的设计流量是按照相应于该管段的集水时间的设计暴雨强度来设计计算的。因此在一般情况下，各管段的最大流量不大可能在同一时间内发生。折减系数实际是苏林系数和管道调蓄利用系数两者的乘积，所以折减系数 $m=2.0$。

为使计算简便，《室外排水设计规范》中规定：暗管采用 $m=2.0$。对于明渠，为防止雨水外溢的可能，暗管应采用 $m=1.2$。在陡坡地区，不能利用空隙容量，暗管采用 $m=1.2\sim2.0$。

综上所述，当设计重现期、设计降雨历时、折减系数确定后，计算雨水管渠的设计流量所用的设计暴雨强度公式及流量公式可写成

$$q=\frac{167A_1(1+c\lg p)}{(t_1+mt_2+b)^n} \tag{3-25}$$

$$Q=\frac{167A_1(1+c\lg p)}{(t_1+mt_2+b)^n}\psi F \tag{3-26}$$

式中　q——设计暴雨强度，单位为（L/s）/hm²；

Q——雨水设计流量，单位为 L/s；

ψ——径流系数，其值小于1；

F——汇水面积，单位为 hm²；

p——设计重现期，单位为 a；

t_1——地面集水时间，单位为 min；

t_2——管渠内雨水流行时间，单位为 min；

m——折减系数；

A_1、c、b、n——地方参数。

对于雨水设计管段 i 的流量计算公式可写为

$$Q_i=\frac{167A_1(1+c\lg p)}{(t_1+mt_2+b)^n}\sum\psi_iF_i \quad (i=1,2,3,\cdots,n) \tag{3-27}$$

式中　Q_i——第 i 管段雨水设计流量，单位为 L/s；

F_i——第 i 管段所承担的汇水面积，单位为 hm²；

ψ_i——第 i 管段所承担的汇水面积上的径流系数。

其他参数意义同上。

3. 单位面积径流量的确定

单位面积径流量 q_0 是暴雨强度 q 与径流系数 ψ 的乘积，即

$$q_0=q\psi=\frac{167A_1(1+c\lg p)}{(t_1+mt_2+b)^n}\psi \tag{3-28}$$

对于某一具体工程来说，式中 p、t_1、ψ、A_1、b、c、n 均为已知数。因此，只要求得符合各计算管段内的雨水流行时间 t_2，即可求出相应设计管段的 q_0 值。则相应设计雨水流量为

$$Q=q_0F \tag{3-29}$$

4. 雨水管渠水力计算设计参数

（1）设计充满度　雨水管渠按满流来设计，即充满度 $h/D=1$。对于明渠，超高不得小于 0.2m；对于街道边沟，超高应大于或等于 0.3m。

（2）设计流速　《室外排水设计规范》中规定，雨水管渠（满流时）的最小设计流速为

0.75m/s。由于明渠内发生淤积后易于清除、疏通，所以可采用较低的设计流速。一般明渠内最小设计流速为0.4m/s。

为防止管壁及渠壁因冲刷而损坏，雨水管道最大设计流速：金属管道为10m/s，非金属管道为4m/s。明渠最大设计流速则根据其内壁材料的抗冲刷性质，按设计规范选用，见表3-10。

表3-10　明渠最大设计流速

明渠类别	最大设计流速/$m \cdot s^{-1}$	明渠类别	最大设计流速/$m \cdot s^{-1}$
粗砂或低塑性粉质黏土	0.8	草皮护面	1.6
粉质黏土	1.0	干砌石块	2.0
黏土	1.2	浆砌石块或浆砌砖	3.0
石灰岩或中砂岩	4.0	混凝土	4.0

（3）最小管径　《室外排水设计规范》中规定，在街道下的雨水管道最小管径为300mm，雨水口连接管最小管径为200mm。

（4）最小坡度　关于雨水管道最小管径和最小坡度的规定，见表3-11。

表3-11　雨水管道最小管径和最小坡度

管道类别	最小管径/mm	最小坡度
雨水管道和合流管道	300	0.002
雨水口连接管道	200	0.01

（5）最小埋深与最大埋深　具体规定与污水管道相同。

（6）管渠的断面形式　雨水管渠一般采用圆形断面，当直径超过2000mm时也采用矩形、半椭圆形或马蹄形断面，明渠一般采用梯形断面。

5. 雨水管道水力计算方法

雨水管道水力计算仍按均匀流考虑，其水力计算公式与污水管道相同，按满流计算，即：$h/D=1$。

在设计计算中，常采用根据公式绘制成的水力计算图或水力计算表；在工程设计中，通常是在选定管材后，n值即为已知数，雨水管道通常选用的是混凝土或钢筋混凝土管，其管壁粗糙系数n一般采用0.013。设计流量Q是经过计算后求得的已知数。因此只剩下3个未知数D、v及i。在实际应用中，可参考地面坡度假定管底坡度，并根据设计流量值，从水力计算图或水力计算表中求得D及v值，并使所求得的D、v、i值符合水力计算基本参数的规定。

【例3-2】　已知：钢筋混凝土圆管，充满度$h/D=1$，粗糙度$n=0.013$，设计流量$Q=200L/s$，设计地面坡度$i=0.004$，确定该管段的管径D、流速v和管底坡度i。

【解】　1）采用圆管满流，$n=0.013$，钢筋混凝土管水力计算图如图3-19所示。

2）在横坐标上找出$Q=200L/s$的点，向上做垂线，与坡度$i=0.004$相交于点A，在A点可得到$v=1.17m/s$，其值符合规定。而D值介于400~500mm之间，不符合管材规格的要求。需要调整管径D。

3）当采用$D=400mm$时，则$Q=200L/s$的垂线与$D=400mm$斜线相交于点B，从图中得到$v=1.60m/s$，符合规定，而$i=0.0092$与地面坡度$i=0.004$相差很大，势必增大管道埋

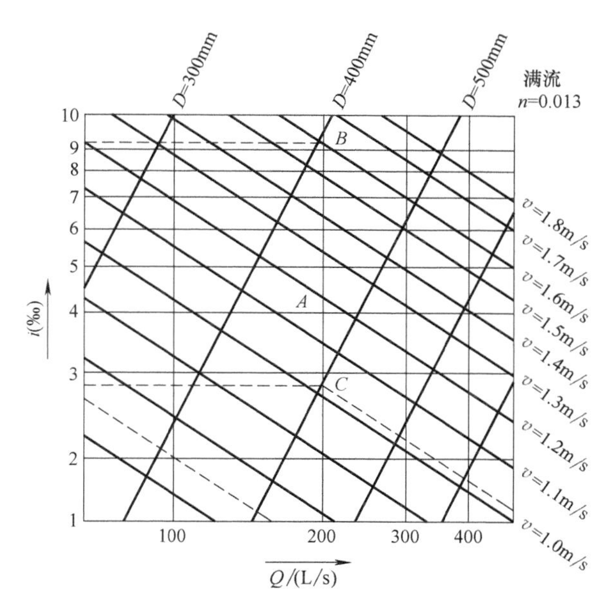

图 3-19 钢筋混凝土管水力计算图

深，不宜采用。

4）如果采用 $D=500\text{mm}$ 时，则 $Q=200\text{L/s}$ 的垂线与 $D=500\text{mm}$ 斜线相交于点 C，从图中得出 $v=1.02\text{m/s}$，$i=0.0028$。此结果既符合水力计算要求，又不会增大管道埋深。

6. 雨水管渠断面设计

采用暗管或明渠排除雨水，涉及工程投资、环境卫生及管渠养护管理等方面的问题，在设计时应因地制宜，结合具体条件确定。

7. 雨水管渠的设计方法和步骤

雨水管渠的设计通常按以下步骤进行：

1）收集并整理设计地区各种原始资料（如地形图、排水工程规划图、水文、地质、暴雨等）作为基本的设计数据。

2）划分排水流域，进行雨水管道定线。

3）划分设计管段。

4）划分并计算各设计管段的汇水面积。

5）根据排水流域内各类地面的面积值或所占比例，计算出该排水流域的平均径流系数。另外，也可根据规划的地区类别，采用区域综合径流系数。

6）确定设计重现期 p 及地面集水时间 t_1。

设计时，应结合该地区的地形特点、工程建设性质和气象条件选择设计重现期 p，各排水流域雨水管道的设计重现期可选用同一值，也可选用不同值。

根据设计地区建筑密度情况、地形坡度和地面覆盖种类、街道内是否设置雨水管渠，确定雨水管道的地面集水时间 t_1。

7）确定管道的埋深与衔接。

根据管道埋设深度的要求，必须保证管顶的最小覆土厚度，在车行道下时一般不低于0.7m。此外，应结合当地埋管经验确定。当在冰冻层内埋设雨水管道，如有防止冰冻膨胀破坏管道的措施时，可埋设在冰冻线以上，管道的基础应设在冰冻线以下。雨水管道的衔接，宜采用管顶平接。

8）确定单位面积径流量 q_0。

q_0是暴雨强度与径流量系数的乘积，称为单位面积径流量，即

$$q_0=\psi q=\psi\frac{167A_1(1+c\lg p)}{(t_1+b)^n}=\psi\frac{167A_1(1+c\lg p)}{(t_1+mt_2+b)^n}$$

公式中的 p、t_1、ψ、m、A_1、b、c、n 均为已知数，因此，只要求出各管段的管内雨水流行时间 t_2，就可求出相应于该管段的 q_0值；然后根据暴雨强度公式，绘制出单位面积径流量与设计降雨历时关系曲线。

9）管渠材料的选择。

雨水管道管径小于或等于 400mm，采用混凝土管；管径大于 400mm，采用钢筋混凝土管。

10）设计流量的计算。

根据流域具体情况，选定设计流量的计算方法，从上游向下游依次进行计算，并列表计算各设计管段的设计流量。

11）进行雨水管渠水力计算，确定雨水管道的坡度、管径和埋深。

计算并确定出各设计管段的管径、坡度、流速、管底标高和管道埋深。

12）绘制雨水管道平面图及纵剖面图。

绘制方法及具体要求与污水管道基本相同。

3.5 合流制排水管渠

合流制排水管渠系统是利用同一管渠排除生活污水、工业废水及雨水的排水方式。本节只介绍截流式合流制排水系统。

3.5.1 截流式合流制排水系统的工作情况与特点

截流式合流制排水系统是在同一管渠内输送多种混合污水，集中到污水处理厂处理，如图 3-20 所示，从而消除晴天时城市污水及初期雨水对水体的污染，在一定程度上满足环境保护方面的要求。另外，还具有管线单一、管渠的总长度小等优点，在节省投资、管道施工等方面较为有利。

截流式合流制排水系统的缺点是：在暴雨期间，会有部分混合污水通过溢流井排入水体，将造成水体周期性污染。另外，由于截流式合流制排水管渠的过水断面很大，而在晴天时流量小，流速低，往往在管底形成淤积，降雨时雨水将沉积在管底的大量污物冲刷起来带入水体形成严重的污染。

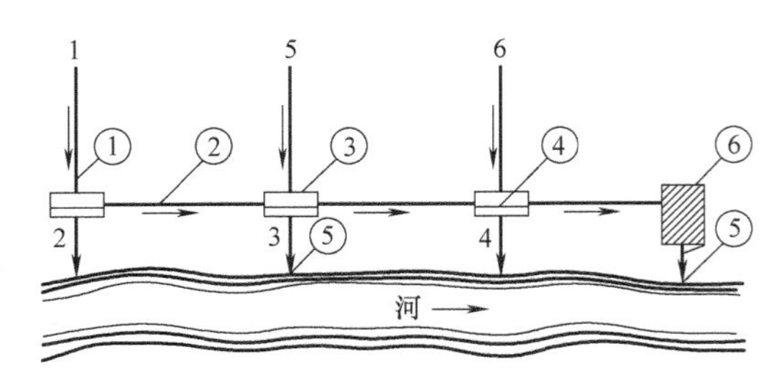

图 3-20 截流式合流制排水系统组成示意图
①—合流管道 ②—截流管道 ③—溢流井
④—溢流堰 ⑤—出水口 ⑥—污水处理厂

另外，截流管、提升泵站以及污水处理厂的设计规模都比分流制排水系统大，截流管的

埋深也比单设雨水管渠的埋深大。

3.5.2 截流式合流制排水系统的使用条件

在下列情形下可考虑采用截流式合流制排水系统：

1）排水区域内有充沛的水体，并且具有较大的流量和流速，一定量的混合污水溢入水体后，对水体造成的污染危害程度在允许范围内。

2）街区、街道的建设比较完善，必须采用暗管排除雨水时，而街道的横断面又较窄，管渠的设置位置受到限制时。

3）地面有一定的坡度倾向水体，当水体高水位时，岸边不被淹没。

4）排水管渠能以自流方式排入水体，在中途不需要泵站提升。

5）降雨量小的地区。

6）水体卫生要求特别高的地区，污水、雨水均需要处理。

对于某个地区或城市上述条件不一定能够同时满足，但可根据具体情况，酌情选用合流制排水系统。若水体距离排水区域较远，水体流量、流速都较小，城市污水中的有害物质经溢流井排入水体的浓度超过水体允许卫生标准等情况下，则不宜采用。

3.5.3 截流式合流制排水系统布置

采用截流式合流制排水管渠系统时，其布置特点及要求如下：

1）排水管渠的布置应使排水面积上生活污水、工业废水和雨水都能合理地排入管渠，管渠尽可能以最短的距离坡向水体。

2）在排水区域内，如果雨水可以沿道路的边沟排泄，这时可只设污水管道，只有当雨水不宜沿地面径流时，才布置合流管渠，截流干管尽可能沿河岸敷设，以便于截流和溢流。

3）沿水体岸边布置与水体平行的截流干管，在截流干管的适当位置上设置溢流井，以保证超过截流干管的设计输水能力的那部分混合污水，能顺利地通过溢流井就近排入水体。

4）在截流干管上，必须合理地确定溢流井的位置及数目，以便尽可能减少对水体的污染，减小截流干管的断面尺寸和缩短排放渠道的长度。

5）在汛期因自然水体的水位增高，造成截流干管上的溢流井不能按重力流方式通过溢流管渠向水体排放时，应考虑在溢流管渠上设置闸门，防止洪水倒灌；还要考虑设置排水泵站提升排放能力，这时宜将溢流井适当集中，以利于排水泵站集中抽升。

6）为了彻底解决溢流混合污水对水体的污染问题，又能充分利用截流干管的输水能力及污水处理厂的处理能力，可考虑在溢流出水口附近设置混合污水储水池，在降雨时利用储水池积蓄溢流的混合污水，待雨后将贮存的混合污水再送往污水处理厂处理。此外，储水池还可以起到沉淀池作用，可改善溢流污水的水质。但一般所需储水池容积较大，蓄积的混合污水需设泵站提升至截流管。

3.5.4 合流制排水管渠的水力计算

1. 完全合流制排水管渠设计流量的确定

完全合流制排水管渠的设计流量按下式计算：

$$Q_w = Q_s + Q_g + Q_y = Q_h + Q_y \tag{3-30}$$

式中 Q_w——完全合流制管渠的设计流量，单位为 L/s；

Q_s——生活污水设计流量，单位为 L/s；

Q_g——工业废水设计流量，单位为 L/s；

Q_h——旱流流量（指晴天时的城市污水量，即 $Q_h=Q_s+Q_g$），单位为 L/s；

Q_y——雨水设计流量，单位为 L/s。

截流式合流制排水管渠系统中溢流井上游部分实际相当于完全合流制排水管渠系统。

2. 截流式合流制排水管渠设计流量的确定

在截流式合流制排水管渠系统中，由于在截流干管上设置了溢流井，当溢流井上游合流污水流量超过截流干管的输水能力时，就会有部分合流污水经溢流井直接排入水体。当溢流井内的水量刚好达到溢流状态时，雨水流量和旱流流量的比值称为截流倍数，用 n_0 表示。n_0 值的大小应根据旱流污水的性质和水量及其总变化系数、水体环境要求以及水文、气象条件等因素计算确定。显然，n_0 的取值也决定了下游管渠的断面尺寸和污水处理厂的规模。

溢流井下游截流干管的设计雨水流量可按下式计算：

$$Q_y=n_0(Q_s+Q_g)+Q'_y \tag{3-31}$$

溢流井下游截流干管的设计总流量是上述雨水设计流量与生活污水平均流量及工业废水最大班平均流量之和，可按下式计算：

$$\begin{aligned}Q_z&=n_0(Q_s+Q_g)+Q'_y+Q_s+Q_g+Q'_h\\&=(1+n_0)(Q_s+Q_g)+Q'_y+Q'_h\\&=(1+n_0)Q_h+Q'_y+Q'_h\end{aligned} \tag{3-32}$$

式中 Q_z——溢流井下游截流干管的总设计流量，单位为 L/s；

n_0——设计截流倍数；

Q'_h——溢流井下游纳入的旱流流量，单位为 L/s；

Q'_y——溢流井下游纳入的雨水设计流量，单位为 L/s。

3. 从溢流井溢出的混合污水设计流量的确定

当溢流井上游合流污水的流量超过溢流井下游管段的截流能力时，将有一部分混合污水经溢流井处溢流，并通过排放渠道排入水体。其溢流的混合污水设计流量按下式计算：

$$Q_x=(Q_s+Q_g+Q_y)-(1+n_0)Q_h \tag{3-33}$$

式中 Q_x——经溢流井处溢流的混合污水设计流量，单位为 L/s。

3.5.5 截流式合流制管渠的水力计算要点

截流式合流制排水管渠一般按满流设计。其水力计算方法、水力计算数据，包括设计流速、最小坡度、最小管径、覆土厚度以及雨水口布置要求与分流制中雨水管道的设计基本相同。

合流制排水管渠水力计算内容包括以下内容：

1. 溢流井上游合流管渠的计算

溢流井上游合流管渠的计算与雨水管渠的计算基本相同，只是它的设计流量包括设计污水量、工业废水量和设计雨水量。

2. 截流式合流制管渠的雨水设计重现期

截流式合流制管渠的雨水设计重现期，可适当高于同一情况下雨水管道的设计重现期的

10%~25%。因为合流管渠一旦溢出，溢出混合污水比雨水管道溢出的雨水所造成的危害更为严重，所以为防止出现这种情况，应从严掌握合流管渠的设计重现期和允许的积水程度。

3. 截流干管和溢流井的计算

合理地确定所采用的截流倍数 n_0 值。截流倍数 n_0 应根据旱流污水的水质、水量、总变化系数、水体的卫生要求及水文气象等因素经计算确定。工程实践证明，截流倍数 n_0 值采用2.6~4.5时，比较经济合理。

《室外排水设计规范》规定，截流倍数一般采用1~5。在同一排水系统中可采用同一截流倍数或不同截流倍数。合流制排水系统宜采取削减雨天排放污染负荷的措施，包括：

1）合流管渠的雨水设计重现期可适当高于同一情况下的雨水管道设计重现期。

2）提高截流倍数，增加截流初期雨水量。

3）有条件地区可增设雨水调蓄池或初期雨水处理措施。

经多年工程实践，我国多数城市一般采用截流倍数 $n_0=3$。美国、日本及西欧等国家多采用 $n_0=3\sim5$。

4. 晴天旱流流量的校核

晴天旱流流量应能满足污水管渠最小流速的要求，一般不宜小于0.35~0.5m/s。当不能满足时，可修改设计管渠断面尺寸和坡度。

3.6 排水管材及附属构筑物

排水管道必须具有足够的强度，以承受外部的载荷和内部的水压。为了保证运输和施工中不致破裂，也必须使管道具有足够的强度。排水管道还应具有抵抗污水中杂质的冲刷和磨损的作用，也应该具有耐蚀性，以免在污水或地下水的侵蚀作用下很快损坏。排水管道必须不透水，以防止污水渗出或地下水渗入。排水管道内壁应光滑，使水流阻力尽量减小，另外应就地取材，并考虑到快速施工的可能，尽量节省造价。根据管道材质不同，排水管道的材料有：混凝土、钢筋混凝土、石棉水泥、陶土、铸铁、塑料等。

市政排水多采用预制的混凝土管和钢筋混凝土管。近几十年来，随着塑料管的原料合成生产、管材管件制造技术、设计理论和施工技术等方面的发展和完善，塑料管在市政管道工程中得到了突飞猛进的发展，并逐步占据了相当重要的地位。

3.6.1 陶土管

陶土管是由塑性黏土制成的。为了防止在焙烧过程中产生裂缝，通常按一定比例加入耐火黏土及石英砂，经过研细、调和、制坯、烘干、焙烧等过程制成。根据需要可制成无釉、单面釉的陶土管。若采用耐酸黏土和耐酸填充物，还可以制成特种耐酸陶土管。

陶土管一般制成圆形断面，有承插式和平口式两种形式，如图3-21所示。

陶土管口径较小，一般用于浅埋的排水管道，如雨水口连接管；缸瓦管有单面釉和双面釉两种产品，普遍用做生活污水管道和酸性废水管道；陶瓷管由高岭土等材料成型后焙烧而成，用做高级耐腐蚀管道。随着塑料工艺的发展，这类管道的使用越来越少。

普通陶土管最大公称直径300mm，有效长度800mm，适用于居民区室外排水管。耐酸陶土管最大公称直径一般在400mm以内，最大可做到800mm。

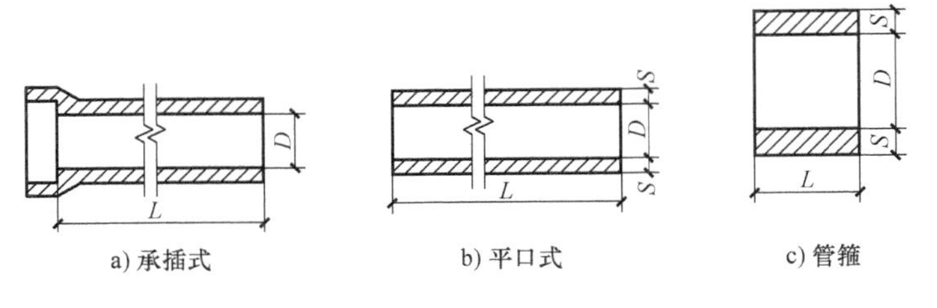

图 3-21 陶土管接口形式

3.6.2 金属管

常用的金属管有铸铁管及钢管。市政重力流排水管道一般很少采用金属管，只有当排水管道承受高内压、高外压或对渗漏要求特别高的地方，如排水泵站的进出水管，穿越铁路、河道的倒虹管或靠近给水管道和房屋基础时，才采用金属管。在地震强度大于 8 级的地区或地下水位高、流沙严重的地区采用金属管。

金属管道质地坚固，抗压、抗震、抗渗性能好；内壁光滑，水流阻力小；管道每节长度大，接头少。但价格高，钢管抗酸碱腐蚀及地下水侵蚀的能力差。因此，在采用钢管时必须涂刷耐腐蚀的涂料并注意绝缘。

3.6.3 预制混凝土管和钢筋混凝土管

预制混凝土管和钢筋混凝土管分混凝土管、轻型钢筋混凝土管、重型钢筋混凝土管几种，可以在专门的厂家预制，也可以现场浇筑。管口形状有承插口、圆弧口、平口、企口等，如图 3-22 所示。

图 3-22 混凝土管接口形式

混凝土管道和钢筋混凝土管道便于就地取材，制造方便，而且可以根据抗压的不同要求，制成无压管、低压管、预应力管等，因此在排水工程中被普遍采用。其主要缺点是抵抗酸、碱侵蚀及抗渗性能较差，管节短，接头多，施工复杂。另外大管径管道的自重大，搬运不方便。在地震强度大于 8 级的地区及饱和松砂、淤泥和淤泥土质、冲填土的地区不宜敷设。混凝土管的管径一般小于 450mm，长度多为 1m，适用于管径较小的无压管。在管道埋深较大或敷设在土质条件不良地段，当管径大于 400mm 时通常都采用钢筋混凝土管。

3.6.4　塑料管

塑料以合成树脂为主要成分，是一种高分子材料。它具有许多独特的优异性能，特别是质量轻，耐腐蚀性能好。德国在1937年首先采用硬质聚氯乙烯（UPVC）塑料管作为供排水及输送酸等腐蚀性强的液体的管道材料。我国的塑料管道应用较晚，逐步应用在各行各业，常用在市政排水工程中的塑料管道有：硬质聚氯乙烯管（UPVC）、聚乙烯管（PE）、玻璃钢夹砂管（FRP）等。

1. 硬质聚氯乙烯管（UPVC）

硬质聚氯乙烯管（UPVC）是目前国内外都在大力发展和应用的新型化学建材，根据其生产工艺的不同又分为径向加筋管、螺旋缠绕管、双壁波纹管等。

（1）径向加肋管　聚氯乙烯径向加肋管是采用特殊模具和成型工艺生产的UPVC塑料管，其特点是减小了管壁厚度，同时还提高了管体承受外压载荷的能力，管外壁上带有径向加强肋，起到了提高管材环向刚度和耐外压强度的作用。此种管材在相同的外载荷能力下，比普通UPVC管节约30%左右的原料。

（2）螺旋缠绕管　螺旋缠绕管是由带有T形肋的UPVC塑料板材卷制而成，板材之间由快速嵌接的自锁机构锁定，在自锁机构中加入粘结剂粘合。这种制管技术的最大特点是可以在现场按工程需要卷制成不同直径的管道，管径为150~1600mm。

（3）双壁波纹管　聚氯乙烯波纹管管壁纵截面由两层结构组成，外层为波纹状，内层光滑，这种管材比普通UPVC管节省40%的原料，并且有较好的承受外载荷能力。

2. 聚乙烯管（PE）

聚乙烯管按其密度不同分为高密度聚乙烯管（HDPE）、中密度聚乙烯管（MDPE）和低密度聚乙烯管（LDPE）。HDPE管具有较高的强度和刚度；MDPE管除了具有HDPE管的耐压强度外，还具有良好的柔性和抗蠕变性能；LDPE管的柔性、伸长率、耐冲击性能较好，尤其是耐化学稳定性和抗高频绝缘性能良好。

在国外，HDPE管和MDPE管被广泛用作城市燃气管道、城市供水管道和城市排水管道，目前国内的HDPE管和MDPE管主要用作城市燃气管道、市政排水管道。

3. 玻璃钢夹砂管（FRP）

玻璃钢夹砂管是采用短玻璃纤维离心或长玻璃纤维缠绕、中间夹砂工艺制作。管壁略厚，环向刚度较大，可用作承受内、外压的埋地管道。玻璃钢夹砂管具有强度高、质量轻、耐腐蚀等特点，可用于化工等工业管道，尤其适用于做大口径市政给水排水管道。

通常的玻璃钢夹砂管由内衬层、结构层和表面层构成。内衬层的树脂含量很高，具有很好的防腐、防渗功能；结构层由连续纤维缠绕层和树脂砂浆层组成，起承受载荷、抵抗变形的作用；表面层由抗老化添加剂和树脂配制而成，能防止大气老化等。

玻璃钢夹砂管有如下特点：

1）材质具有优良的耐腐蚀特性。

2）水力特性上因其内壁非常光滑，粗糙率和摩阻力很小，能显著减少沿程的流体压力损失，因此输送能力比同口径钢筋混凝土管和钢管大，作为污水压力管使用还有节能作用。

3）它重量轻，不仅便于运输、装卸和吊装，而且对管下地基的承载力要求低。

4）管道接口采用F形柔性接口，管节间不均匀沉降时不易发生接口渗漏，顶管施工纠偏方便。

4. 模压聚丙烯管（FRPP）

模压聚丙烯管以聚丙烯作为原料并掺入一定量的玻璃纤维，采用模压成型工艺。该管材具有质量轻、强度高、耐腐蚀、水阻力系数小、接口方便、水密性能好等优点，用于市政排水管道，不仅施工快、周期短，且能适应管道的不均匀沉降，使用寿命可达80年以上。

3.6.5 排水管道的接口形式

排水管道的不透水性和耐久性在很大程度上取决于敷设管道时接口的质量。管道接口应具有一定足够的强度、不透水性、能抵抗污水或地下水的侵蚀并有一定的弹性，根据接口的弹性，一般分为柔性、刚性、半刚性三种形式。

柔性接口允许管道纵向轴线交错3~5mm或交错有一个较小的角度，而不致引起渗漏，常用的柔性接口有沥青卷材及橡胶圈接口。沥青卷材接口用在无地下水、地基软硬不一，沿管道轴向沉陷不均匀的无压管道上。橡胶圈接口使用范围更加广泛，特别是在地震区，对管道抗震有显著作用。柔性接口施工复杂，造价较高，在地震区有它独特的优越性。

刚性接口不允许管道有轴向的交错，但比柔性接口施工简单、造价较低，因此采用较广泛。常用的刚性接口有水泥砂浆抹带接口和钢丝网水泥砂浆抹带接口。刚性接口抗展性能差，用在地基比较良好，有带形基础的无压管道上。半柔半刚性接口介于柔性和刚性两种形式之间，使用条件与柔性接口类似，常用的是预制套环石棉水泥接口。

下面介绍几种常用的接口方法。

（1）水泥砂浆抹带接口　在管子接口处用1∶(2.5~3)水泥砂浆抹成半椭圆形或其他形状的砂浆带，带宽120~150mm，属于刚性接口。一般适用于地基土质较好的雨水管道，或用于地下水位以上的污水支线上。企口管、平口管、承插管均可采用此种接口。

（2）钢丝网水泥砂浆抹带接口　它属于刚性接口，将抹带范围的管外壁凿毛，抹一层厚5mm的1∶2.5水泥砂浆，中间采用20号10mm×10mm钢丝网一层，两端插入基础混凝土中，上面再抹一层厚10mm砂浆。这适用于地基土质较好的具有带形基础的雨水、污水管道上。

（3）橡胶圈接口　它属于柔性接口，接口结构简单，施工方便，适用于施工地段土质较差、地基硬度不均匀，或地震地区。

（4）预制套环石棉水泥（或沥青砂）接口　预制套环石棉水泥（或沥青砂）接口属于半刚半柔接口，石棉水泥质量比为水：石棉：水泥=1∶3∶7（沥青砂质量比为沥青：石棉：砂=1∶0.67∶0.67）。这适用于地基不均匀地段，或地基经过处理后管道可能产生不均匀沉陷且位于地下水位以下，内压低于10m的管道上。

（5）石棉沥青卷材接口　它属于柔性接口，石棉沥青卷材由工厂加工，沥青砂质量比为沥青：石棉：细砂=7.5∶1∶2.5，先将接口处管壁刷净烤干，涂上一层冷底子油，再刷厚3mm沥青玛蹄脂，包上石棉沥青卷材，涂厚3mm的沥青砂，这称为“三层做法”。

若再加卷材和沥青砂各一层，便称为“五层做法”，一般适用于地基沿管道轴向沉陷不均匀地区。

（6）顶管施工常用的接口形式　混凝土（或铸铁）内套环石棉水泥接口，一般适用于污水管道；沥青油毡石棉水泥接口，麻辫（或塑料圈）石棉水泥接口，一般适用于雨水管道。

3.7　给排水管道工程图的绘制和识读

3.7.1　管道识图基础

1. 管道的单、双线图

管道工程图按管道的图形分为两种：一种是用一根线条画成的管子（件）的图样，称为单线图，另一种是用两根线条画成的管子（件）的图样，称为双线图。在管道的各种施工图中常使用的是单线图，在大样图或详图中，则使用双线图。

2. 管道的平、立、侧面图

1）正立面图（也称主视图）是将管道（或管子、管件）从前面向着后面的正立投影面投射，即得到该管道（或管子、管件）在正立投影面上的图形。

2）平面图（也称俯视图）是将管道（或管子、管件）从上面向着下面的水平投影面投射，即得到该管道（或管子、管件）在水平投影面上的图形。

3）左侧立面图（也称左视图）是将管道（或管子、管件）从左侧向着右侧的立面投影面投射，即得到该管道（或管子、管件）在右侧立投影面上的图形。

4）右侧立面图（也称左视图）是将管道（或管子、管件）从右侧向着左侧的立面投影面投射，即得到该管道（或管子、管件）在左侧立投影面上的图形。

如图 3-23～图 3-26 所示。

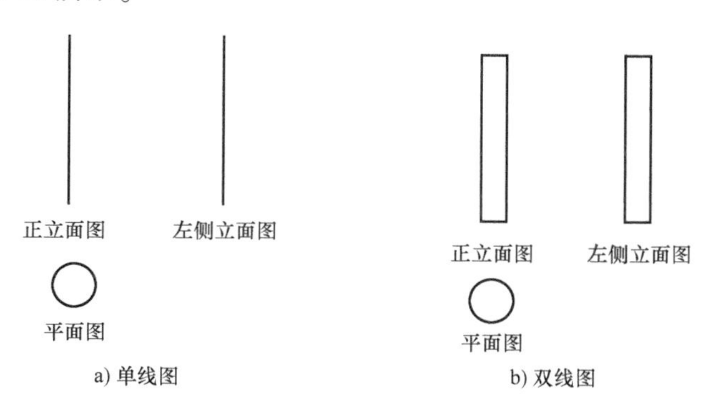

图 3-23　管道平、立、侧面图

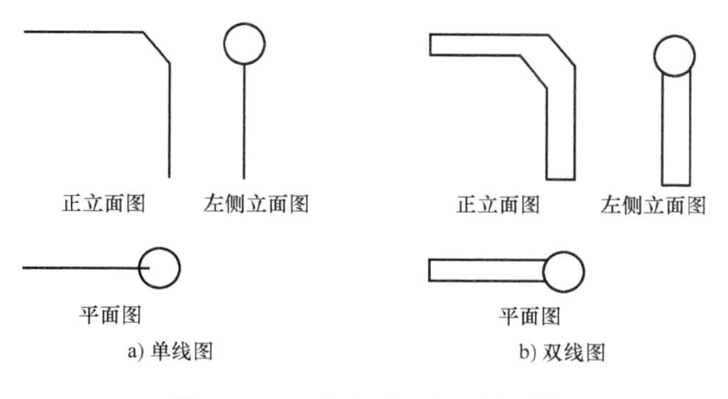

图 3-24　90°弯头平、立、侧面图

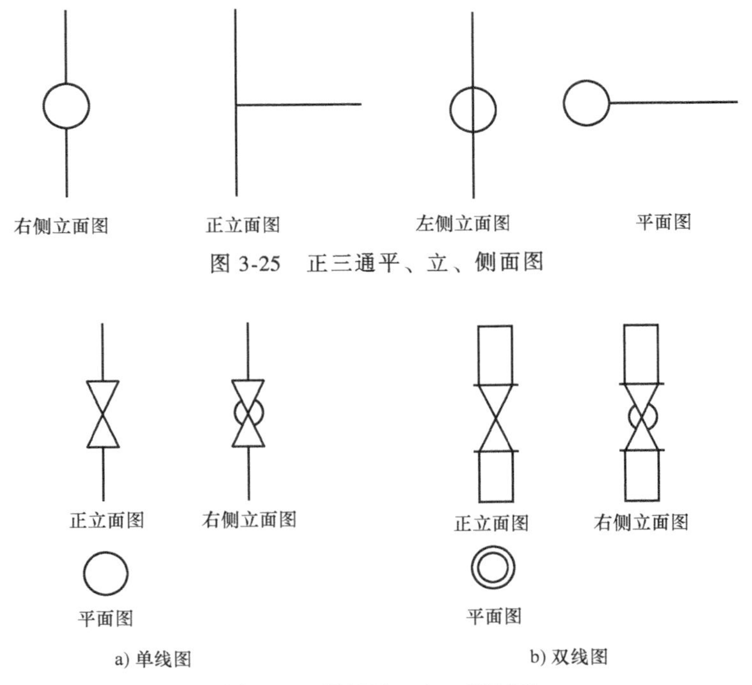

图 3-25 正三通平、立、侧面图

图 3-26 阀门平、立、侧面图

3. 管道的剖面图及节点图

利用平面将物体某处切断，只画出被切断处的断面形状，并在被切断面上画出剖面符号，这种图形称为剖面图。

当管道平面图、立面图和剖面图等图样对某一节点部位无法表达清楚时，需要绘制节点图。管道的节点图就是管道图某个局部（通常称为节点图）的放大图。

3.7.2 市政给水排水施工图识读

市政给水排水工程图主要有给水排水平面图、给水排水管道断面图和给水排水节点图三种图样。

1. 市政给水排水平面图

市政给水排水平面图是室外给水排水工程图中的主要图样之一，它表示室外给水排水管道的平面布置情况。

下面通过图例来识读室外给水排水工程图。某室外给水排水平面图如图 3-27 所示。图中表示了三种管道：给水管道、污水排水管道和雨水排水管道。

（1）给水管道的识读　从图 3-27 上可以看出，给水管道设有 6 个节点，6 条管道。

6 个节点是：J_1 为水表井；J_2 为消火栓井；J_3~J_6 为阀门井。

6 条管道是：第 1 条是干管：由 J_1 向西至 J_6 止，管径由 *DN*100 变为 *DN*75；第 2 条是支管 1：由 J_2 向北至 XH 止，管径为 *DN*100；第 3 条是支管 2：由 J_3 向北至 $\frac{J}{4}$ 止，管径为 *DN*50；第 4 条是支管 3：由 J_4 向北至 $\frac{J}{3}$ 止，管径为 *DN*50；第 5 条是支管 4：由 J_5 向北至 $\frac{J}{2}$ 止，管径为 *DN*50；第 6 条是支管 5：由 J_6 向北至 $\frac{J}{1}$ 止，管径为 *DN*50。

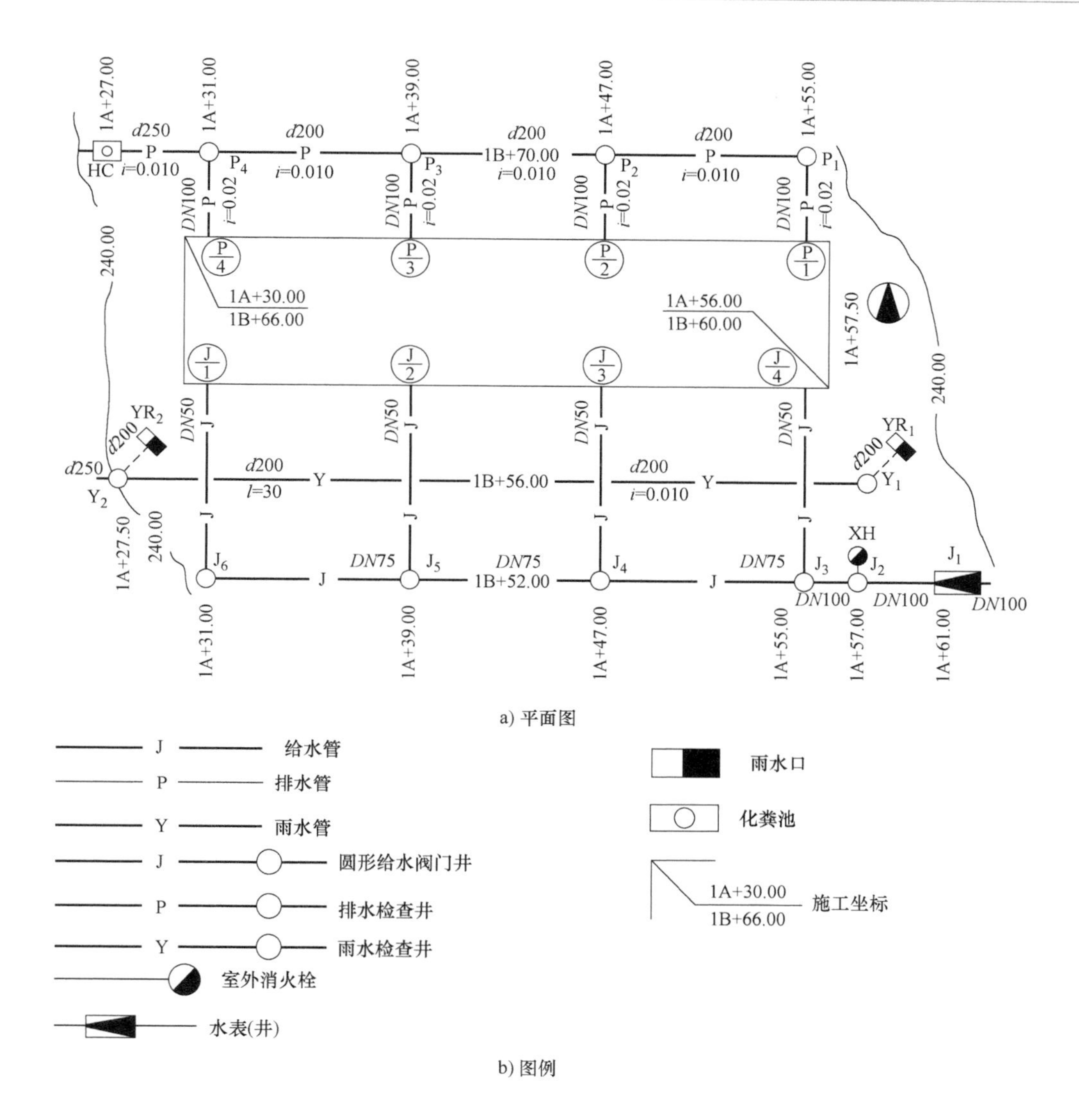

a) 平面图

b) 图例

图 3-27　某室外给水排水平面图及图例

（2）污水排水管道的识读　从图 3-27 上可以看出，污水排水管道设有 4 个污水检查井，1 个化粪池，4 条排出管，1 条排水干管。

4 个污水检查井，由东向西分别是 P_1、P_2、P_3、P_4；化粪池为 HC。4 条排出管由东向西分别是：第 1 条排出管由$\frac{P}{1}$向北至 P_1 止，管径为 $DN100$，$L=4.00$m，$i=0.02$；第 2 条排出管由$\frac{P}{2}$向北至 P_2 止，管径为 $DN100$，$L=4.00$m，$i=0.02$；第 3 条排出管由$\frac{P}{3}$向北至 P_3 止，管径为 $DN100$，$L=4.00$m，$i=0.02$；第 4 条排出管由$\frac{P}{4}$向北至 P_4 止，管径为 $DN100$，$L=4.00$m，$i=0.02$。排水干管：由 P_1 向西经 P_2、P_3、P_4 至 HC，$i=0.010$，其中 P_1 至 P_4 管径为 $d200$，$L=24.00$m；P_4 至 HC，管径为 $d250$，$L=4.00$m。

（3）雨水管道的识读　从图 3-27 上可以看出，雨水管道设有 2 个雨水口，2 个雨水检查井，2 条雨水支管和 1 条雨水干管。2 个雨水口是 YR_1 和 YR_2；2 个雨水检查井是 Y_1 和

Y_2。2 条雨水支管是雨水支管 1：由 YR_1 向西南 45°方向至 Y_1 止，管径为 $d200$；雨水支管 2：由 YR_2 向西南 45°方向至 Y_2 止，管径为 $d200$。雨水干管：由 Y_1 向西至 Y_2，管径为 $d200$，$L=30.00\text{m}$，$i=0.010$。

2. 市政给水排水管道断面图

市政给水排水管道断面图分为给水排水管道纵断面图和给水排水管道横断面图两种，其中常用的是给水排水管道纵断面图。市政给水排水管道纵断面图是室外给水排水工程图中的重要图样，它主要反映市政给水排水平面图中某条管道在沿线方向的标高变化、地面起伏、坡度、坡向、管径和管基等情况。下面介绍给水排水管道纵断面图的识读方法。

(1) 管道纵断面图的识读步骤

1) 首先看是哪种管道的纵断面图，然后看该管道纵断面图形中有哪些节点。

2) 在相应的室外给水排水平面图中查找该管道及其相应的各节点。

3) 在该管道纵断面图的数据表格内查找其管道纵断面图形中各节点的有关数据。

(2) 管道纵断面图的识读

1) 图 3-28 是图 3-27a 中给水管道纵断面图。

2) 图 3-29 是图 3-27a 中污水排水管道纵断面图。

3) 图 3-30 是图 3-27a 中雨水管道纵断面图。

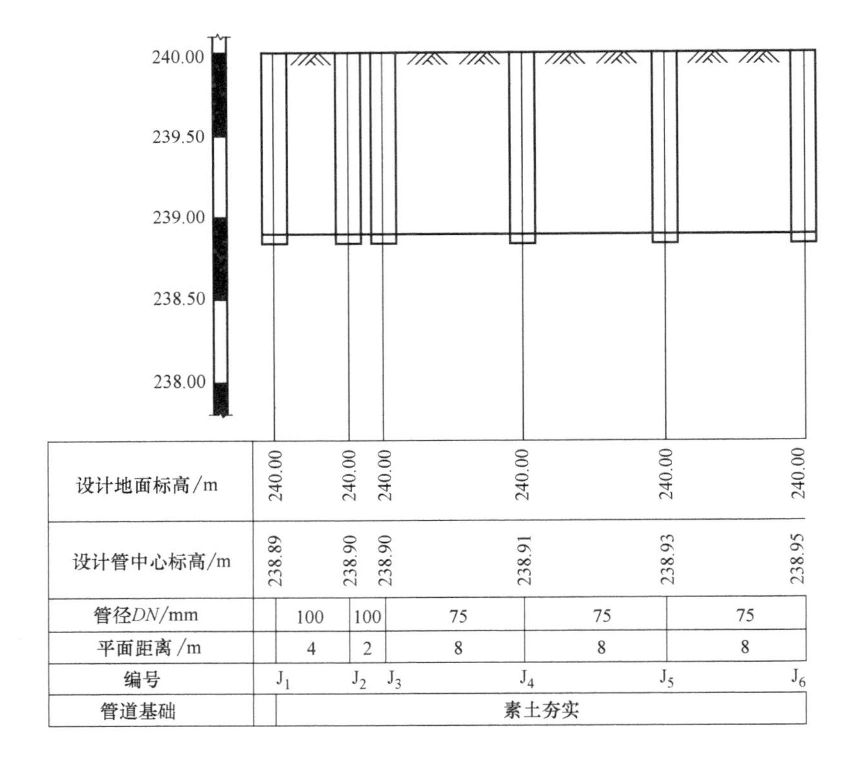

设计地面标高/m	240.00		240.00		240.00		240.00		240.00		240.00
设计管中心标高/m	238.89		238.90		238.90		238.91		238.93		238.95
管径DN/mm		100		100		75		75		75	
平面距离/m		4		2		8		8		8	
编号	J_1		J_2		J_3		J_4		J_5		J_6
管道基础	素土夯实										

图 3-28　给水管道纵断面图

以图 3-28 为例讲解室外给水管道纵断面图的识读；该图从节点 J_1 至 J_6 共 6 个节点，其中节点 J_1 的设计地面标高为 240.00m，设计管中心标高为 238.89m，管径为 $DN100$，节点

J_6 的设计地面标高为 240.00m，设计管中心标高为 238.95m，管径为 *DN*75。

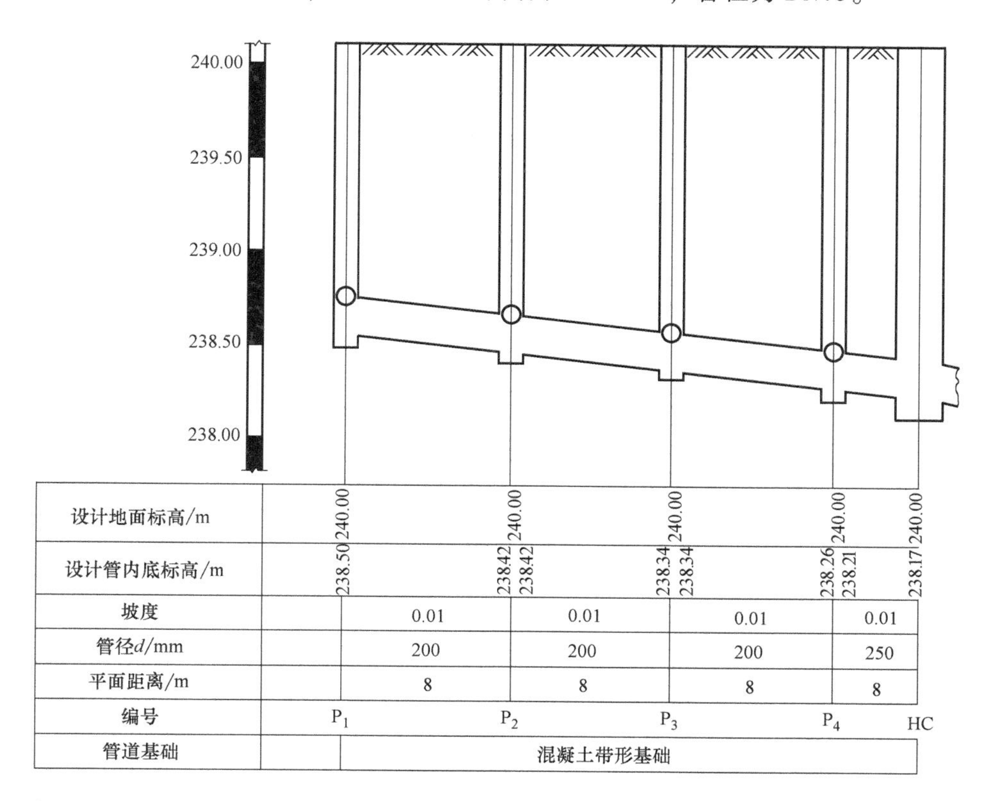

设计地面标高/m	240.00		240.00		240.00		240.00		240.00
设计管内底标高/m	238.50		238.42 238.42		238.34 238.34		238.26 238.21		238.17
坡度		0.01		0.01		0.01		0.01	
管径d/mm		200		200		200		250	
平面距离/m		8		8		8		8	
编号	P_1		P_2		P_3		P_4		HC
管道基础	混凝土带形基础								

图 3-29　污水排水管道纵断面图

3. 室外给水排水节点图

室外给水排水节点图是室外给水排水工程图中的重要图样。在室外给水排水平面图中，对检查井、消火栓井和阀门井以及其内的附件、管件等均不做详细表示。为此，应绘制相应的节点图，以反映本节点的详细情况。

室外给水排水节点图分为给水管道节点图、污水排水管道节点图和雨水管道节点图三种图样。通常需要绘制给水管道节点图，而当污水排水管道、雨水管道的节点比较简单时，可不绘制其节点图。

室外给水管道节点图的识读方法有两种，一种是对照法，就是室外给水管道节点图与室外给水管道平面图对照看；另一种是顺序法，就是由第一个节点开始，顺序看至最后一个节点止。

图 3-31 是图 3-27a 中给水管道的节点图。该图从 J_1 至 J_6 共 6 个节点，其中节点 J_1 为城市给水管道的水表井，内井内设有 1 块 *DN*100 的法兰式水表，2 个 *DN*100 的法兰式闸阀；节点 J_2 是室外消火栓的阀门井，井内设有 1 个 *DN*100 的法兰式闸阀和 1 个 *DN*100×100×100 的给水三通，井外设有 1 个 *DN*100 的地上式消火栓；节点 J_3、J_4、J_5 为阀门井，井内设有 1 个 *DN*80×80×50 的异径三通和 1 个 *DN*50 的闸阀；节点 J_6 为阀门井，井内设有 *DN*80×80×50 的异径三通，1 块堵板和 1 个 *DN*50 的闸阀。

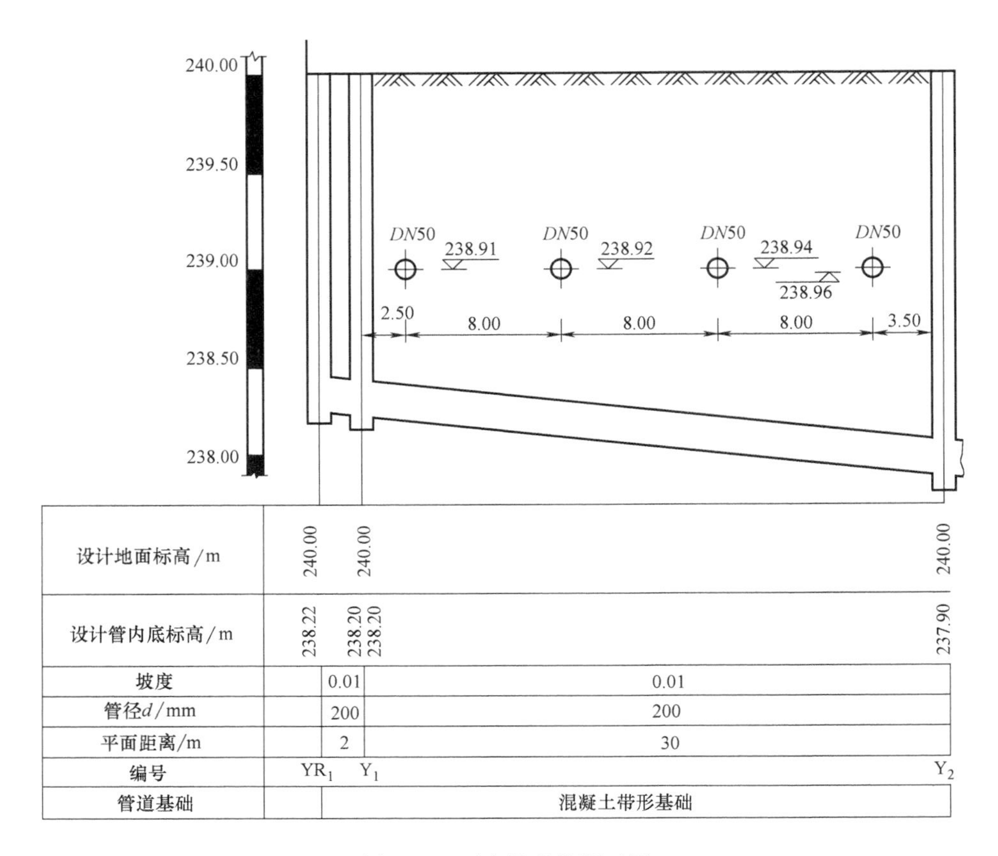

图 3-30 雨水管道纵断面图

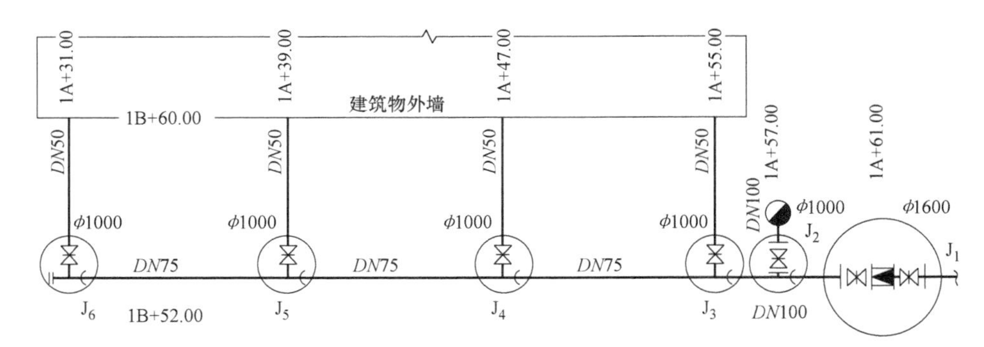

图 3-31 给水管道节点图

第4章

城市集中供热管网

城市集中供热系统主要是由热源、热网和热用户三部分组成。城市集中供热系统的热用户分为采暖、通风、空调及生活热水供应、生产工艺等，供应范围十分广泛。根据热媒的不同，城市集中供热系统分为热水供热系统和蒸汽供热系统；根据热源形式的不同，分为热电厂供热系统和区域锅炉房供热系统等。

城市集中供热管网是指由热源输送热媒（蒸汽或热水）至热用户的管道系统（包括供热管网调节装置、敷设工艺、补偿器、放气阀、排水阀等附件，必要时还要设置加压系统），因此，城市集中供热管网也称为城市室外热力管网。

4.1 集中供热热源

4.1.1 城市集中供热热源确定的原则

城市集中供热热源确定的原则是：有效利用并节约能源，投资少，见效快，运行经济，符合环境保护要求等。在这个原则的基础上，确定技术先进、经济合理、使用可靠的最佳方案。

确定集中供热系统的方案时，需要确定集中供热系统的热源形式，选择热媒的种类及参数。

4.1.2 城市集中供热热源

在城市集中供热系统中，目前采用的热源形式主要有：区域锅炉房、热电厂、核能、地热、工业余热和太阳能等。最广泛应用的热源形式是区域锅炉房和热电厂，近年来，核能的应用也逐渐增多。

1. 区域锅炉房

城市中采用区域锅炉房作为城市供热热源具有设置灵活的特点，它可以是大区域的供热系统锅炉，也可以是小范围的供热系统锅；可以根据需要，或根据财力、物力选择使用，比较适合我国目前的具体情况。

在区域热水锅炉房中，设热水锅炉制备热水。在区域蒸汽锅炉房中，设蒸汽锅炉产生蒸汽。对于区域蒸汽、热水锅炉房供热系统中应在锅炉房内分别装设蒸汽锅炉和热水锅炉，构成蒸汽供热、热水供热两个独立的系统。

(1) 热水锅炉房　民用锅炉房主要担负采暖负荷和热水供应负荷，一般采用热水锅炉。通过锅炉直接制备热水的集中加热方式称为热水锅炉房集中供热系统。与蒸汽锅炉相比构造简单（不需要大直径汽包）。锅炉内温度低，压力低（烟道气和水的温差大）受热面传热效果好，因此热水锅炉与蒸汽锅炉相比，具有以下特点：

1）钢材耗量小，热水锅炉与同容量蒸汽锅炉相比，可节省钢材约30%。

2）安全性高。热水锅炉的工作压力不高，且变化小，运行比较安全。

3）锅炉结构简单，制造方便。

4）对水处理要求较低，在国内已广泛应用。

(2) 蒸汽锅炉　在工业生产中，生产工艺上以蒸汽为热媒，所以一般以蒸汽锅炉房为热源。由于燃烧方式、锅炉结构、蒸汽参数（温度、压力）、蒸汽质量和出口位置不同，蒸汽锅炉有多种规格。

(3) 燃料　供给锅炉的燃料有煤、煤制气、天然气、液化石油气和燃油等。

2. 热电厂

在热电厂供热系统中，应根据选用的汽轮机组不同，分别采用抽汽式、背压式及凝汽式低真空热电厂供热系统等。以热电厂作为热源，实现热电联产，热能利用效率高，它是发展集中供热，节约能源的有效措施。

(1) 凝汽式电厂　凝汽式电厂的主要设备是锅炉、汽轮机和发电机。燃料燃烧产生的热能使锅炉内的水变成具有一定压力和温度的蒸汽，这种蒸汽进入汽轮机后不断膨胀做功，使汽轮机转子旋转，带动发电机发出电能，做过功的蒸汽（乏汽）由汽轮机尾部进入冷凝器，在冷凝器中由大量的冷却水把乏汽放出的热量带走，乏汽变为冷凝水后回到锅炉。

凝汽式电厂只发电，不供热，它的热损失很大，一般达到燃料总发热量的60%以上。其中，大部分热量都是在冷凝器中损失的。

为了利用凝汽式电厂在冷凝器中损失的热量，经过长期的研究和实践，找到了综合利用热能的方法，使蒸汽在汽轮机中做功后达到适当的压力时，利用抽气供外部供热系统使用，大大提高了热能的利用率。

(2) 热电厂　热电厂与凝汽式电厂的主要区别是汽轮机的构造不同。热电厂有专用供热汽轮机，做到供电的同时供应热能。

3. 工业余热

在一些大型的工矿企业中，生产工艺过程往往伴随着产生大量的余热和废热，充分利用这些余热和废热资源来供热，是有效利用和节约能源的重要途径。

4. 地热

地热资源大致分为：低温地热、高温地热、干热岩地热、区域地热、岩浆地热等。

目前普遍开发利用的是地热水和地蒸汽。低温地热水主要应用于采暖系统和热水系统，有的应用于工业生产的加热系统。我国低温地热水的利用比较广泛，渤海湾地区、台湾、福建、广东、辽东半岛、山东都有丰富的低温地热资源。高温地热资源主要用于发电。

我国的高温地热资源主要分布在西藏和云南西部地区。

4.1.3 供热介质及参数

1. 供热介质的确定

集中供热的供热介质（热媒）主要是热水和蒸汽。

1）对民用建筑物采暖、通风、空调及生活热水热负荷供热的城市热力网应采用水作为供热介质。

2）同时对生产工艺热负荷和采暖、通风、空调及生活热水热负荷供热的城市热力网供热介质按下列原则确定：

① 当生产工艺热负荷为主要负荷，且必须采用蒸汽供热时，应采用蒸汽作为供热介质。

② 当以水为供热介质能够满足生产工艺需要（包括在热用户处转换为蒸汽），且技术经济合理时，应采用水作为供热介质。

③ 当采暖、通风、空调热负荷为主要负荷，生产工艺又必须采用蒸汽供热，经技术经济比较认为合理时，可采用水和蒸汽两种供热介质。

2. 供热介质参数的确定

1）热水热力网最佳设计供、回水温度，应结合具体工程条件，考虑热源、热力网、热用户系统等方面的因素，进行技术经济比较确定。

2）当不具备条件进行最佳供、回水温度的技术经济比较时，热水热力网供、回水温度可按下列原则确定：

① 以热电厂或大型区域锅炉房为热源时，设计供水温度可取100~150℃，回水温度不应高于70℃。热电厂采用一级加热时，供水温度取较小值；采用二级加热（包括串联尖峰锅炉）时，取较大值。

② 以小型区域锅炉房为热源时，设计供、回水温度可取热用户内采暖系统的设计温度。

③ 多热源联网运行的供热系统中，各热源的设计供、回水温度应一致。当区域锅炉房与热电厂联网运行时，应采用以热电厂为热源的供热系统的最佳供、回水温度。

4.1.4 城市集中供热热负荷

城市集中供热系统有采暖、通风、空调及生活热水供应、生产工艺等用热热负荷。集中供热系统各热用户用热系统的热负荷，按其性质可分为两大类：

（1）季节性热负荷　采暖、通风、空调等系统的热负荷是季节性热负荷。它们与室外温度、湿度、风速、风向和太阳辐射强度等气候条件密切相关，其中室外温度对季节性热负荷的大小起决定作用。

（2）常年性热负荷　生产工艺和生活用热（主要指热水供应）系统的热负荷是常年性热负荷。这些热负荷与气候条件的关系不大，用热比较稳定，在全年中变化较小。在全天中由于生产班制和生活用热人数多少的变化，用热负荷的变化幅度较大。

对集中供热系统进行规划或初步设计时，通常采用热指标法概算各类热用户的设计热负荷。对于已建成和原有建筑物，或已有热负荷数据的拟建房屋，可以采取对需要供热的建筑物进行热负荷调查，用统计的方法，确定系统的热负荷。

根据调查统计资料确定总热负荷时，应考虑热网热损失附加5%安全余量。

4.2 城市集中供热系统

集中供热系统是由热源、热网和热用户三部分组成的。集中供热系统向许多不同的热用户供给热能，供应范围广，热用户所需的热媒种类和参数不一，锅炉房或热电厂供给的热媒及其参数，往往不能完全满足所有热用户的要求。因此，必须选择与热用户要求相适应的供热系统形式及其管网与热用户的连接方式。

集中供热系统，可按下列方式进行分类：

1）根据热媒不同，分为热水供热系统和蒸汽供热系统。

2）根据热源不同，主要分为热电供热系统和区域锅炉房供热系统。此外，也有以核供热站、地热、工业余热作为热源的供热系统。

3）根据供热管道的不同，可分为单管制、双管制和多管制的供热系统。

4.2.1 热水供热系统

热水供热系统主要采用两种形式：闭式系统和开式系统。在闭式系统中，热网的循环水仅作为热媒，供给热用户热量而不从热网中取出使用。在开式系统中，热网的循环水部分地或全部地从热网中取出，直接用于生产或热水供应热用户中。

1. 闭式热水供热系统

图 4-1 所示为双管制的闭式热水供热系统示意图。热水通过单一系统循环泵沿热网供水管输送到各个热用户，在热用户系统的用热设备放出热量后，沿热网回水管返回热源。单一热源、单一系统循环泵、双管闭式热水供热系统是我国目前应用最广泛的热水供热系统。

下面分别介绍闭式热水供热系统热网与供暖、通风、热水供应等热用户的连接方式。

（1）供热系统热用户与热水网路的连接方式　供热系统热用户与热水网路的连接方式可分为直接连接和间接连接两种方式。

直接连接是用户系统直接连接于热水网路上。热水网路的水力工况（压力和流量状况）和供热工况与供暖热用户有着密切的联系。间接连接方式是在供暖系统热用户设置表面式水-水换热器（或在热力站处设置担负该区供暖热负荷的表面式水-水换热器），用户系统与热水网路被表面式水-水换热器隔离，形成两个独立的系统。用户与网路之间的水力工况互不影响。

供暖系统热用户与热水网路的连接方式，常见的有以下几种形式：

1）无混合装置的直接连接（图 4-1a）。

热水由热网供水管直接进入供暖系统热用户，在散热器内放热后，返回热网回水管中。这种直接连接方式最简单，造价低。但这种无混合装置的直接连接方式，只能在网路的设计供水温度不超过《GB 50176—2016 民用建筑热工设计规范》规定的散热器供暖系统的最高热媒温度时方可采用，且用户引入口处热网的供、回水管的资用压差大于供暖系统用户要求的压力损失时才能应用。

绝大多数低温水热水供热系统是采用无混合装置的直接连接方式。

当集中供热系统采用高温水供热，网路设计供水温度超过上述供暖卫生标准时，如果用直接连接方式，就要采用装水喷射器或装混合水泵的形式。

2）装水喷射器的直接连接（图4-1b）。

热水供水管的高温水进入水喷射器6，在喷嘴处形成很高的流速，喷嘴出口处动压升高，静压降低到低于回水管的压力，回水管的低温水被抽引进入喷射器，并与供水混合，使进入用户供暖系统的供水温度低于热网供水温度，符合用户系统的要求。

水喷射器（又称为混水器）无活动部件、构造简单、运行可靠、网路系统的水力稳定性好。但由于抽引回水需要消耗能量，热水供、回水之间需要足够的资用压差，才能保证水喷射器正常工作。通常要求热网供、回水管在热用户入口处有80～120kPa压差，才能满足要求。因而装喷射器直接连接方式，通常只用在单幢建筑物的供暖系统上，需要分散管理。

3）装混合水泵的直接连接（图4-1c）。

当建筑物用户引入口处，热水网路的供、回水压差较小，不能满足喷射器正常工作所需的压差，或设置集中泵站将高温水转化为低温水，向多幢或街区建筑物供暖时，可采用装混合水泵的直接连接方式。

混合水泵7设在建筑物入口或专设的热力站处，热网高温水与水泵加压后的热用户回水混合，降低温度后送入热用户供热系统，混合水的温度和流量可通过调节混合水泵的阀门或热网供回水管进出口处阀门的开启度进行调节。为防止混合水泵扬程高于热网供、回水管的压差，将热网回水抽入热网供水管，在热网供水管入口处应装设止回阀。

设混合水泵的连接方式是目前高温水供热系统中应用较多的一种直接连接方式。但其造价较设水喷射器的方式高，运行中需要经常维护并消耗电能。

4）间接连接（图4-1d）。

将高温水通过设置在热用户引入口或热力站的表面式水-水换热器8，将热量传递给采暖热用户的循环水，冷却后的回水返回热网回水管。热用户循环水靠热用户水泵驱动循环流动，热用户循环系统内部设置膨胀水箱、集气罐及补给水装置，形成独立系统。这种方式的最大好处在于能够互不干扰，同时有利于热用户和城市管网各自体系的水利稳定和节能调节。

采用直接连接方式，由于热用户系统漏失水量大多超过规定的补水率（补水率不宜大于总循环水量的1%），造成热源水处理量增大，影响供热系统的供热能力和经济性；采用间接连接方式，虽造价增高，但热源的补水率大大减小，同时热网的压力工况和流量工况不受用户的影响，便于热网运行管理。北京市近年来将供暖系统热用户与热网的连接方式，逐步改为间接连接方式，收到了良好的效果。目前在一些城市（如沈阳、长春、太原、牡丹江等）的大型热水供热系统设计中主要采用了间接连接方式，今后间接连接方式会得到更多的应用。

对于小型的热水供热系统，特别是低温水供热系统，直接连接仍是最主要的形式。

（2）通风热用户的直接连接（图4-1e） 由于通风系统中加热空气的设备能承受较高的压力，并对热媒参数无严格限制，因此通风用加热设备（如空气加热器11等）与热网的连接，通常都采用最简单的连接方式。

（3）热水供应热用户与热网的连接方式 在闭式热水供应系统中，热网的循环水仅作为热媒，供给热用户热量，而不从热网中取出使用。因此，热水供应热用户与热网的连接必须通过表面式水-水换热器。根据用户热水供应系统中是否设置储水箱及其设置位置不同，连接方式有以下几种主要形式：

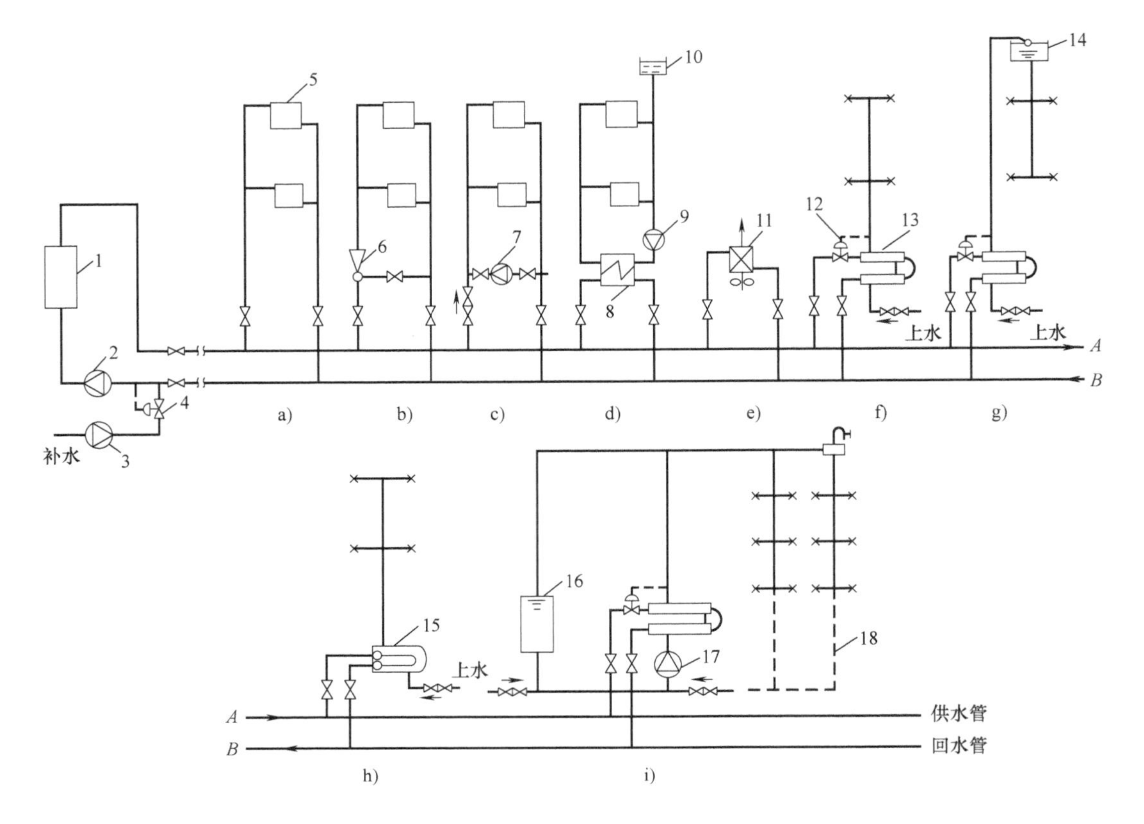

图 4-1 双管闭式热水供热系统示意图

1—热源的加热装置 2—网路循环水泵 3—补给水泵 4—补给水压力调节器 5—散热器 6—水喷射器 7—混合水泵 8—表面式水-水换热器 9—供暖热用户系统的循环水泵 10—膨胀水箱 11—空气加热器 12—温度调节器 13—水-水式换热器 14—储水箱 15—容积式换热器 16—下部储水箱 17—热水供应系统的循环水泵 18—热水供应系统的循环管路

1）无储水箱的连接方式（图 4-1f）。

热网供水通过水-水换热器将生活给水加热，冷却后的回水返回热网回水管。该系统热用户供水管上应设温度调节器，控制系统供水温度不随用水量的改变而剧烈变化。这是一种最简单的连接方式，适用于一般住宅或公共建筑连续用热水且用水量较稳定的热水供应系统。

2）设上部储水箱的连接方式（图 4-1g）。

生活给水被表面式水-水加热器加热后，先送入设在热用户最高处的储水箱，再通过配水管输送到各配水点。上部储水箱起着贮存热水和稳定水压的作用，适用于热用户需要稳压供水。

3）设容积式换热器的连接方式（图 4-1h）。

容积式换热器不仅可以加热水，还可以贮存一定的水量；不需要设上部储水箱，但由于传热系数很低，需要较大的换热面积，适用于工业企业和小型热水供应系统。

4）设下部储水箱的连接方式（图 4-1i）。

该系统设有下部储水箱、热水循环管和循环水泵。当热用户用水量较小时，水-水加热器的部分热水直接流进热用户，多余的部分流入储水箱贮存；当热用户用水量较大，水-水加热器供水量不足时，储水箱内的热水被生活给水挤出供给热用户系统，补充了部分热水量。装设循环水泵和循环管的目的是使热水在系统中不断流动，保证打开水龙头就能流出热水。为了使储水箱能自动地充水和放水，应将储水箱上部的连接管尽可能选粗一些。

这种方式复杂、造价高，但工作稳定可靠，适用于对热水供应要求较高的宾馆或高级住宅。

（4）闭式双级串联和混联连接的热水供热系统　在热水供热系统中，各种热用户（供暖、通风和热水供应）通常都是并联连接在热水网路上。热水供热系统中的网路循环水量应等于各热用户所需最大水量之和。热水供应热用户所需热网循环水量与网路的连接方式有关，如热水供应用户系统没有储水箱，网路水量应按热水供应的最大小时用热量来确定；而装设有足够容积的储水箱时，可按热水供应平均小时用热量来确定。此外，由于热水供应的用热量随室外温度的变化很小，比较固定，但热水网路的水温通常随室外温度升高而降低供水温度，因此，在计算热水供应热用户所需的网路循环水量时，必须按最不利情况（即按网路供水温度最低时）来计算。所以尽管热水供应热负荷占总供热负荷的比例不大，但在计算网路总循环水量中，却占相当大的比例。

为了减少热水供应热负荷所需的网路循环水量，可采用供暖系统与热水供热系统串联或混联连接的方式（图4-2）。

图4-2a所示是一个双级串联的连接方式。热水供应系统的用水首先由串联在网路回水管上的水加热器（Ⅰ级加热器）1加热。如经过Ⅰ级加热后，热水供应水温仍低于所要求的温度，则通过水温调节器3将阀门打开，进一步利用网路中的高温水通过Ⅱ级加热器2，将水加热到所需温度。经过Ⅱ级加热器放热后的网路供水，再进入供暖系统中。为了稳定供暖系统的水力工况，在供水管上安装流量调节器4，控制用户系统的流量。

图4-2b所示是一个混联连接的方式。热网供水分别进入热水供应和供暖系统的热交换器6和7中（通常采用板式热交换器）。上水同样采用两级加热，但加热方式不同于图4-2a。热水供应热交换器6的终热段6b（相当于图4-2a的Ⅱ级加热器）的热网回水，并不进入供暖系统，而与热水供暖系统的热网回水相混合，进入热水供应热交换器的预热段6a（相当于图4-2a的Ⅰ级加热器），将上水预热。上水最后通过热交换器6的终热段6b，被加热到热水供应所要求的水温。根据热水供应的供水温度和供暖系统保证的室温，调节各自热交换器的热网供水阀门的开启度，控制进入各热交换器的网路水流量。

由于具有热水供应的供暖热用户系统与网路连接采用串联式或混联连接方式，利用了供暖系统回水的部分热量预热上水，可减少网路的总计算循环水量，适宜用在热水供应热负荷较大的城市热水供热系统上。在图4-2b中，除了采用混合连接的连接方式外，供暖热用户与热水网路采用了间接连接。这种全部热用户（供暖、热水供应、通风空调等）与热水网路均采用间接连接的方式，使用户系统与热水网路的水力工况（流量与压力状况）完全隔开，便于进行管理。这种全间接连接方式，在北欧一些国家得到广泛应用。

2. 开式热水供热系统

开式热水供热系统是指用户的热水直接取自城市热网。供暖和通风热用户系统与热水网路的连接方式，与闭式热水供热系统完全相同。

开式热水供热系统的热用户与管网的连接，有下列几种形式：

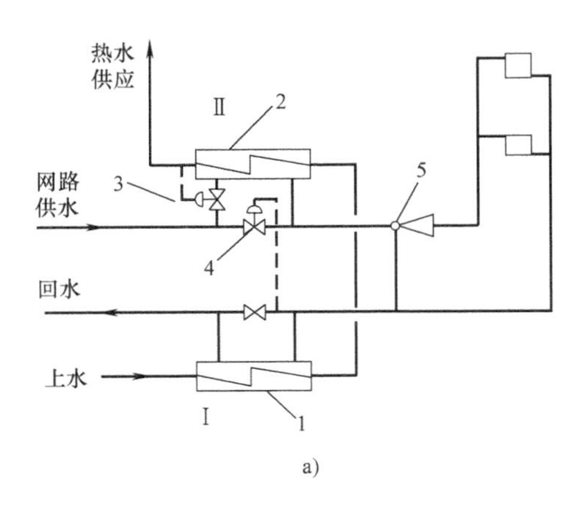

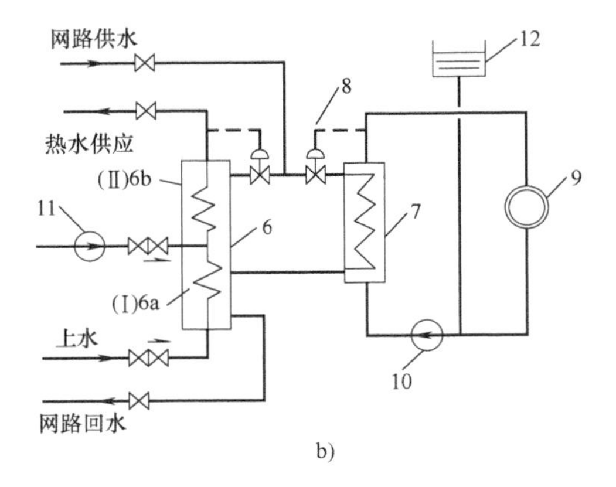

图 4-2　供暖系统与热水供热系统连接方式

1—Ⅰ级热水供应水加热器　2—Ⅱ级热水供应水加热器　3—水温调节器　4—流量调节器　5—水喷射器　6—热水供应热交换器　7—供暖系统热交换器　8—流量调节装置　9—供暖热用户系统　10—供暖系统循环水泵　11—热水供应系统的循环水泵　12—膨胀水箱　6a—水加热器的预热段　6b—水加热器的终热段

（1）无储水箱的连接方式（图 4-3a）　热水直接从管网的供、回水管取出，水温通过混合三通 4 后由温度调节器 3 来控制。为了防止网路供水管的热水直接流入回水管，回水管上应设单向阀 6。由于直接取水，因此管网供、回水管的压力都必须大于热水用户（或热用户）系统的静水压力、管路阻力损失以及出水阀 5 自由水头的总和。这种连接方式最为简单，它可用于小型住宅和公用建筑中。

（2）装设上部储水箱的连接方式（图 4-3b）　这种连接方式常用于浴室、洗衣房和用水量很大的工业厂房中。网路供水和回水先在混合三通中混合，然后送到上部储水箱 7，热水可沿配水管送到各取水阀门。

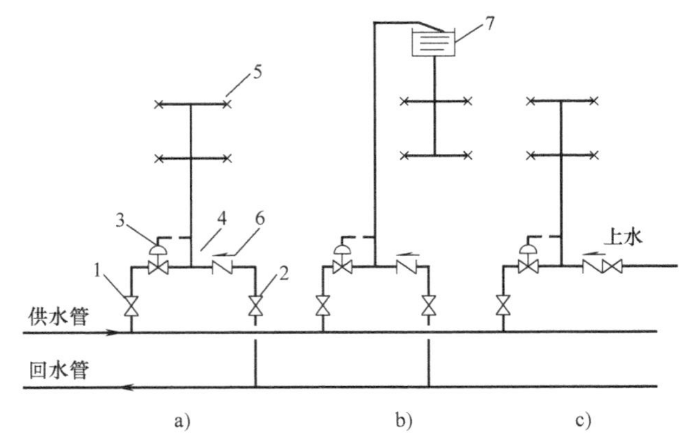

图 4-3　开式热水供热系统

1、2—进水阀门　3—温度调节器　4—混合三通　5—出水阀　6—单向阀　7—上部储水箱

（3）与上水混合的连接方式（图 4-3c）　当热水供应用户的用水量很大，建筑物中（如浴室、洗衣房等）来自供暖通风用户系统的回水量不足与供水管中的热水混合时，则可采

用这种连接方式。

混合水的温度同样可用温度调节器控制。为了便于调节水温，网路供水管的压力应高于上水管的压力。在上水管上要安装止回阀，以防止网路水流入上水管路。如上水压力高于热网供水管压力时，在上水管上安装减压阀。

3. 闭式与开式热水供热系统的优缺点

1）闭式热水供热系统的网路补水量少。在正常运行情况下，其补充水量只是补充从热力管网系统不严密处漏失的水量，一般应为热水供热系统的循环水量的1%以下。开式热水供热系统的补充水量很大，其补充水量应为热水供热管网漏水量和热水供应用户的用水量之和；因此，开式热水供热系统热源处的水处理设备投资及其运行费用，远高于闭式热水供热系统。此外，在运行中，闭式热水供热系统容易监测网路系统的严密程度。当系统补充水量大时，说明网路系统有泄漏处。在开式热水供热系统中，由于热水供应用水量波动很大，热源补充水量的变化无法用来判别热水网路的漏水状况。

2）在闭式热水供热系统中，网路循环水通过表面式热交换器将城市上水加热，热水供应用水的水质与城市上水水质相同且稳定。在开式热水供热系统中，热水供应用户的用水直接取自热网循环水，热网循环水通过直接连接供暖用户系统，水质不稳定，不易符合卫生质量要求。

3）在闭式热水供热系统中，在热力站或用户入口处，需安装表面式热交换器。热力站或用户引入口处设备增多，投资增加，运行管理也较复杂。特别是城市上水含氧量较高，或碳酸盐硬度（暂时硬度）高时，易使热水供应用户系统的热交换器和管道被腐蚀或沉积水垢，影响系统的使用寿命和热能利用效果。在开式热水供热系统中，热力站或用户引入口处设备装置简单，节省基建投资。

4）在利用低位热能方面，开式系统比闭式系统要好些。用于热水供应的大量补充水量，通过热电厂汽轮机的冷凝器预热，减少热电厂的冷源损失，提高热电厂的热能利用效率；或可利用工厂企业的低温废水的热能。此外，热电厂供热系统采用闭式时，随着室外温度升高而进行集中质调节，供水温度不得低于70~75℃（因用户热水供应系统的热水温度不得低于60~65℃）；而采用开式系统时，热水供热系统因直接从热网取水，供水温度可降到60~65℃。加热网路水的汽轮机抽汽压力可降低，也有利于提高热电厂的热能利用效率。

闭式和开式热水供热系统各有其优缺点。在我国，由于热水供应热负荷很小，城市供热系统主要是并联闭式热水供热系统。

4.2.2　蒸汽供热系统

蒸汽供热系统广泛地应用于工业厂房或工业区域，它主要承担向生产工艺热用户供热，同时也向采暖、通风、空调和热水供应热用户供热。蒸汽供热管网一般采用双管制，即一根蒸汽管和一根凝结水管。有时根据热用户的要求还可以采用三管制，即一根管道供应生产工艺用汽和加热生活热水用汽，一根管道供给采暖、通风空调用汽，它们的回水共用一根凝结水管道返回热源，凝结水也可根据情况采用不回收的方式。

1. 热用户与蒸汽网路的连接方式

图4-4所示为蒸汽集中供热系统与热用户的连接方式。锅炉生产的高压蒸汽进入蒸汽热网，通过不同的连接方式直接或间接供给热用户热量，凝水经凝水热网返回热源凝水箱，经凝水泵打入锅炉重新加热变成蒸汽。

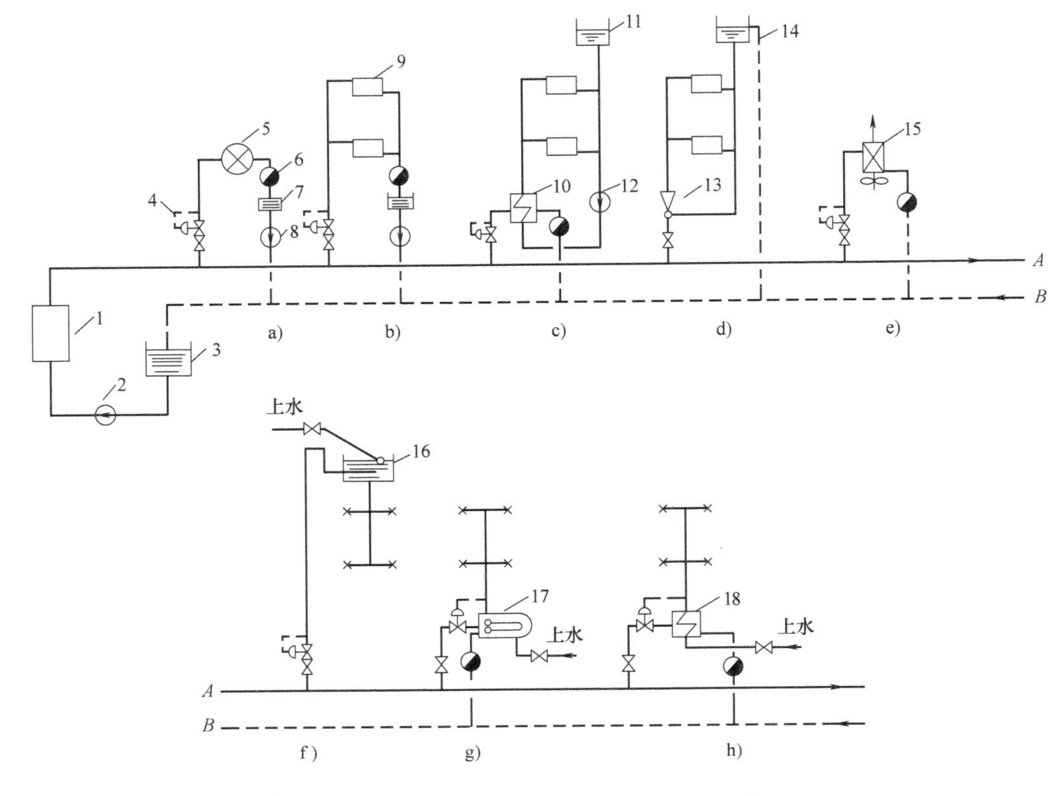

图 4-4　蒸汽集中供热系统与热用户连接示意图

1—蒸汽锅炉　2—锅炉给水泵　3—凝结水箱　4—减压阀　5—生产工艺用热设备　6—疏水器　7—用户凝结水箱　8—用户凝结水泵　9—散热器　10—供暖系统用的蒸汽-水换热器　11—膨胀水箱　12—循环水泵　13—蒸汽喷射器　14—溢流管　15—空气加热器　16—上部储水箱　17—容积式换热器　18—热水供应系统的蒸汽-水换热器

(1) 生产工艺热用户与蒸汽热网连接方式（图 4-4a）　蒸汽在生产工艺用热设备中，通过间接式热交换器放热后，凝结水返回热源，如在生产工艺用热设备后的凝结水有污染可能或回收凝结水在技术经济上不合理时，凝结水可采用不回收的方式。此时，应在热用户内对其凝结水及其热量加以就地利用。对于直接用蒸汽加热的生产工艺，凝结水不回收。

(2) 蒸汽采暖热用户与蒸汽热网的连接方式（图 4-4b）　高压蒸汽通过减压阀减压后进入热用户系统，凝结水通过疏水器进入凝结水箱，再用凝结水泵将凝结水送回热源。如热用户需要采用热水采暖系统，则可采用在热用户引入口安装热交换器或蒸汽喷射装置的连接方式。

(3) 热水采暖热用户系统与蒸汽供热系统采用间接连接方式（图 4-4c）　高压蒸汽减压后，经蒸汽水换热器将热用户循环水加热，热用户采用热水进行采暖。

(4) 采用蒸汽喷射装置的连接方式（图 4-4d）　蒸汽喷射器与前述的水喷射器的构造和工作原理基本相同。蒸汽在蒸汽喷射器的喷嘴处，产生低于热水采暖系统回水的压力，回水被抽引进入喷射器并被加热，通过蒸汽喷射器的扩压管段，压力回升，使热水采暖系统的热水不断循环，系统中多余的水量通过水箱的溢流管返回凝结水管。

(5) 通风系统与蒸汽热网的连接方式（图 4-4e）　这是简单的连接方式，将蒸汽直接接入空气加热装置中加热空气。如蒸汽压力过高，则在入口处安装减压阀。

（6）热水供应系统与蒸汽热网的连接方式（图 4-4f、g、h）

图 4-4f 是蒸汽直接加热热水的热水供应系统。

图 4-4g 是采用容积式蒸汽-水换热器的间接连接供热系统。

图 4-4h 是无储水箱的间接连接热水供热系统，如需安装储水箱时，水箱可设在系统的上部或下部。

蒸汽供热管网通常是以同一参数的蒸汽向热用户供热。当热用户系统的各用热设备所需蒸汽压力不同时，则在热用户引入口处设置分汽缸和减压装置，根据热用户系统的各种用热设备的需要，直接或经减压后分别送往各用热设备，以保证热用户系统的安全运行。蒸汽供热系统热用户引入口减压装置如图 4-5 所示。

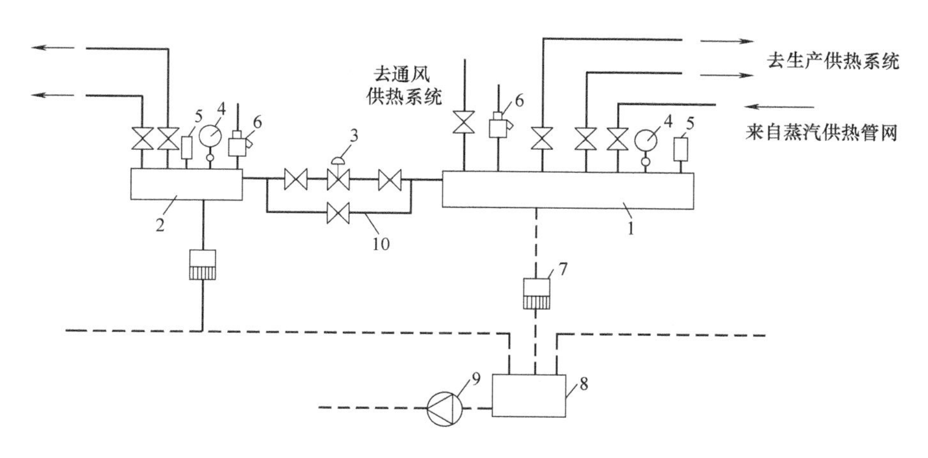

图 4-5　蒸汽供热系统热用户引入口减压装置示意图

1—高压分汽缸　2—低压分汽缸　3—减压装置　4—压力表　5—温度计　6—安全阀

7—疏水器　8—凝结水箱　9—给水泵　10—旁通管

蒸汽供热管网的高压蒸汽进入高压分汽缸中，经减压装置减压后，进入低压分汽缸。热用户系统的高压用热设备可直接由高压分汽缸引出。对于低压的用热设备，则由低压分汽缸引出。各用热设备的凝结水，汇集于热用户入口的凝结水箱中，用凝结水泵返回锅炉房的总凝结水箱中。分汽缸中的各分支管道上都应装设截止阀，同时在分汽缸上应装设压力表、温度计和安全阀等，分汽缸的下部装疏水器，将分汽缸内的凝结水排入凝结水箱中。

2. 凝结水回收系统

凝结水回收系统是指蒸汽在用热设备内放热凝结后，凝结水经疏水器、凝结水管道返回热源的管路系统及其设备组成的整个系统。

凝结水水温较高（一般为 80~100℃），同时又是良好的锅炉补水，应尽可能回收。

凝结水回收系统按其是否与大气相通，可分为开式凝结水回收系统和闭式凝结水回收系统。前者不可避免地要产生二次汽的损失和空气的渗入，造成热量与凝水的损失，并易发生管道腐蚀现象，因此一般只适用于凝水量和作用半径较小的小型凝结水回收系统。

按凝结水的流动方式不同，可分为单相流和两相流两大类；单相流又可分为满管流和非满管流两种流动方式。如按驱使凝水流动的动力不同，可分为重力回水和机械回水。机械回水是利用水泵动力驱使凝水满管有压流动。重力回水是利用凝水位能差或管线坡度，驱使凝水满管或非满管主动流动的方式。

（1）非满管流的凝结水回收系统（低压自流式系统）（图 4-6） 低压自流式凝结水回收系统是依靠凝结水的重力沿着坡向锅炉房凝结水箱的管道，自流返回的凝结水回收系统。它只适用于供热面积小，地形坡向凝结水箱的场合，锅炉房应位于系统的最低处，其应用范围受到很大限制。

（2）两相流的凝结水回收系统（余压回水系统）（图 4-7） 余压凝结水回收系统是利用疏水器后的背压，将凝结水送回锅炉房或凝结水分站的凝结水箱。这是目前应用最广的一种凝结水回收方式，适用于耗汽量较少、用汽点分散、用汽参数（如压力、温度）比较一致的蒸汽供热系统。

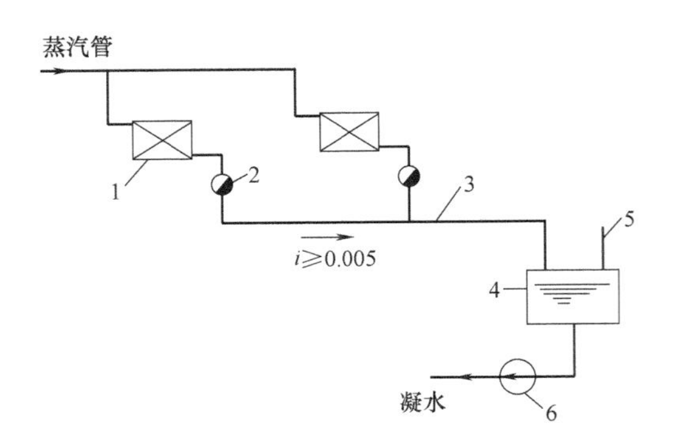

图 4-6 低压自流式凝结水回收系统

1—用热设备 2—疏水器 3—室外自流凝结水管 4—凝结水箱 5—排汽管 6—凝结水泵

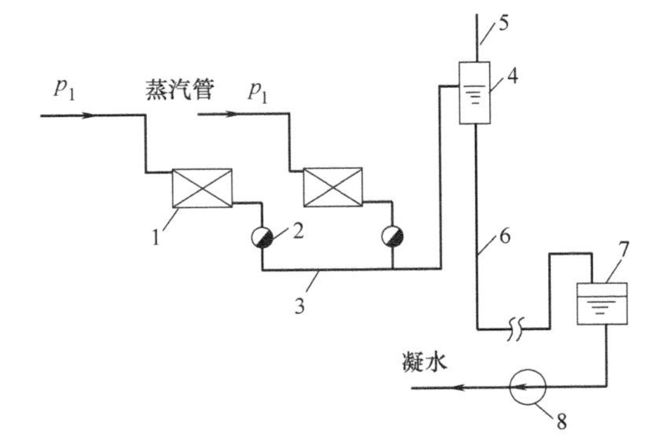

图 4-7 余压回水系统

1—用汽设备 2—疏水器 3—两相流凝水管道 4—凝结水箱 5—排汽管 6—室外凝水管道 7—凝结水箱 8—凝结水泵

（3）重力式满管流凝结水回收系统（图 4-8） 用汽设备排出的凝结水，首先集中到一个高位水箱，在箱内排出二次汽后，凝结水依靠水位差充满整个凝结水管道流回凝结水箱。重力式满管流凝结水回收系统工作可靠，适用于地势较平坦且坡向热源的蒸汽供热系统。

以上三种不同凝水流动状态的凝结水回收系统，均属于开式凝结水回收系统，系统中的凝结水箱或高位水箱与大气相通，凝水管道易腐蚀。

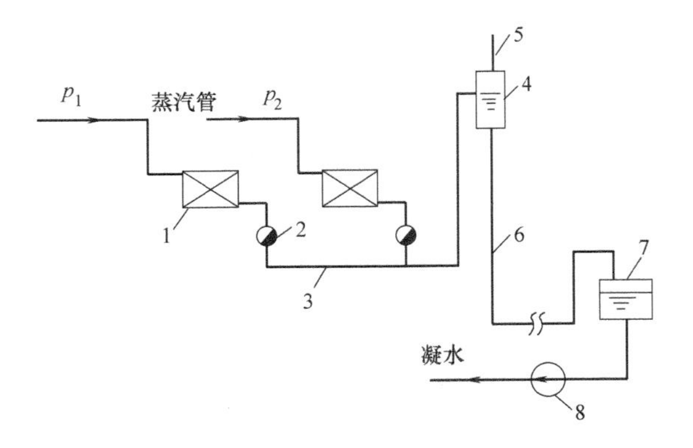

图 4-8 重力式满管流凝结水回收系统

1—车间用热设备 2—疏水器 3—余压凝结水管道 4—高位水箱（或二次蒸发箱） 5—排气管 6—室外凝水管道 7—凝结水箱 8—凝结水泵

（4）闭式余压凝结水回收系统（图 4-9） 闭式余压凝结水回收系统与前述余压回水系统情况相似，仅仅是系统的凝结水箱必须为承压水箱，而且需设置一个安全水封，安全水封的作用是使凝结水系统与大气隔断。当二次汽压力过高时，二次汽从安全水阀泄出；在系统停止运行时，室外凝水管道的凝水进入凝结水箱后，大量的二次汽分离出来，可通过一个蒸汽-水加热器，以利用二次汽的热量。这些热量可用来加热锅炉房的软化水或加热上水，用于热水供应或生产工艺用水。为使闭式凝结水箱在系统停止运行时，也能保持一定的压力，宜通过压力调节器向凝结水箱进行补汽，补汽压力一般为5kPa。

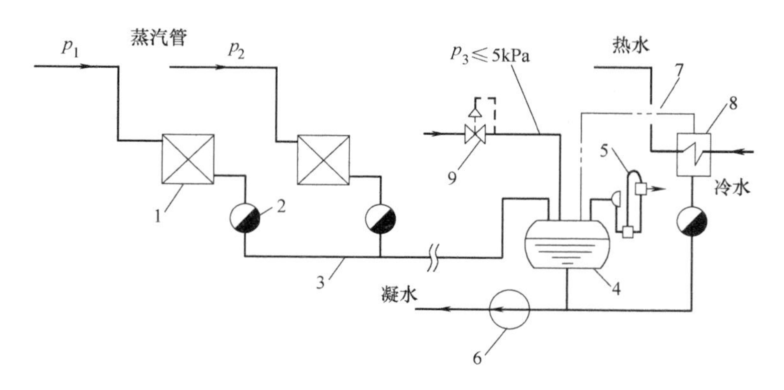

图 4-9　闭式余压凝结水回收系统

1—用热设备　2—疏水器　3—余压凝水管　4—闭式凝结水箱　5—安全水封
6—凝结水泵　7—二次汽管道　8—利用二次汽的换热器　9—压力调节器

（5）闭式满管流凝结水回收系统（图 4-10）　该系统是将用汽设备的凝结水集中送到各车间的二次蒸发箱，产生的二次汽可用于采暖。二次蒸发箱内的凝结水经多级水封引入室外凝结水热网，靠多级水封与凝结水箱顶的回形管的水位差，使凝水返回凝结水箱，凝结水箱应设置安全水封，以保证凝水系统不与大气相通。闭式满管流凝结水回收系统适用于能分散利用二次汽，厂区地形起伏不大，地形坡向凝结水箱的场合。由于利用了二次汽，其热能利用率较高。

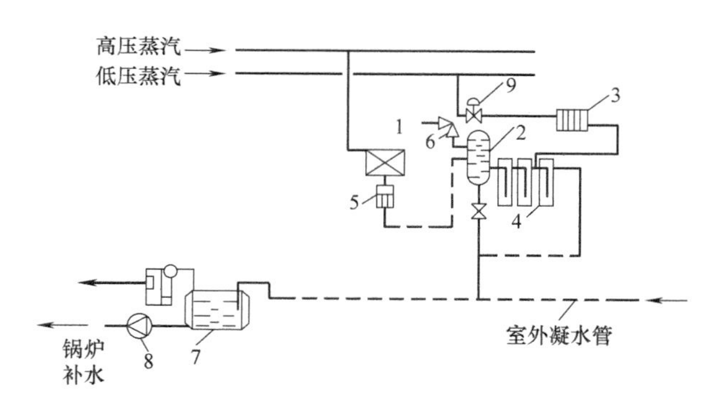

图 4-10　闭式满管流凝结水回收系统

1—高压蒸汽加热器　2—二次蒸发箱　3—低压蒸汽散热器　4—多级水封　5—疏水器　6—安全阀　7—闭式凝水箱　8—凝水泵　9—压力调节器

（6）加压回水系统（图 4-11）　加压回水系统是利用水泵的机械动力输送凝结水的系

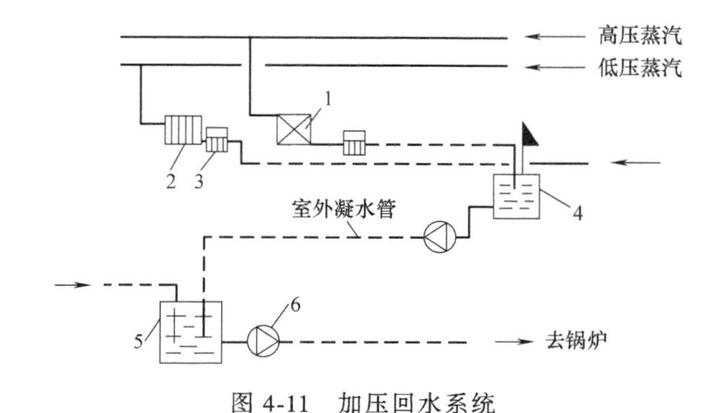

图 4-11　加压回水系统

1—高压蒸汽加热器　2—低压蒸汽散热器　3—疏水器　4—（分站）凝水箱　5—总凝水箱　6—凝水泵

统。这种系统凝水呈满管流动，它可以是开式系统，也可是闭式系统，取决于是否与大气相通。加压回水系统增加了设备和运行费用，一般多用于较大的蒸汽供热系统。

蒸汽供热系统在选择凝结水回收系统时，必须全面考虑热源、热网和室内热用户系统的情况，各热用户的回水方式应相互适应，要尽可能地利用凝水的热量，以有效地节能。

4.3 热网系统形式

热网是集中供热系统的主要组成部分，担负热能输送任务。热网系统形式的选择应遵循安全供热和经济性的基本原则，取决于热媒、热源与热用户的相互位置和供热地区热用户种类、热负荷大小和性质等。

4.3.1 蒸汽供热系统热网形式

蒸汽作为热媒主要用于工厂的生产工艺用热方面。热用户主要是工厂的各生产设备，比较集中且数量不多，因此，单根蒸汽管和凝结水管的热网系统形式是最普遍采用的方式，同时采用枝状管网布置（其形式见图 4-12）。

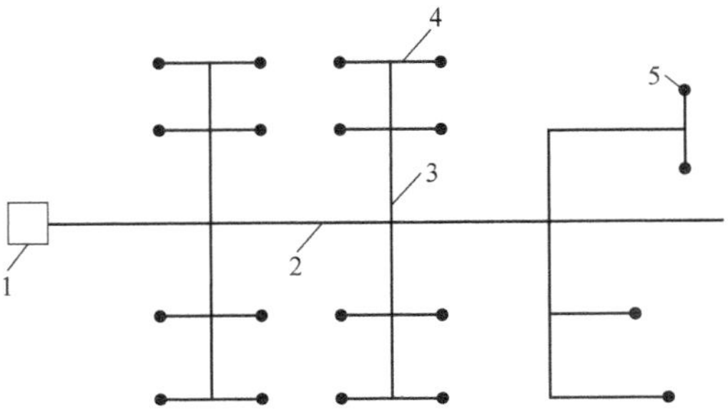

蒸汽热力网的蒸汽管道，宜采用单管制。

当符合下列情况时之一时，可采用双管或多管制：

1）各热用户间所需蒸汽参数相差较大或季节性热负荷占总热负荷比例较大且技术性和经济性合理。

2）热负荷分期增长。

图 4-12　枝状管网

1—热源　2—主干线　3—支干线　4—热用户支线　5—热用户的用户引入口

注：双管热网以单线表示，各种附件未标出。

4.3.2 热水供热系统

热水供热系统在城市热水供热系统中应用非常普遍。主要形式如下：

1. 枝状管网（图 4-12）

枝状布置是常用的方式，其管网形式简单，投资省，运行管理方便。枝状管网的管径随着与热源距离的增加和热用户的减少而逐步减小，但枝状管网不具有后备供热的能力。当供热管网某处发生故障时，在故障点以后的热用户都将停止供热。由于建筑物具有一定的蓄热能力，通常可采用迅速消除热网故障的办法，以使建筑物室温不致大幅度地降低。因此，枝状管网是热水管网普遍采用的方式。

图 4-13 所示是一个大型热网系统示意图。热网供水从热源沿输送干线、主干线 5、支干线 6、用户支线 7 进入各热力站 8；网路回水从各热力站沿相同线路返回热源。热力站后面的热力网路，通常称为二级管网，按枝状布置，它将热能由热力站分配到一个或几个街区的建筑物中。

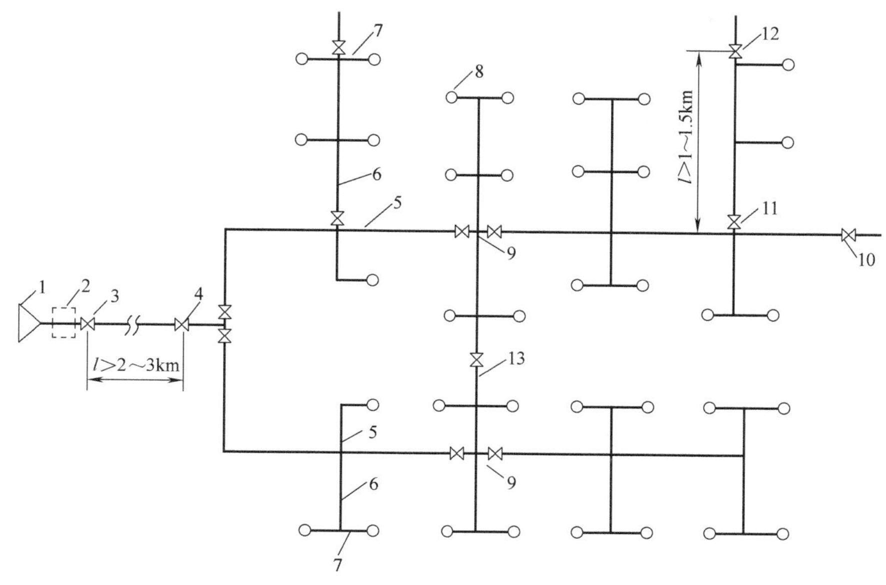

图 4-13　大型热水供热系统的热网示意图

1—热电厂　2—区域锅炉房　3—热源出口阀门　4—输送干线的分段阀门　5—主干线　6—支干线　7—用户支线　8—热力站　9、10、11、12—输配干线上的分段阀门　13—连通管

2. 环状管网

如图 4-14 所示，环状管网就是将城市供热管网主干线连成环状。环状管网与枝状管网相比，热网投资增大，运行管理更为复杂，热网要有较高的自动控制措施。

图 4-15 所示是由几个热电厂和一些区域锅炉房组成的多热源联合供热系统示意图。集中供热管网的输配干线呈环状，支干线 4 从环状管网 3 分出，再到各热力站（如热力站 6）。

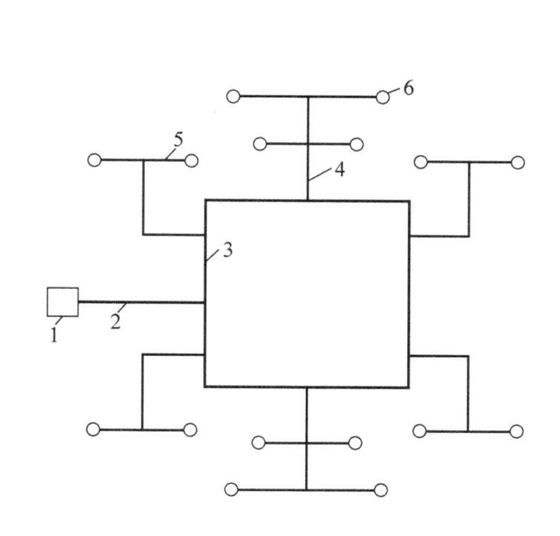

图 4-14　环状管网

1—热源　2—主干线　3—环状管网　4—支干线　5—热用户支线　6—热力站

注：双管热网以单线表示，其附件未标出。

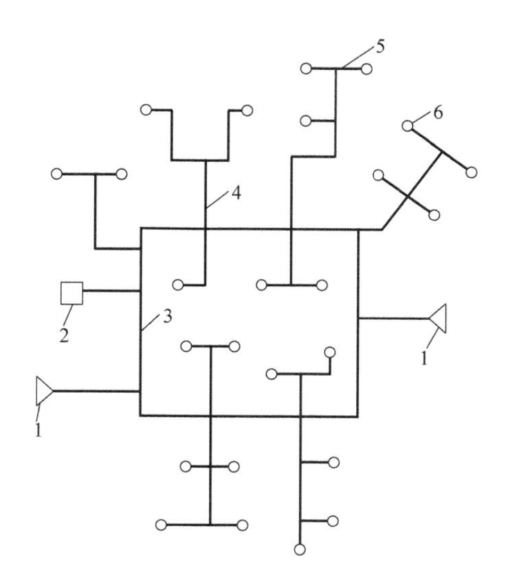

图 4-15　多热源供热系统的环状管网示意图

1—热电厂　2—区域锅炉房　3—环状管网　4—支干线　5—分支管线　6—热力站

注：双管网路以单线表示，阀门未标出图

环状管网的最大优点是具有很高的供热后备能力。当输配干线某处出现事故时，可以切除故障段后，通过环状管网由另一方向保证供热。

3. 放射状管网（图 4-16）

放射状管网实际上与枝状管网接近，当主热源在供热区域中心地带时，可采用这种方式，从主热源往各方向铺设多条主干线，以辐射状形式供给各热用户。这种方式虽然减小了主干线管径，但增加了主干线的长度。总体而言，投资增加不多，但运行管理时带来了较大方便。

4. 网格状布置（图 4-17）

这种布置方式由很多小型环状管网组成，并将各小环状网相互连接在一起。这种方式虽然投资大，但运行管理方便、灵活，安全可靠。

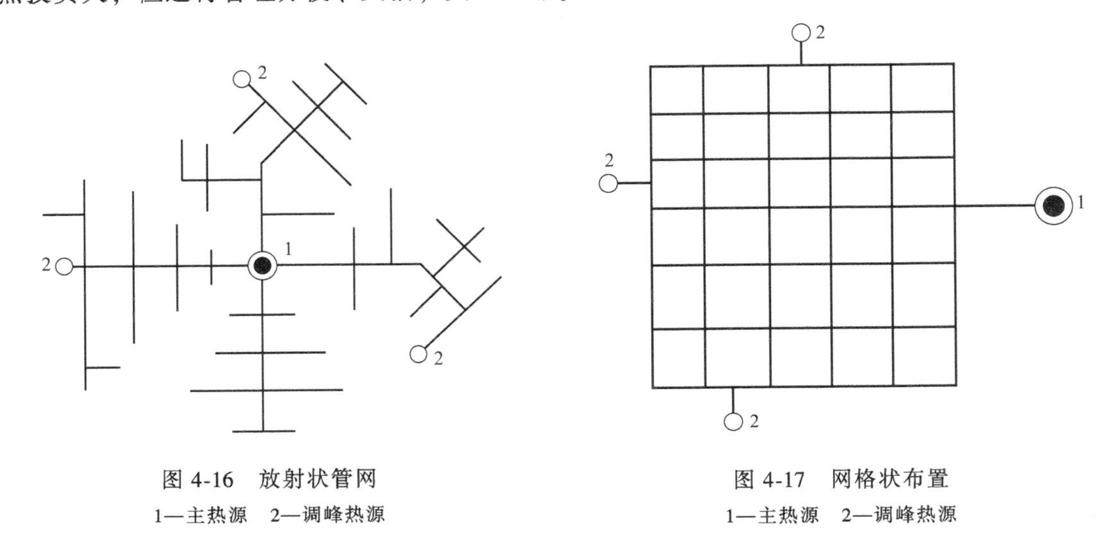

图 4-16　放射状管网
1—主热源　2—调峰热源

图 4-17　网格状布置
1—主热源　2—调峰热源

综上，在选用热水热力管网形式时，应考虑下列问题：

1）热水热力管网宜采用闭式双管制。

2）以热电厂为热源的热水热力网，同时有生产工艺、采暖、通风、空调及生活热水多种热负荷，在生产工艺热负荷与采暖热负荷所需供热介质参数相差较大，或季节性热负荷占总热负荷比例较大，且技术经济合理时，可采用闭式多管制。

3）当热水热力管网满足下列条件，且技术经济合理时，可采用开式热力网：

① 具有水处理费用较低的丰富的补给水资源。

② 具有与生活热水热负荷相适应的廉价低位能热源。

4）开式热水热力管网在生活热水热负荷足够大且技术经济合理时，可不设回水管。

5）供热建筑面积大于 $1000\times10^4\text{m}^2$ 的供热系统应采用多热源供热，且各热源热力干线应连通。在技术性和经济性合理时，热力管网干线宜连接成环状管网。

4.4　城市供热管网水力调节

4.4.1　热水集中供热管网水力失调

在热水供热系统运行过程中，由于设计、施工、运行管理等方面的各种原因使热网的流量分配不符合热用户设计要求，从而造成各热用户的供热量不能满足要求。热水供热系统中各热用户在运行中的实际流量与规定流量之间的不一致现象称为该热用户的水力失调。它的水力失调程度可用实际流量与规定流量的比值来衡量，即水力失调度。

$$X=\frac{G_s}{G_g}$$

式中　X——水力失调度；

G_s——热用户的实际流量，单位为单位为 m^3/h ；

G_g——该热用户的规定流量，单位为 m^3/h 。

对于整个热网系统，各热用户的水力失调状况是多种多样的，可分为：

（1）一致失调　热网中各热用户的水力失调度 X 都大于 1（或都小于 1）的水力失调状况称为一致失调。一致失调又可分为：

1）等比失调：指所有热用户的水力失调度 X 值都相等的水力失调状况。

2）不等比失调：指各热用户的水力失调 X 值不相等的水力失调状况。

（2）不一致失调　热网中各热用户的水力失调度有的大于 1，有的小于 1 的水力失调状况称为不一致失调。

热水供热系统是由许多串联、并联管路和各个热用户组成的一个复杂的相互联通的管路系统。因此，引起热水供热系统水力失调的原因是多方面的。如在设计计算时，不可能在设计流量下达到阻力的完全平衡，结果是在系统运行时，热网会在新的流量下达到阻力平衡；在热网刚运行时没有进行初调节或初调节没有达到设计要求；在运行中，一个或几个热用户的流量变化（阀门关闭或停止使用），引起热网与其他热用户流量的重新分配等。

4.4.2　热水管网集中供热系统调节方法

运行调节是供热系统在运行中根据室外气象条件的变化或热用户热负荷变化而进行的调节。根据供热调节地点不同，供热调节分为集中调节、局部调节和个体调节三种调节方式。集中调节在热源处进行调节，局部调节在热力站或热用户热力入口处进行调节，个体调节直接在散热设备（如散热器、暖风机、换热器等）处进行调节。

集中供热运行调节的方法主要有质调节、量调节、分阶段改变流量的质调节和间歇调节。

1）质调节是保持热网流量不变，改变供水、回水温度的运行调节。

2）量调节是保持供水温度不变，改变热网流量的调节方法。

3）分阶段改变流量的质调节是按室外温度高低把采暖期分成几个阶段改变热网流量的运行调节。在气温较低阶段采用较大流量，在气温较高阶段改变为较小流量，在每一个阶段内保持流量不变而改变供水，回水温度的运行调节。

4）间歇调节是在室外温度较高时，保持热网的流量和供水温度不变而改变每天采暖时数的运行调节。

4.4.3　管网水力调节控制设备

为了便于对热网系统进行初调节和系统运行调节，根据规范需要在管网系统中设置专用的调节控制设备，如阀门和平衡阀。

1. **常用阀门**

阀门是用来开闭管路和调节输送介质流量的设备，其主要作用是：接通或截断介质；防止介质倒流；调节介质压力、流量等参数；分离、混合或分配介质；防止介质压力超过规定数值，保证管路或容器、设备的安全。

(1) 截止阀　截止阀按介质流向可分为直通式、直角式和直流式（斜杆式）三种。按阀杆螺纹的位置可分为明杆和暗杆两种结构形式。

图 4-18 所示是直通式截止阀。截止阀关闭时严密性较好，但阀体长，介质流动阻力大，产品公称直径不大于 200mm。

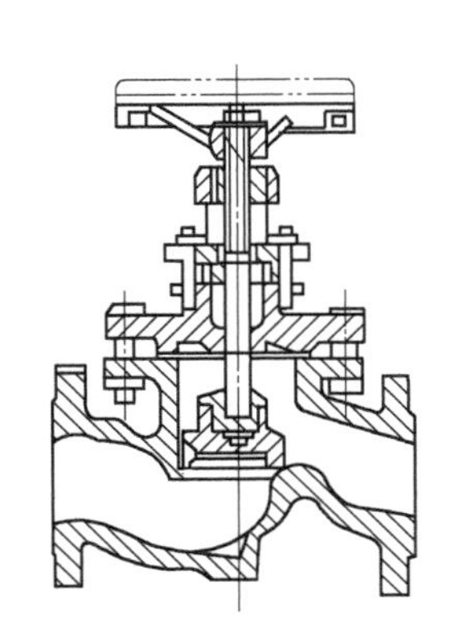

图 4-18　直通式截止阀

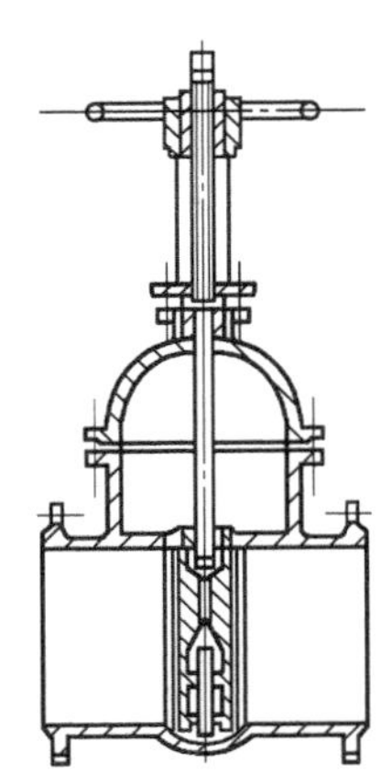

图 4-19　明杆平行式双板闸阀

(2) 闸阀　闸阀按结构形式分为明杆和暗杆两种；按闸板的形状分有楔式与平行式；按闸板的数目分有单板和双板。

图 4-19 所示是明杆平行式双板闸阀，图 4-20 所示是暗杆楔式单板闸阀。闸阀关闭时严密性不如截止阀好，但阀体短，介质流动阻力小。

截止阀和闸阀主要起开闭管路的作用，由于其调节性能不好，不适于用来调节流量。

(3) 蝶阀　蝶阀是阀板沿垂直管道轴线的立轴旋转，当阀板与管道轴线垂直时，阀门全闭；阀板与管道轴线平行时，阀门全开。图 4-21 所示是蜗轮传动型蝶阀。蝶阀阀体长度

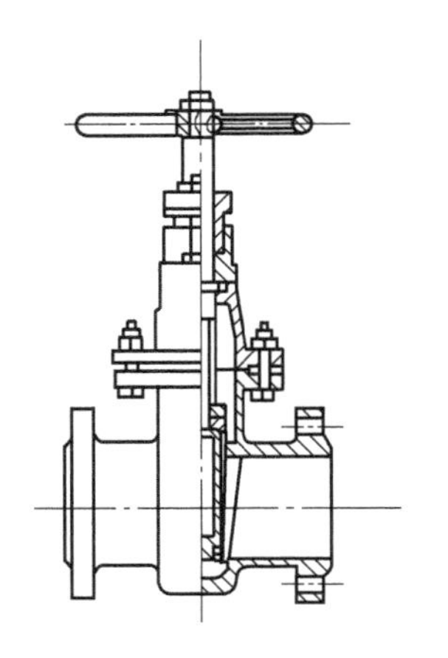

图 4-20　暗杆楔式单板闸阀

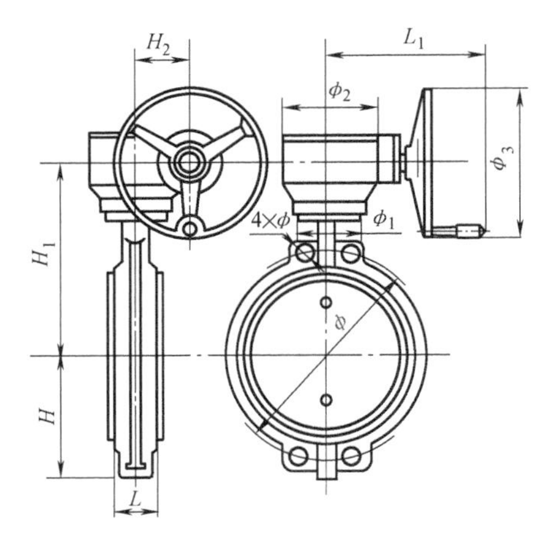

图 4-21　蜗轮传动型蝶阀结构示意图

小，流动阻力小，调节性能稍优于截止阀和闸阀，但造价高。

截止阀、闸阀和蝶阀可用法兰、螺纹或焊接连接方式。传动方式有手动传动（小口径）、齿轮传动、电动、液压动传动和气动等。公称直径大于或等于 500mm 的阀门，应采用电动驱动装置。

（4）单向阀　单向阀是用来防止管道或设备中的介质倒流的一种阀门，它利用流体在阀前和阀后的压力差而自动启闭。在供热系统中，单向阀常设在水泵的出口，疏水器的出口管道以及其他不允许流体逆向流动的场合。

常用的单向阀有旋启式和升降式两种。图 4-22 所示是旋启式单向阀，图 4-23 所示是升降式单向阀。升降式单向阀密封性较好，但只能安装在水平管道上，一般用于公称直径小于 200mm 的水平管道上。旋启式单向阀密封性稍差些，一般多用在垂直向上流动或大直径的管道上。

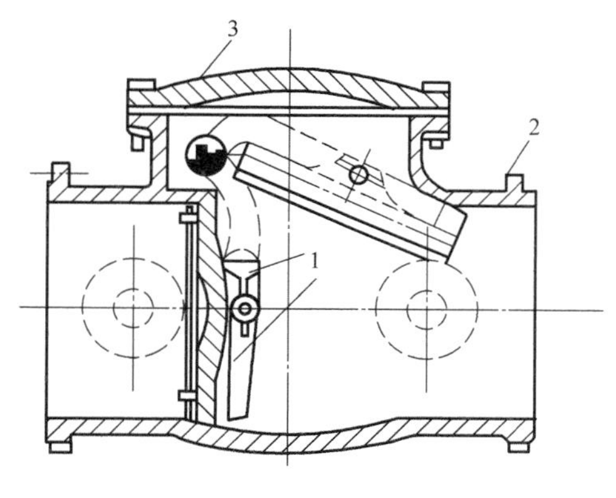

图 4-22　旋启式单向阀
1—阀瓣　2—主体　3—阀盖

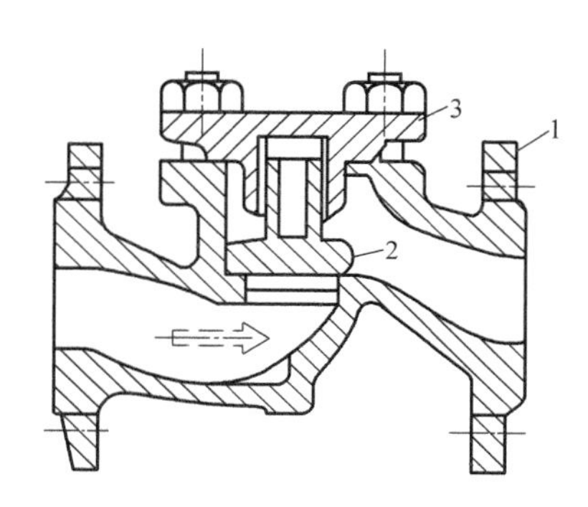

图 4-23　升降式单向阀
1—阀体　2—阀瓣　3—阀盖

（5）手动调节阀　当需要调节供热介质流量时，在管道上可设置手动调节阀。手动调节阀阀瓣呈锥形，通过转动手轮调节阀瓣的位置可以改变阀瓣下边与阀体通径之间所形成的缝隙面，从而调节介质流量，如图 4-24 所示。

（6）电磁阀　电磁阀是自动控制系统中常用的执行机构。它依靠电流通过电磁铁后产生的电磁吸力来操纵阀门的启闭，电流可由各种信号控制。常用的电磁阀有直接启闭式和间接启闭式两类。图 4-25 所示为直接启闭式电磁阀，它由电磁头和阀体两部分组成。电磁阀中的线圈 3 通电时，线圈 3 和衔铁 2 产生的电磁力消失，衔铁 2 依靠自重及弹簧力下落，带动阀针 1 上移，阀孔被打开；电流切断时，阀孔关闭。

直接启闭式电磁阀结构简单，动作可靠，但不宜控制较大直径的阀孔，通常阀孔直径在 3mm 以下。

图 4-26 所示为间接启闭式电磁阀，大阀孔常采用间接启闭式电磁阀。阀的开启过程分为两步：当电磁阀中的线圈 1 通电后，衔铁 2 和阀针 3 上移，先打开孔径较小的操纵孔，此时浮阀 4 上部的流体从操纵孔流向阀出口，其上部压力迅速降低，浮阀 4 在上下压力差的作用下上升，于是阀门全开；当线圈 1 断电后，阀针 3 下落，先关闭操纵孔，流体通过平衡孔进入上部空间，使浮阀 4 上下压力平衡，而后在自重和弹簧力的作用下，再将阀孔关闭。

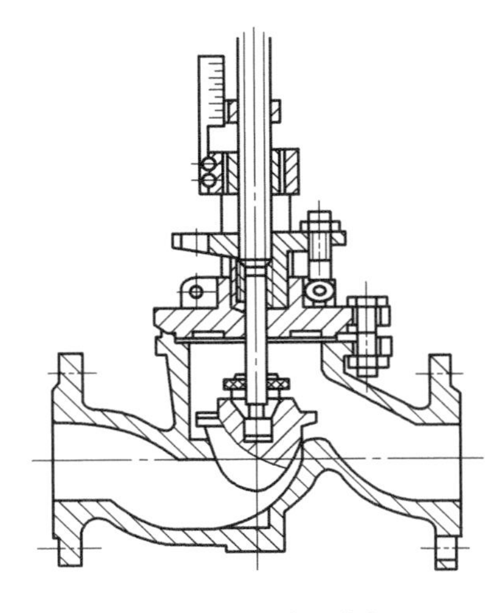

图 4-24　手动调节阀

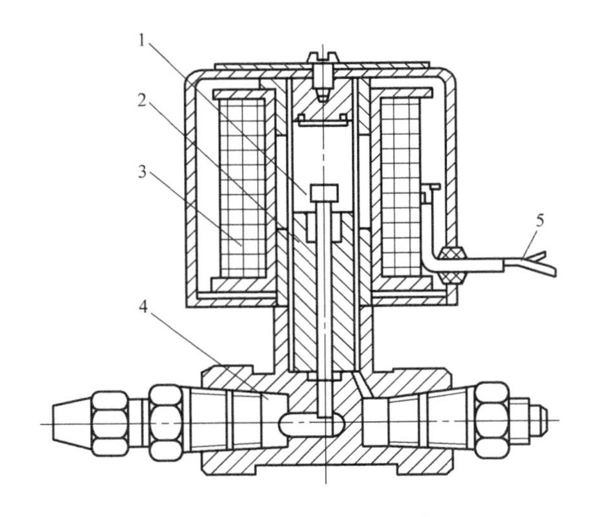

图 4-25　直接启闭式电磁阀

1—阀针　2—衔铁　3—线圈　4—阀体　5—电源线

2. 平衡阀

平衡阀属于调节阀范畴，它的工作原理是通过改变阀芯与阀座的间隙（开度）来改变流经阀门的流动阻力，以达到调节流量的目的。

国内开发的平衡阀与平衡阀专用智能仪表已经投入市场应用了多年，可以有效地保证热网水力及热力平衡如图 4-27 所示。实践证明，凡应用平衡阀并经调试水力平衡后，可以很好地达到节能目的。

平衡阀与普通阀门的不同之处在于有开度指示、开度锁定装置及阀体上有两个测压小阀。在热网平衡调试时，用软管将被调试的平衡阀测压小阀与专用智能仪表连接，仪表能显示出流经阀门的流量值（及压降值），经过仪表人机对话向仪表输入该平衡阀流量值后，仪表经计算、分析，可显示出管路系统达到水力平衡时该阀门的开度值。

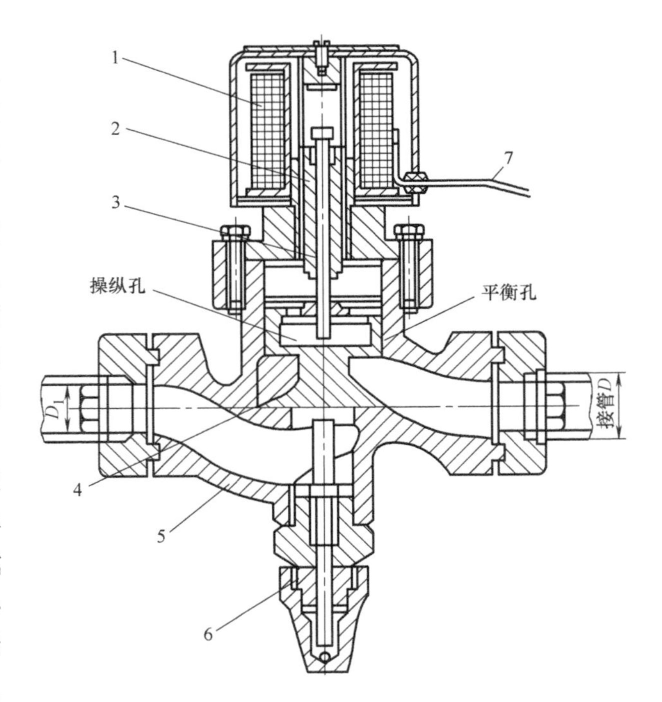

图 4-26　间接启闭式电磁阀

1—线圈　2—衔铁　3—阀针　4—浮阀
5—阀体　6—调节杆　7—电源线

平衡阀可安装在供水管上，也可安装在回水管上，每个环路中只需安装一处。对于一次环路，为了使平衡调试较为安全，建议将平衡阀安装在回水管路上，总管平衡阀宜安装在供水总管水泵后。

图 4-27　平衡阀及其智能仪表

3. 自力式调节阀

自力式调节阀是一种无需外来能源，依靠被调介质自身的压力、温度、流量变化自动调节的节能仪表，它具有测量、执行、控制的综合功能，广泛适用于城市供热、采暖系统及其他工业部门的自控系统。采用该控制产品，节能功能十分明显。

（1）自力式流量调节阀　自力式流量调节阀又称定流量阀或最大流量限制器。在一定的压差范围内，它可以有效地控制通过的流量。当阀门前后的压差增大时，阀门自动关小，保持流量不变；反之，当压差减小时，阀门自动开大，流量仍然恒定；但是当压差小于阀门正常工作范围时，阀门就全开，流量则比定流量低。

图 4-28 所示为三种不同构造的进口定流量阀。这种形式的定流量阀的感应压力部分为膜盒及膜片，节流部分则为阀芯。导流管将阀前后的压力连通到膜室上下，前后压力分别在膜片上产生作用力与弹簧反作用力相平衡，从而确定了阀芯与阀座的相对位置，及流经阀体的流量。这种定流量阀可以通过改变弹簧预紧力来改变设定流量值，在一定流量范围内均有效。

图 4-29 所示为一种国产双座阀形式的定流量阀，结构上分为两部分，通过手动调节段来设定流量以及通过自动调节段来控制流量，这种阀门有较宽的流量设定范围，具有很好的稳定流量的效果。

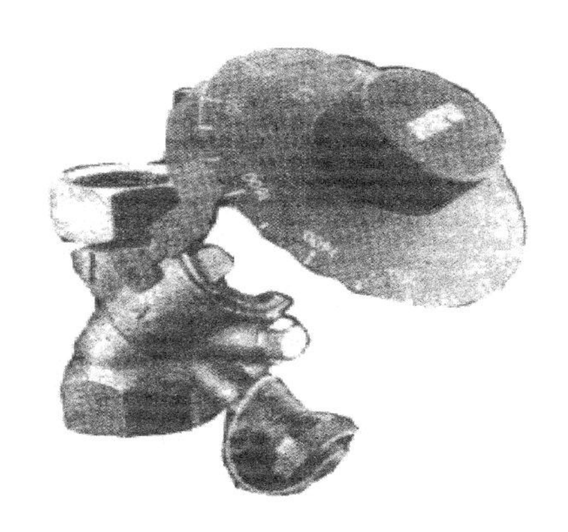

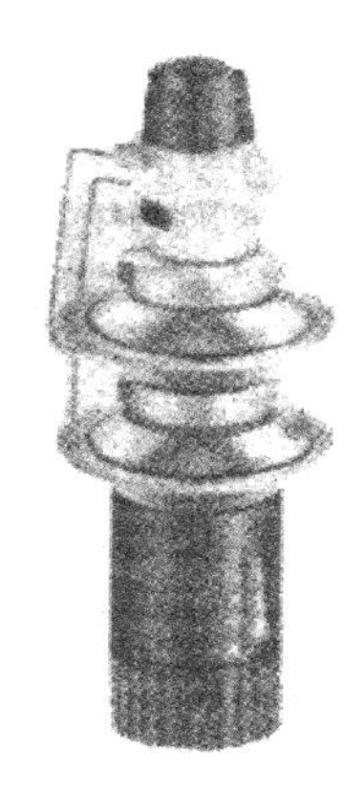

图 4-28　三种不同构造的进口定流量阀

（2）自力式压差调节阀　该阀门通过不同的连接方式做三种不同的控制调节：阀后压力调节、阀前压力调节和压差调节。目前，压差调节式自力调节阀效果最好，应用较为广泛，如图 4-30 所示。

压差调节阀的工作原理如下：工艺介质通过阀芯、阀座的节流后，进入被控设备，而被控设备的压差分别引入阀的上下膜室，在上下膜室内产生推动力，与弹簧的反作用力相平衡，从而决定阀芯与阀座的相对位置，而阀芯与阀座的相对位置确定了压差值的大小。当被控压差变化时，力的平衡被破坏，从而带动阀芯运动，改变阀的阻力系数，达到控制压差设定值的作用。当需要改变压差的调定值时，可调整调节螺母改变弹簧预设定值。

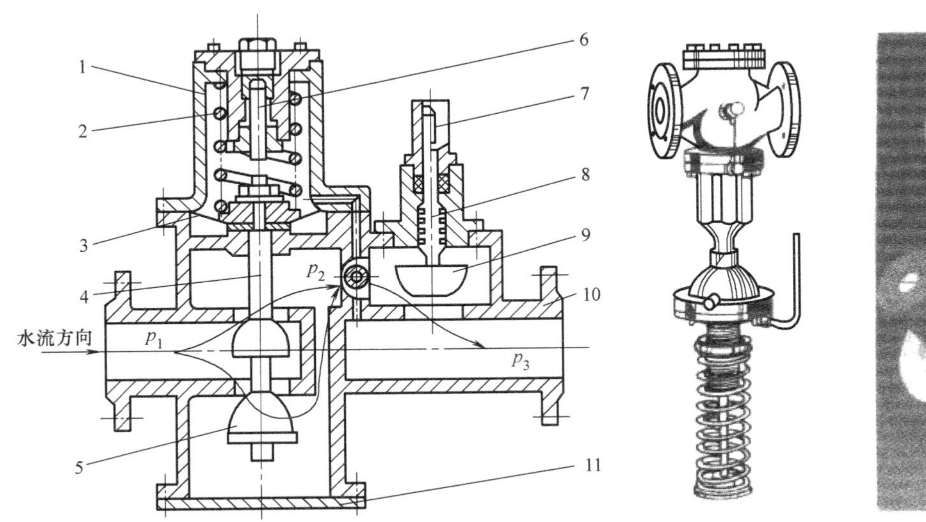

图 4-29　国产双座阀形式的定流量阀

1—弹簧罩　2—弹簧　3—膜片　4—自动阀杆　5—自动阀瓣　6—顶杆　7—流量刻度尺　8—手动阀杆　9—手动阀瓣　10—阀体　11—下盖

图 4-30　自力式压差控制阀

4.5　供热管网的布置与敷设方式

4.5.1　供热管网的布置原则

供热管网的布置形式以及供热管网的平面布置应从城市规划的角度考虑远近期结合，以近期为主。根据城市或厂区总平面图和地形图，考虑热用户热负荷的分布，热源位置，与各种地上、地下管道及构筑物、园林绿地的关系，供热区域的水文地质条件等因素应按下述原则布置城市供热管道：

1）技术可靠。供热管道应尽量布置在地势平坦、土质好、地下水位低、无地震断裂带的地区；应考虑如果出现故障能迅速消除。对暂无城市或区域锅炉集中供热的区域，临时热源的选址及供热管网的布置，应考虑长远规划集中热源引入及替代的可行性。

2）供热管网管道与建筑物、构筑物或其他管线的最小距离应符合《城市热力网设计规范》的规定。

3）供热管网力求短直，主干线尽可能通过供热负荷中心和接引支管较多的区域，尽可能缩短管网的总长度和最不利环路的长度。

4）尽可能按不同用热性质划分环路，要合理布置管道上的阀门和附件（如补偿器、疏水器等）。阀门和附件通常应设在检查室内（地下敷设）或检查平台上（地上敷设），并应尽可能减少检查室和检查平台的数量。

5）管网应尽量避免穿过铁路、交通干线和繁华街道，应平行于道路中心线，并宜敷设在不妨碍车辆通行的地方，且不应穿越发展扩建的预留地段。

6）注意与周围环境的协调性。供热管道不应妨碍市政设施的功能及维护管理，不影响周围环境的美观。

4.5.2　供热管网的敷设方式

供热管网的敷设方式有地上敷设和地下敷设两种。地上敷设也称架空敷设，地下敷设又分为地沟敷设和直埋管敷设。

1. 地上敷设

地上敷设是指将供热管道通过附墙或支架敷设在地面上的方式。按支架的高度不同可分为低支架敷设、中支架敷设和高支架敷设。

（1）低支架敷设（图4-31）　低支架敷设的管道保温结构下表面距地面的净高应不小于0.3m，以防雨雪的侵蚀。低支架敷设一般用于不妨碍交通，不影响厂区、街区扩建的地方或平行于公路、铁路布置。通常是沿工厂围墙或平行于公路、铁路布置。

（2）中支架敷设（图4-32）　中支架敷设的管道保温结构下表面距地面的净高应为2.0~4.0m。中支架敷设一般用于穿越行人过往频繁、需要通行车辆的地方。

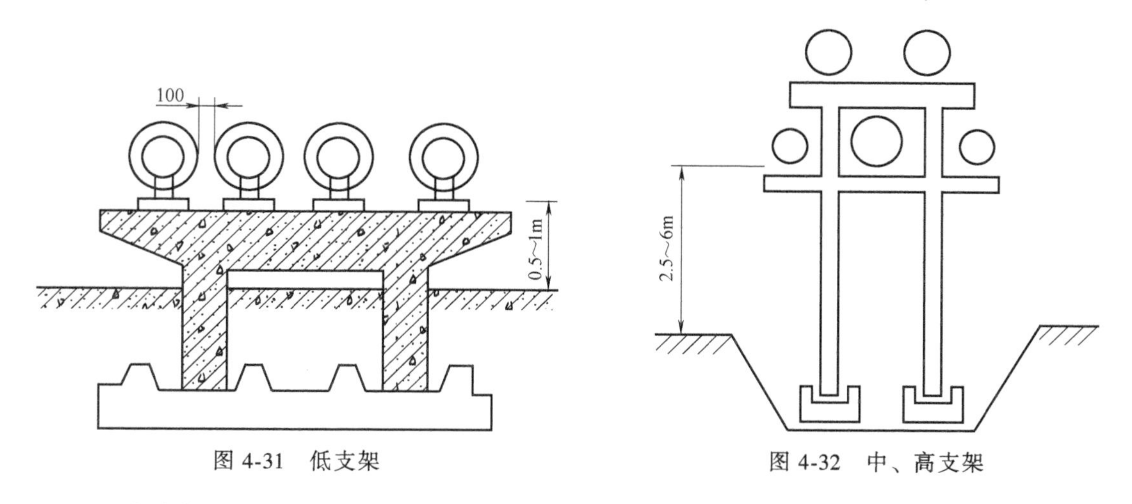

图4-31　低支架　　图4-32　中、高支架

（3）高支架敷设（图4-32）　高支架敷设的管道保温结构下表面距地面的净高为4.0~6.0m。高支架敷设一般用于管道跨越公路或铁路的地方。

地上敷设的管道不受地下水的侵蚀，使用寿命长，管道的坡度易于保证，管道所需的排水、放气设备少，能充分使用、工作可靠、维护管理方便，但占地面积多，不够美观。

地上敷设适用于地下水位高，年降雨量大，地下土质为湿陷性黄土或腐蚀性土壤，沿管线地下设施密度大以及采用地下敷设时土方工程量太大的地区。采用地上敷设时应尽量利用建筑物外墙、屋顶，并考虑建筑物或构筑物对管道载荷的支承能力。管道保温的外保护层的选择应考虑日晒、雨淋的影响，防止保温层受潮而破坏。架空管道固定支架需进行应力核算，做法及布置原则应与土建结构专业密切配合。

2. 地沟敷设

地沟敷设是将管道敷设在管沟内的敷设方式，如设于混凝土或砖（石）砌筑的管沟内。地沟敷设按人在沟内通行情况分为通行地沟、半通行地沟和不通行地沟。

（1）通行地沟（图 4-33） 通行地沟是指工作人员可直立通行及在内部完成检修用的管沟。一般地沟内通行道宽度不小于 0.7m，净高不低于 1.8m。地沟土方量大，建设投资高，仅在穿越不允许开挖检修的地段，如管道穿越建筑物、铁路、交通要道等场合。沟内可两侧安装管道。

工作人员经常进入的通行地沟应有照明设备和良好的通风。人员在地沟内工作时，空气温度不得超过 40℃。

通行地沟应设事故人孔。设有蒸汽管道的通行地沟，事故人孔间距不应大于 100m；热水管道的通行地沟，事故人孔间距不应大于 400m。

整体混凝土结构的通行管沟，每隔 200m 宜设一个安装孔。安装孔宽度不应小于 0.6m 且应大于管沟内最大一根管道的外径加 0.1m，其长度应保证 6m 长的管子进入管沟。当需要考虑设备进出时，安装孔宽度还应满足设备进出的需要。

（2）半通行地沟（图 4-34） 半通行地沟是指工作人员可弯腰通行及在内部完成一般检修用的管沟。一般沟净高为 1.4m，通道宽为 0.5~0.6m。半通行地沟，每隔 60m 应设置一个检修出口。

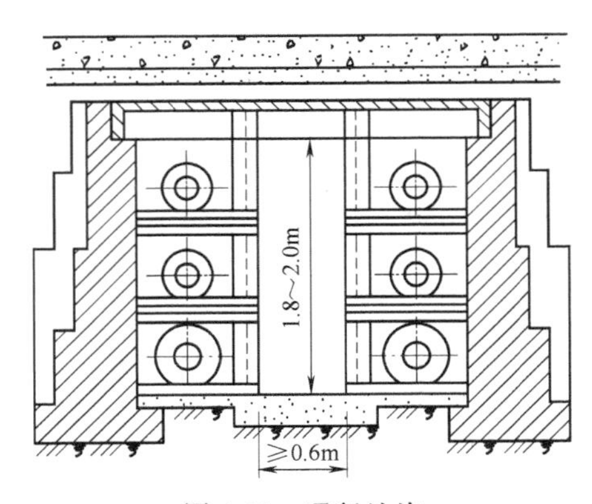

图 4-33 通行地沟

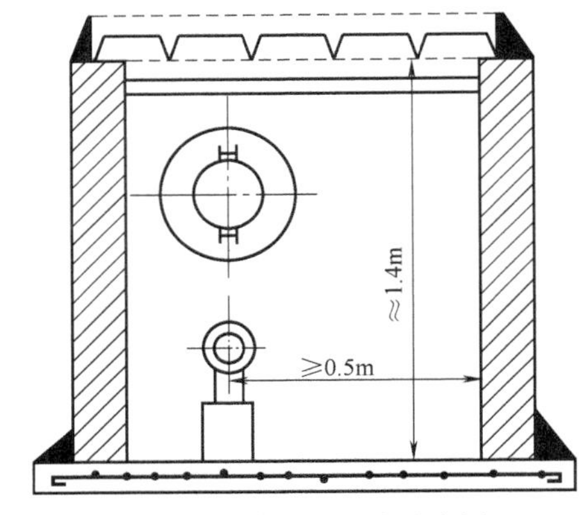

图 4-34 半通行地沟示意图

（3）不通行地沟（图 4-35） 不通行地沟是净空尺寸仅能满足敷设管道的基本要求，人不能进入的管沟。管道的中心距离，应根据管道上阀门或附件的法兰盘外缘之间的最小操作净距离的要求确定。

不通行地沟造价较低，占地较小，是城镇供热管道经常采用的敷设方式。一般用于管道间距离较短、数量较少、管子规格比较小、不需要经常检修维护的管道上。热水或蒸汽管道采用管沟敷设时，应首选不通行地沟敷设。

3. 直埋敷设（图 4-36）

直埋敷设又称无沟敷设，是将供热管道直接埋设在土壤中的敷设方式。管道保温结构外表应与土壤直接接触。直埋敷设分为有补偿直埋敷设和无补偿直埋敷设。

有补偿直埋敷设是指供热管道设补偿器的直埋敷设，又分为有固定点和无固定点两种方式。无补偿直埋敷设是指供热管道不专设补偿器的直埋敷设。

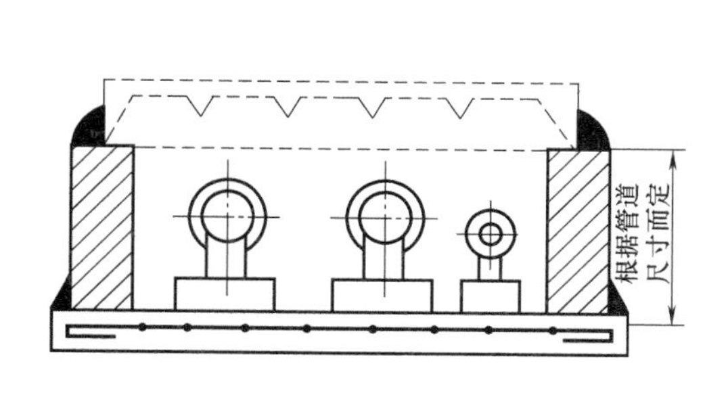

图 4-35 不通行地沟

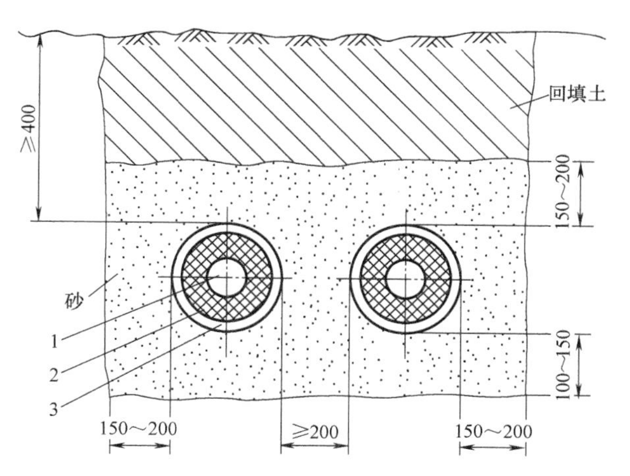

图 4-36 预制保温管直埋敷设

1—钢管 2—聚氨酯硬质泡沫塑料保温层

3—高密度聚乙烯硬质塑料或玻璃钢保护层

热水热网管道地下敷设时，应优先采用直埋敷设；蒸汽管道采用管沟敷设困难时，可采用保温性能良好、防水性能可靠、保护管耐腐蚀的预制保温管直埋敷设，其设计寿命不应低于 25 年。

直埋敷设热水管道应采用无缝钢管、保温层、保护外壳结合成一体的预制保温管道，其性能应符合《城市热力网设计规范》的有关规定。

直埋敷设管道应采用由专业工厂预制的直埋保温管，也称为“管内管”，其保温层一般为聚氨酯硬质泡沫塑料，保护层一般采用高密度聚乙烯硬质塑料或玻璃钢，也有采用钢管（钢套管）做保护层的。

4.6 供热管道敷设技术要求

4.6.1 管道热补偿器

供热管道的安装是在常温环境状态下进行的，而管道系统的运行是在热介质的工作温度状态下，由于热介质的温度与周围环境温度差别较大，这必然会使管道产生热变形。为了防止供热管道升温时，由于热伸长或温度应力的作用而引起管道变形或破坏，则需要在供热管道上设置补偿器，以补偿管道的热伸长，减小管道壁的应力和作用在阀件或支架结构上的作用力。

补偿器的种类很多，主要有管道的自然补偿器、方形补偿器、波纹管补偿器、套筒补偿器和球形补偿器。前三种是利用补偿器材料的变形来吸收热伸长，后两种是利用管道的位移来吸收热伸长。

1. 自然补偿器

利用供热管道自身的弯曲管段来补偿管段的热伸长。自然补偿是一种最简单、经济的补偿方式，应充分加以利用。常用的有L形和Z形两种自然补偿器，如图4-37所示。

2. 方形补偿器

它是由4个90°弯头组成的“Π”形补偿器，通常用无缝钢管偎弯或机制弯头组合而成，如图4-38所示。

方形补偿器制作安装方便，不需经常维修，补偿能力大，作用在固定点上的推力较小，可在各种压力和温度下使用，目前广泛应用于供热管网地上敷设。其缺点是外形尺寸大，占地面积大。

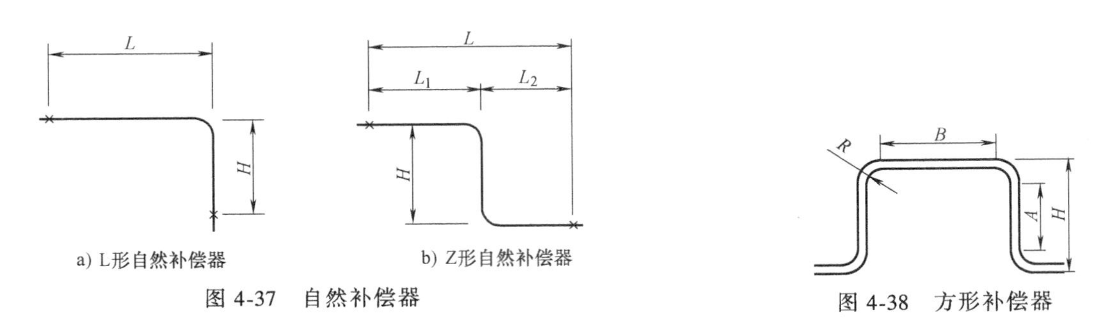

图4-37　自然补偿器

图4-38　方形补偿器

3. 波纹管补偿器

波纹管补偿器又称波纹管膨胀节，它由一个或几个波纹管及结构件组成，是用来吸收由于热胀冷缩等原因引起的管道或设备尺寸变化的装置。波纹管补偿器具有结构紧凑、承压能力高、工作性能好、配管简单、耐腐蚀、维修方便等优点。

波纹管补偿器多采用疲劳极限较高的不锈钢板或耐蚀合金板制成。波纹管补偿器类型丰富，是目前常用的管道补偿方式。

常见类型形式如下：

（1）单式轴向型波纹管补偿器　单式轴向型波纹管补偿器如图4-39所示，它由一个波纹管及构件组成，主要用于吸收轴向位移而不能承受波纹管压力推力。

（2）单式铰链型波纹管补偿器　单式铰链型波纹管补偿器如图4-40所示，它是由一个波纹管及销轴、铰链板和立板等结构件组成，只能吸收一个平面内的角位移，并能承受波纹管压力的推力。

（3）单式万向铰链型波纹管补偿器　单式万向铰链型波纹管补偿器如图4-41所示，它由一个波纹管及销轴、铰链板、万向环和立板等结构组成，能吸收任意平面内的角位移，并能承受波纹管压力的推力。

（4）复式自由型波纹管补偿器　复式自由型波纹管补偿器如图4-42所示，它由中间管所连接的两个波纹管及结构件组成，主要用于吸收轴向与横向组合位移，不能承受波纹管压力的推力。

（5）复式拉杆型波纹管补偿器　复式拉杆型波纹管补偿器如图4-43所示，它由中间管所连接的两个波纹管及拉杆、端板和球面垫圈等结构件组成，能吸收任一平面内的横向位移，并能承受波纹管压力的推力。

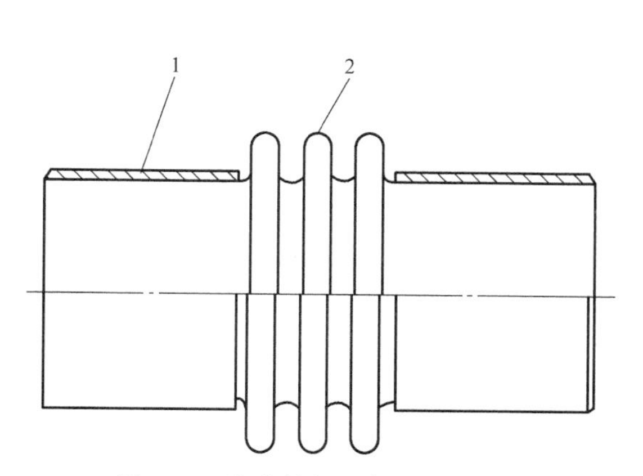

图 4-39 单式轴向型波纹管补偿器

1—端管 2—波纹管

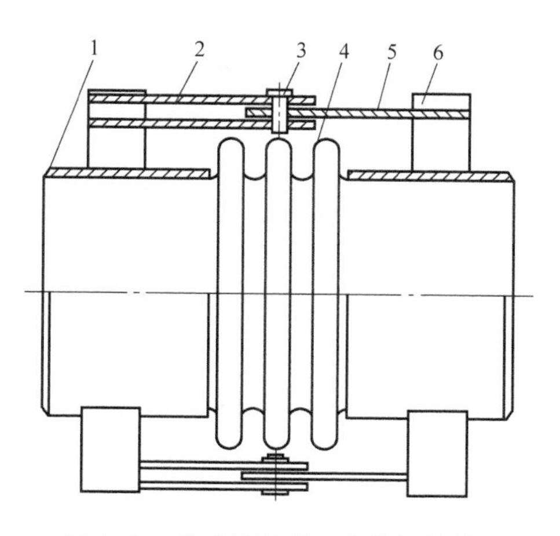

图 4-40 单式铰链型波纹管补偿器

1—端管 2—副铰链板 3—销轴 4—波纹管 5—主铰链板 6—立板

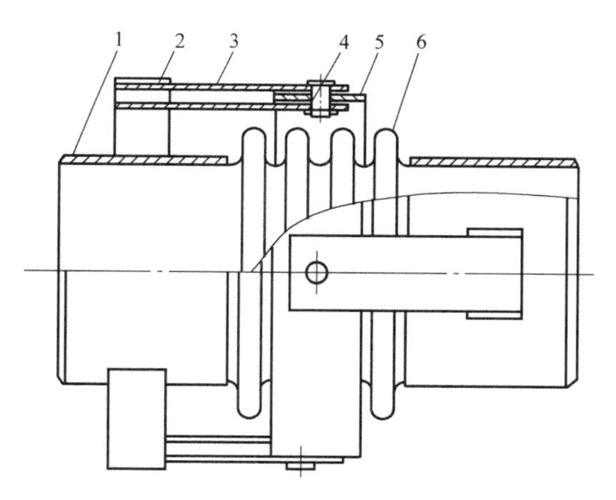

图 4-41 单式万向铰链型波纹管补偿器

1—端管 2—立板 3—铰链板 4—销轴 5—万向环 6—波纹管

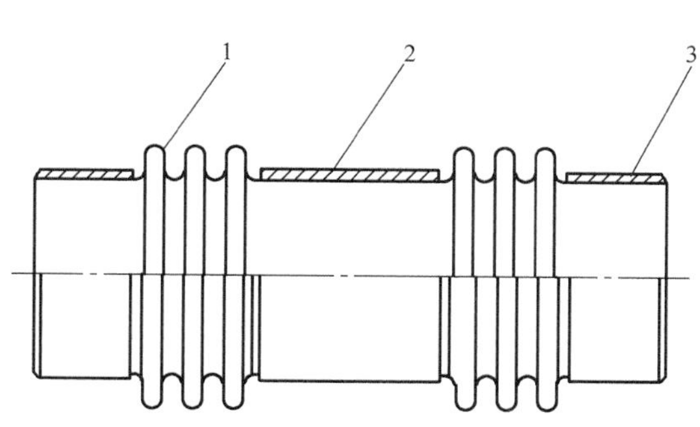

图 4-42 复式自由型波纹管补偿器

1—波纹管 2—中间管 3—端管

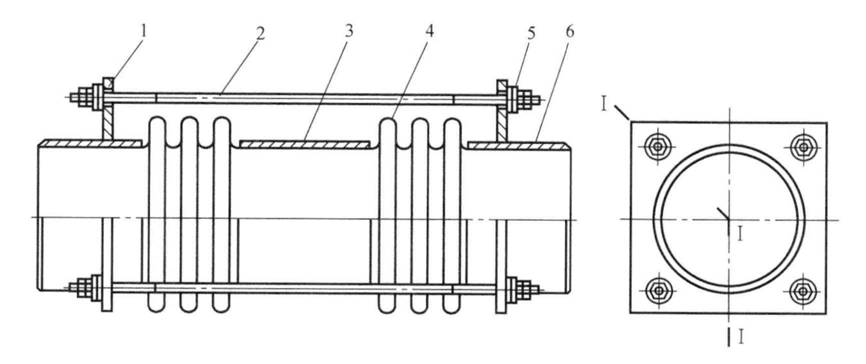

图 4-43 复式拉杆型波纹管补偿器

1—端板 2—拉杆 3—中间管 4—波纹管 5—球面垫圈 6—端管

(6) 复式铰链型波纹管补偿器　复式铰链型波纹管补偿器如图 4-44 所示，它由中间管所连接的两个波纹管及十字销轴、铰链板和立板等结构件组成，只能吸收一个平面内的横向位移，并能承受波纹管压力的推力。

(7) 复式万向铰链型波纹管补偿器　复式万向铰链型波纹管补偿器如图 4-45所示，它由中间管所连接的两个波纹管及十字销轴、铰链板和立板等结构件组成，能吸收任一平面内的横向位移，并能承受波纹管压力的推力。

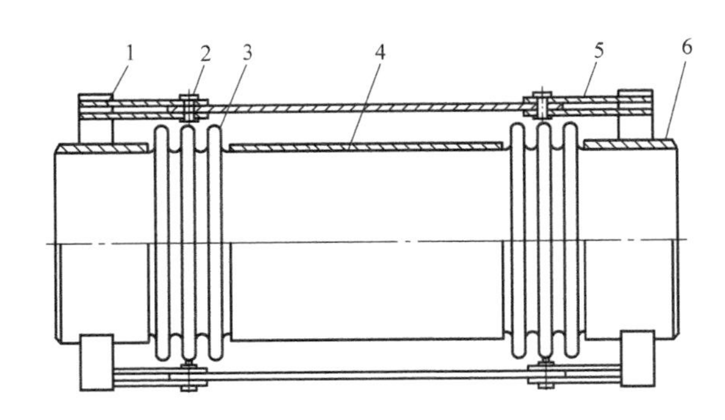

图 4-44　复式铰链型波纹管补偿器

1—立板　2—销轴　3—波纹管　4—中间管　5—铰链板　6—端管

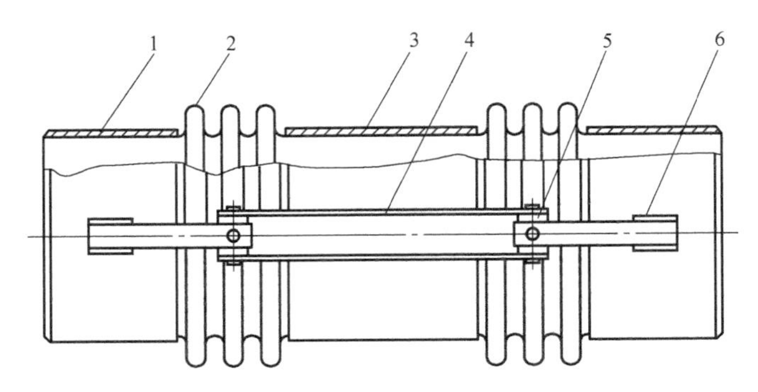

图 4-45　复式万向铰链型波纹管补偿器

1—端管　2—波纹管　3—中间管　4—铰链板　5—十字销轴　6—立板

(8) 弯管压力平衡型波纹管补偿器　弯管压力平衡型波纹管补偿器如图 4-46 所示，它由一个工作波纹管或中间管所连接的两个工作波纹管和一个平衡波纹管及弯头或三通等结构件组成，主要用于吸收轴向与横向组合位移，并能组合平衡波纹管压力的推力。

(9) 直管压力平衡型波纹管补偿器　直管压力平衡型波纹管补偿器如图 4-47 所示，它由位于两端的两个工作波纹管和位于中间的一个平衡波纹管及拉杆等结构件组成，主要用于

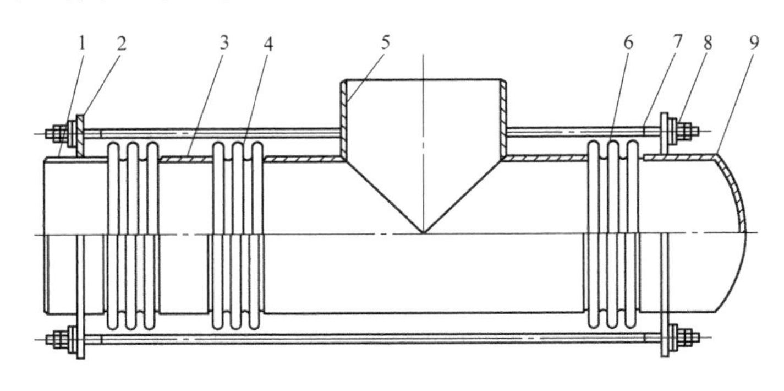

图 4-46　弯管压力平衡型波纹管补偿器

1—端管　2—端板　3—中间管　4—工作波纹管　5—三通

6—平衡波纹管　7—拉杆　8—球面垫圈　9—封头

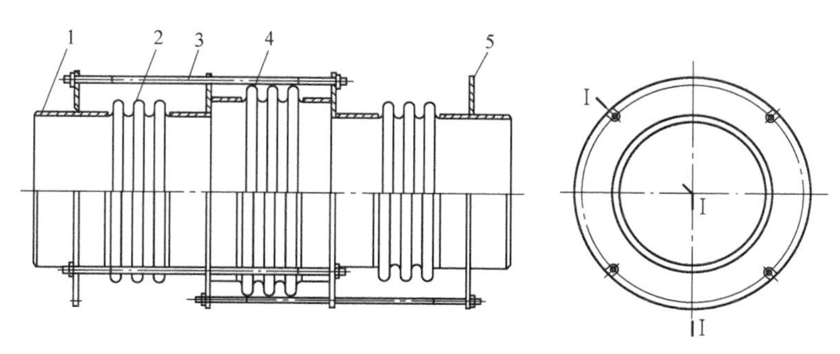

图 4-47 直管压力平衡型波纹管补偿器
1—直管 2—波纹管 3—拉杆 4—平衡波纹管 5—立板

吸收轴向位移并能平衡波纹管压力的推力。

（10）外压单式轴向波纹管补偿器 外压单式轴向波纹管补偿器如图4-48所示，它由承受外压的波纹管及外管和端环等结构件组成，只用于吸收轴向位移而不能承受波纹管压力的推力。

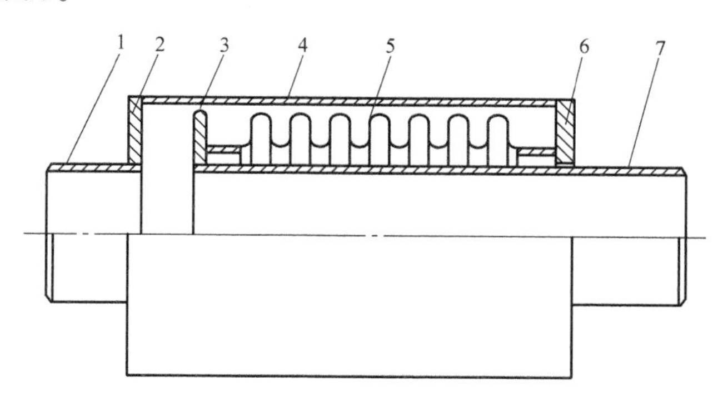

图 4-48 外压单式轴向波纹管补偿器
1—进口端管 2—进口端环 3—限位环 4—外管
5—波纹管 6—出口端环 7—出口端管

4. 套筒补偿器

套筒补偿器是由用填料密封的套管和外壳管组成的补偿器，图4-49所示为单向套筒补偿器。补偿器直接焊接在供热管上。套筒补偿器的补偿能力大，一般可达250～400mm，占地小，介质流动阻力小，价格较低，但其压紧、补充、更换填料的维修工作量大，地下敷设时，要设专门的检查室等。

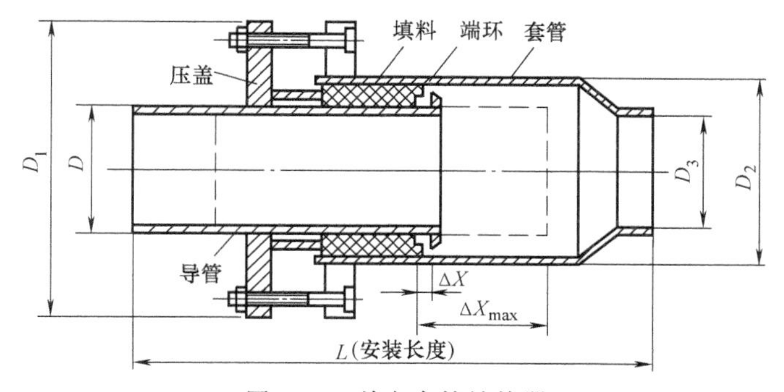

图 4-49 单向套筒补偿器

5. 球形补偿器

它是由球体和外壳组成。球体与外壳可相对折曲或旋转一定角度（一般可达30°），以适应温度变形，两个配成一组。其特点是补偿能力大，适用于架空敷设，其结构如图4-50所示。

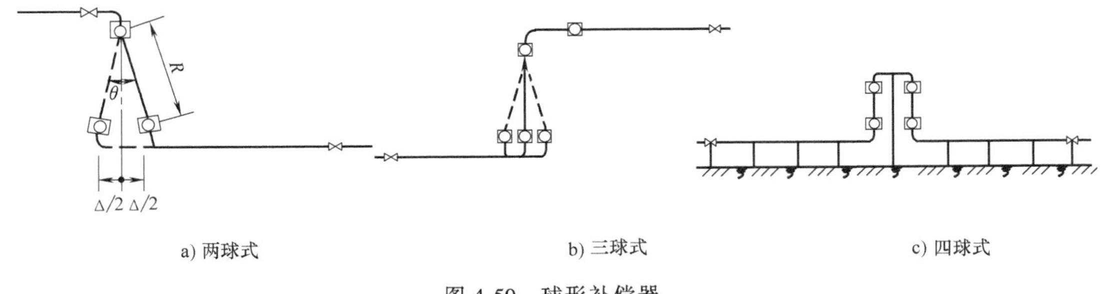

a) 两球式　　b) 三球式　　c) 四球式

图 4-50　球形补偿器

4.6.2　供热管网放气与排水

为便于热水管道和蒸汽凝结水管道顺利排气和在运行或检修时放净管道中的存水，以及从蒸汽管道中排出沿途凝水，供热管道必须设置相应的坡度；同时，应配置相应的排气、放水及疏水装置。其措施如下：

1）管道敷设时应有一定的坡度，对于热水管、汽水同向流动的蒸汽管和凝结水管，坡度宜采用 0.003，不得小于 0.002；对于汽水逆向流动的蒸汽管，坡度不得小于 0.005。

2）热水管道、凝结水管道在管道改变坡度时其最高点处应装设排气阀（手动或自动）。排气管管径不小于 *DN*15。

3）蒸汽、热水、凝结水管道在改变坡度时，其最低点处应装设放水阀（蒸汽管的低点需设疏水器装置）。放水管的大小由被排水的管段直径和长度来确定，应保证管段内的水能在 1h 内排完。放水管内的平均流速按 1m/s 计算。

4）蒸汽管道的直线管段在顺坡时每隔 400m 和逆坡时每隔 200m 均应设疏水装置。在蒸汽管道低点处及垂直升高前应设起动疏水和经常疏水装置。疏水器后的凝结水应尽量排入凝结水管道内，以减少热量和水量的损失。

5）凡装疏水器处，必须装设检查疏水器用的检查阀或检查疏水器工作的附件。疏水器前宜装有过滤器。

6）热力管道最低处泄水管不应直接接入下水道或雨水管道内。需先进入集水坑再由手摇泵或电泵排出或临时通过软管泄水。

热水和凝水管道排气和放水装置位置的示意图，如图 4-51a 所示；蒸汽管道的疏水装置如图 4-51b 所示。

管道疏水、排气及放水管直径可参考《城镇供热管网设计规范》CJJ 34—2010。

4.6.3　保温防腐

1. 保温的目的

在供热管道（设备）及附件表面敷设保温层，其主要目的在于减少热媒在输送过程中的无效热损失，并使热媒维持一定的参数以满足热用户需要。此外，管道（设备）保温后其外表面温度不致过高，从而保护运行检验人员，避免烫伤，这也是技术安全所必需的。

设置保温的原则是：供热介质设计温度高于 50℃ 的热力管道、设备、阀门应保温。

在不通行地沟敷设或直埋敷设条件下，热水热力网的回水管道、与蒸汽管道并行的凝结

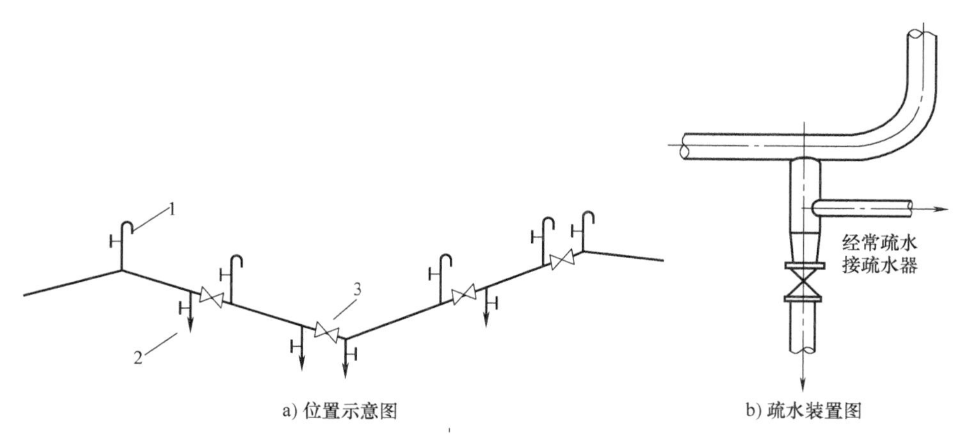

图 4-51 热水和凝水管道排气和放水装置

1—排气阀 2—放水阀 3—阀门

水管道以及其他温度较低的热水管道，在技术性和经济性合理的情况下可不保温。

2. 保温层结构

供热管道的保温层结构是由保温层和保护层两部分组成。

(1) 保温层 保温层是管道保温结构的主体部分，根据工艺介质、介质温度、材料供应、经济性和施工条件来选择。

供热管道常用保温结构的施工方法有涂抹法、预制块法、缠绕法、填充法、灌注法和喷涂法。具体做法可参考有关资料。预制保温瓦保温结构，如图 4-52 所示。缠绕法保温结构如图 4-53 所示。

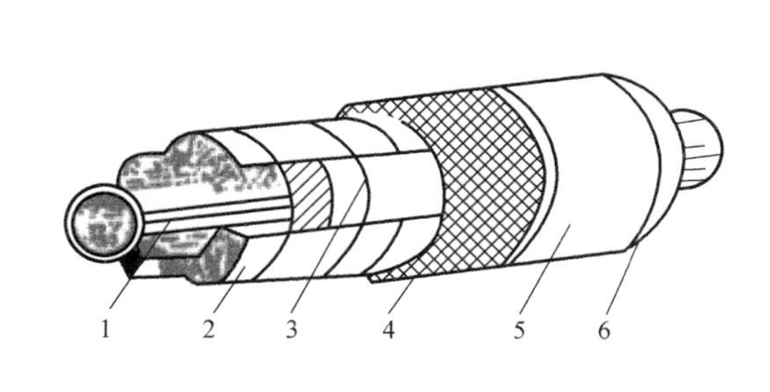

图 4-52 预制保温瓦保温结构

1—管道 2—保温层 3—镀锌钢丝

4—镀锌钢丝网 5—保护层 6—油漆

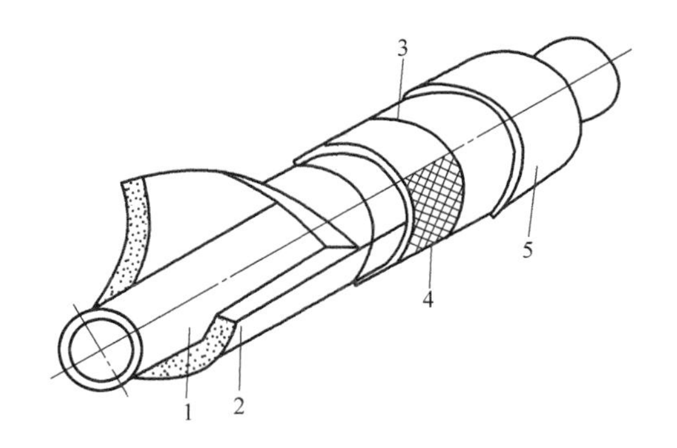

图 4-53 缠绕法保温结构

1—管道 2—保温毡或布 3—镀锌钢丝

4—镀锌钢丝网 5—保护层

保温厚度计算原则应按《设备及管道绝热设计导则》(GB/T 8175—2008) 的规定执行。

在工程设计中，保温层设计时应优先采用经济保温厚度。当经济保温厚度不能满足技术要求时，应按技术条件确定保温厚度。不同保温材料的保温厚度可根据介质种类、温度、管径大小查有关图集和手册确定。

(2) 保护层 供热管道的保护层应具有保护保温层和防水的性能，有时它还兼起美化保温结构外观的作用。因此，应具有质量轻，耐压强度高，一般耐压强度不小于 0.8MPa，化学稳定性好，可燃性有机物含量不大于15%，并不易开裂，外形美观的特性。

常用的保护层有：

1）金属保护层。常用镀锌薄钢板、铝合金板、不锈钢板等轻型材料制作，适用于室外架空敷设的保温管道。

2）包扎式复合保护层。常用玻璃布、改性沥青油毡、玻璃布铝箔或阻燃牛皮纸夹筋铝箔、沥青玻璃布油毡、玻璃钢、玻璃钢薄板、玻璃布乳化沥青涂层、玻璃布 CPU 涂层、玻璃布 CPU 卷材等制作，也属轻型结构，适用于室内外及地沟内的保温管道。

3）涂抹式保护层。常用沥青胶泥和石棉水泥等材料制作，仅适用于室内及地沟内的保温管道。

3. 常用保温材料

良好的保温材料应质量轻，导热系数小，在使用温度下不变形或不变质，具有一定的机械强度，不腐蚀金属，可燃成分小，吸水率低，易于施工成型，且成本低廉。保温材料及其制品，应具有以下主要技术性能：

1）保温材料在平均温度下的导热系数值不得大于0.12W/(m·℃)。

2）保温材料的密度不应大于350kg/m^3。

3）除软质、散状材料外，硬质预制成型制品的抗压强度不应小于0.3MPa；半硬质的保温材料压缩10%时的抗压强度不应小于0.2MPa。

目前，常用的管道保温材料有石棉、膨胀珍珠岩、岩棉、矿渣棉、玻璃纤维及玻璃棉、微孔硅酸钙、泡沫混凝土、聚氨酯硬质泡沫塑料等。各种保温材料及其制品的技术性能可从生产厂家或一些设计手册中得到。在选用保温材料时，要考虑因地制宜，就地取材，力求节约。

4. 管道和设备的防腐

（1）防腐的作用　由于供热管道、设备及附件经常与水和空气接触而受到腐蚀，为防止或减缓金属管材的腐蚀，保护和延长其使用寿命，应在保温前做防腐处理。常用防腐处理措施是在管道、设备及附件表面涂覆各种耐腐蚀的涂料。

（2）常用涂料　一般涂料按其所起的作用，分为底漆和面漆。先用底漆打底，再用面漆罩面。防锈漆和底漆都能防锈，都可用于打底。它们的区别是：底漆的颜料成分高，可以打磨，漆料偏重在对物面的附着力；而防锈漆料偏重在满足耐水、耐碱等性能的要求。

常用涂料有各种防锈漆、各种调和漆、各式醇酸瓷漆、铁红醇酸底漆、环氧红丹漆、磷化底漆、厚漆（铅油）、铝粉漆、生漆（大漆）、耐温铝粉漆、过氯乙烯漆、耐碱漆、沥青漆等。

各种涂料的性能和适用范围可参考有关资料。

4.6.4 支座

管道支座的作用是支撑管道，限制管道位移。支座承受管道重力和由内压、外载荷及温度变化引起的作用力，并将其传递到建筑构件或地层内。支座分为活动支座（架）和固定支座（架）。

1. 活动支座（架）

允许管道与支承结构有相对位移的管道支座（架）称为活动支座（架）。活动支座

（架）按构造和活动方式分为滑动、滚动、弹簧、悬吊和导向几种支座（架），其构造如图4-54～图4-58所示。

（1）滑动支座　滑动支座是由安装（采用卡固或焊接方式）在管子上的钢制管托与下面的支承结构构成。它承受管道的垂直载荷，允许管道在水平方向滑动位移。图4-54所示为丁字托式滑动支架。

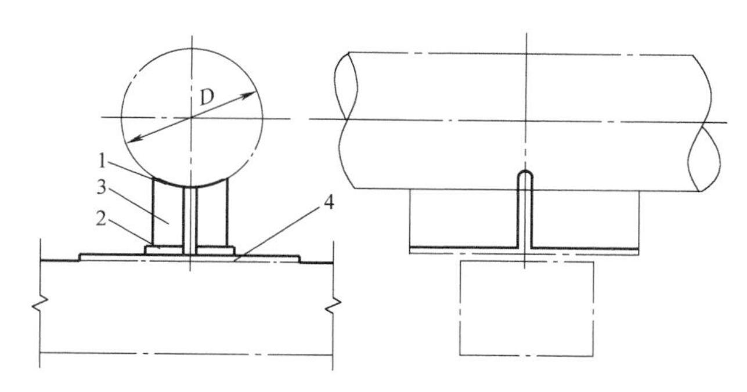

图4-54　丁字托式滑动支架

1—顶板　2—底板　3—侧板　4—支承板

（2）滚动支座　滚动支座是由安装（卡固或焊接）在管子上的钢制管托与设置在支承结构上的辊轴、滚柱或滚珠盘等构件构成。图4-55所示为辊轴式滚动支座。

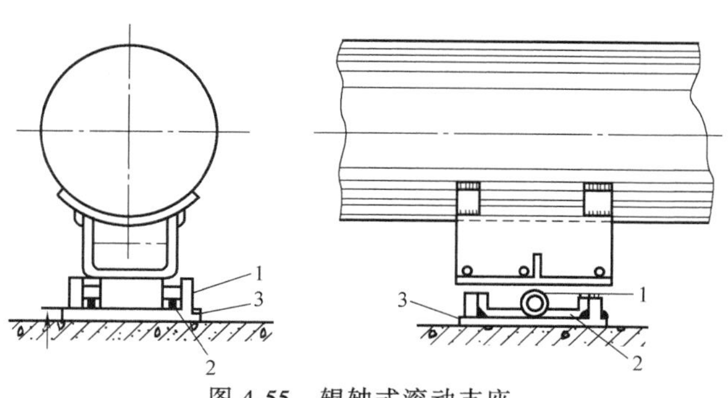

图4-55　辊轴式滚动支座

1—辊轴　2—导向板　3—支承板

当管道发生轴向位移时，其管托与滚动部件间有滚动摩擦，但管道横向移动时仍为滑动摩擦。滚动支座需进行必要的维护，使滚动部件保持正常状态，一般只用在架空敷设的管道上。

（3）悬吊支架　悬吊支架是将管道悬吊在支架下，允许管道有水平方向位移的活动支架。常见的悬吊支架如图4-56所示。悬吊支架构造简单，管道伸缩阻力小，但管道位移时

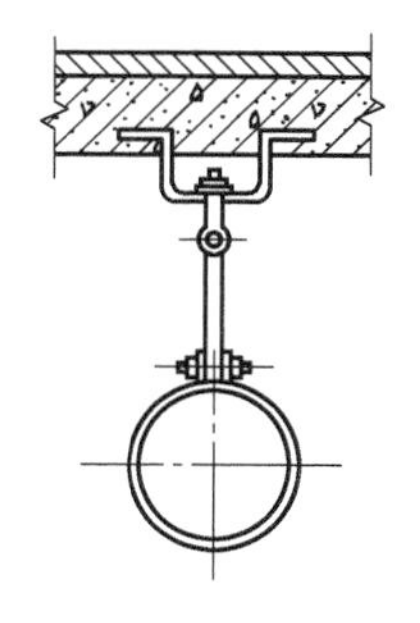

a）可在纵向及横向移动

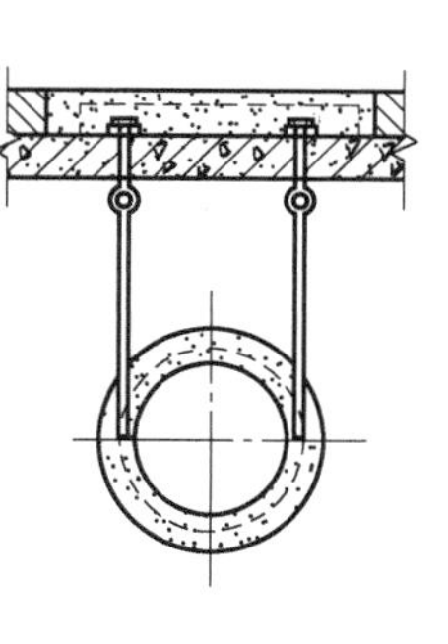

b）只能在纵向移动

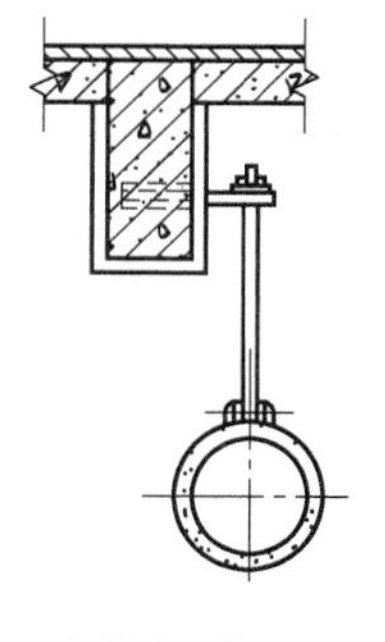

c）焊接在钢筋混凝土构件里埋置的预埋件上

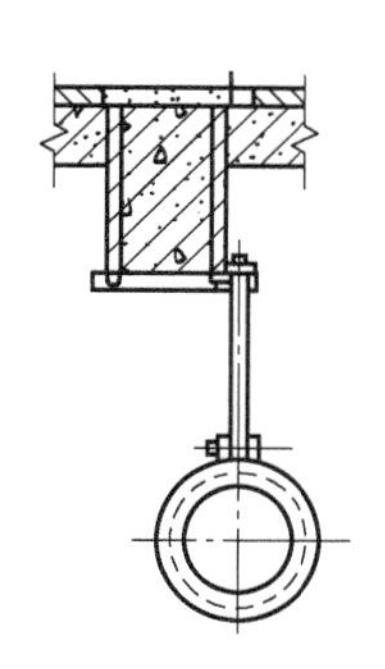

d）箍在钢筋混凝土梁上

图4-56　悬吊支架

吊杆发生摆动。常用在室内供热管道上。

(4) 弹簧支（吊）架　弹簧支（吊）架是装有弹簧，除允许管道有水平方向的轴向位移和侧向位移外，还能补偿适量的垂直位移的管道悬支（吊）架，如图 4-57 所示。

弹簧支（吊）架常用于管道有较大的垂直位移处，可防止管道脱离支架，致使相邻支座和相应管段受力过大。

(5) 导向支座　导向支座是只允许管道轴向位移的活动支架，如图 4-58 所示。其构造通常是在滑动支座或滚动支座沿管道轴向的管托两侧设置导向挡板。导向支座的主要作用是防止管道纵向失稳，保证补偿器的正常工作。

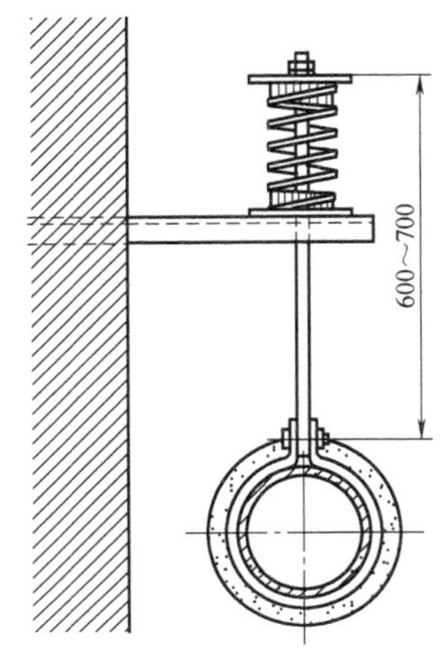

图 4-57　弹簧支（吊）架

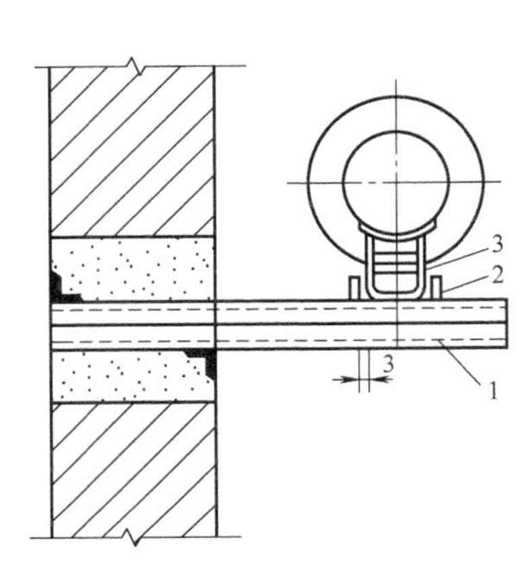

图 4-58　导向支架

1—支架　2—导向板　3—支座

(6) 管道活动支座（架）的间距确定　活动支座（架）的最大间距是由管道的允许跨距来决定的，而管道的允许跨距又是按强度条件和刚度条件两个方面来计算确定的，具体数值可参考《城镇供热管网设计规范》确定。

2. 固定支架

固定支座是不允许管道和支承结构有相对位移的管道支座（架）。它主要用于将管道划分成若干补偿管段分别进行热补偿，从而保证补偿器的正常工作。

在无沟敷设或不通行地沟中，通常做成钢筋混凝土固定墩的形式。直埋敷设所采用的固定墩，如图 4-59 所示。管道从固定墩上部的立板穿过，在管子上焊有卡板进行固定。

固定支座的间距应满足下列要求：

1) 管道的热伸长不得超过补偿器所允许的补偿量。

2) 管道因膨胀及其他作用而产生的推力，不得超过固定支架所承受的允许推力。

3) 不应使管道产生纵向弯曲。地沟敷设与架空敷设的直线管段固定支座最大允许间距可参见《城镇供热管网设计规范》。

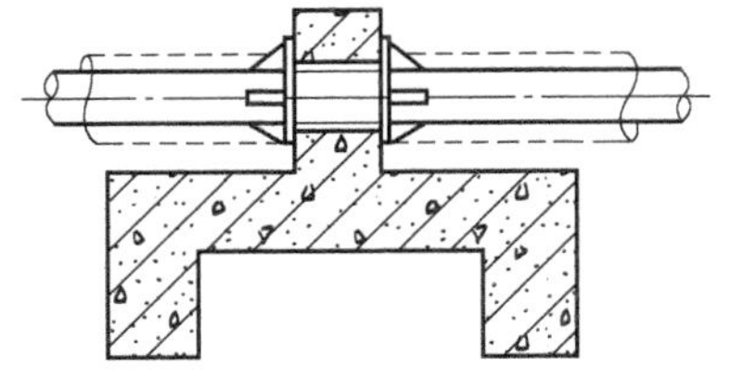

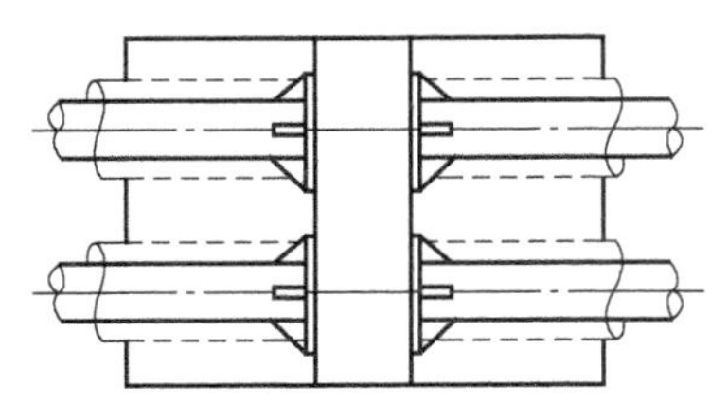

图 4-59　直埋敷设固定墩

4.7　供热管道检查室及检查平台

检查室的结构尺寸既要考虑维护操作方便，又要尽可能紧凑。其净空尺寸应根据管道的根数、管径、阀门及附件的数量和规格大小确定。

地下敷设管道安装套筒补偿器、波纹管补偿器、阀门、放水和除污装置等设备附件时，应设检查室。

检查室应符合下列规定：

1）净空高度不应小于 1.8m。

2）人行通道宽度不应小于 0.6m。

3）干管保温结构表面与检查室地面距离不应小于 0.6m。

4）检查室的人孔直径不应小于 0.7m，人孔数量不应少于两个，并应对角布置，人孔应避开检查室内的设备，当检查室净空面积小于 $4m^2$时，可只设一个人孔。

5）检查室内至少应设一个积水坑，并应置于人孔下方。

6）检查室地面低于管沟内底应不小于 0.3m。

7）检查室内爬梯高度大于 4m 时应设护栏或在爬梯中间设平台。

当检查室内需更换的设备、附件不能从人孔进出时，应在检查室顶板上设安装孔。安装孔的尺寸和位置应保证需更换设备出入方便和便于安装。

当检查室内装有电动阀门时，应采取措施，保证安装地点的空气温度、湿度满足电气装置的技术要求。

当地下敷设管道只需安装放气阀门且埋深很小时，可不设检查室，只在地面设检查井口，放气阀门的安装位置应便于工作人员在地面进行操作；当埋深较大时，在保证安全的条件下，也可只设检查人孔。

检查室内如设有放水阀，其地面应设有 0.01 的坡度，并坡向积水坑。积水坑至少设 1 个，尺寸不小于 0.4m×0.4m×0.5m（长×宽×深）。管沟盖板和检查室盖板上的覆土深度不应小于 0.2m。

检查室的布置举例如图 4-60 所示。中、高支架敷设的管道，安装阀门、放水、放气、除污装

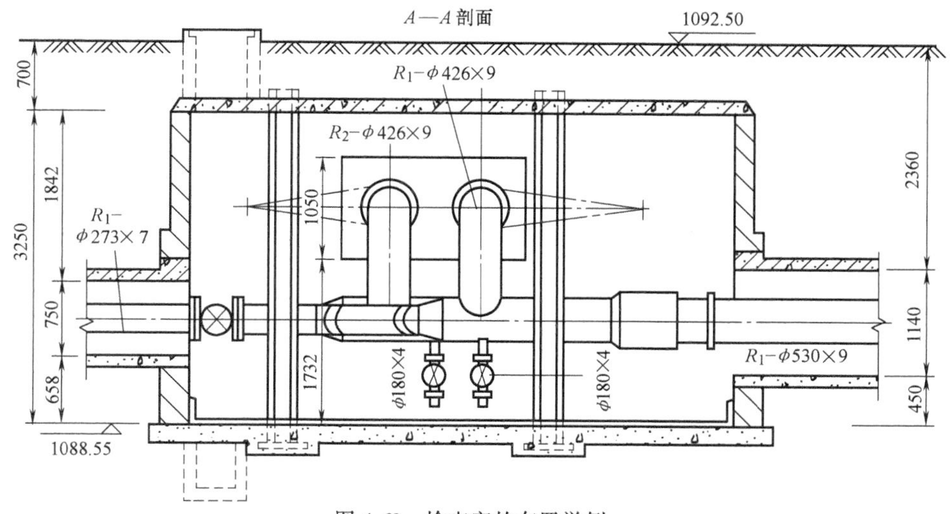

图 4-60　检查室的布置举例

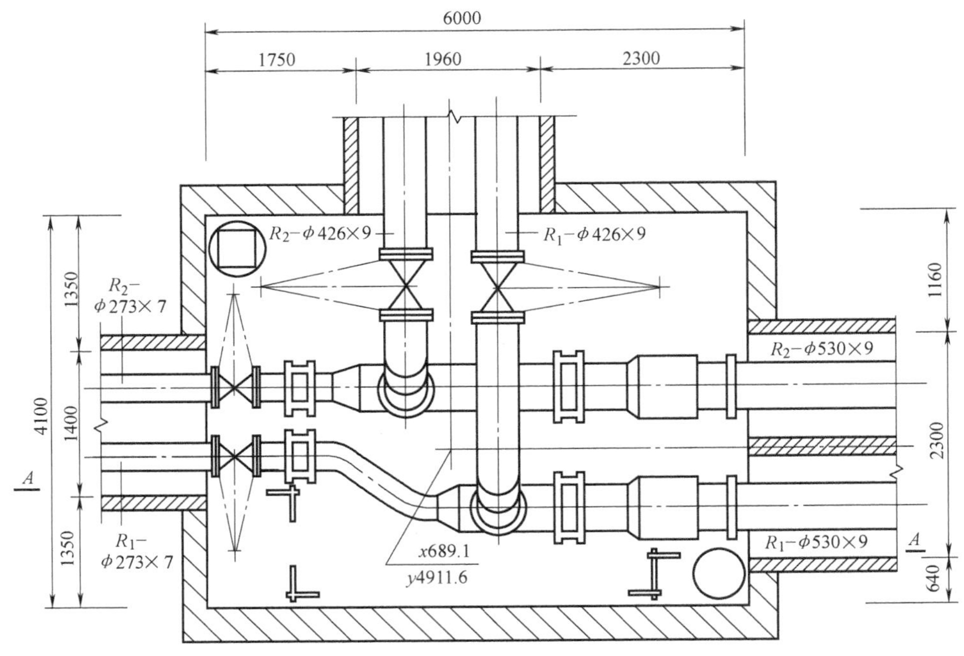

图 4-60　检查室的布置举例（续）

置的地方应设操作平台。在跨越河流、峡谷等地段，必要时应沿架空管道设检修便桥。

中、高支架操作平台的尺寸应保证维修人员操作方便。检修便桥宽度不应小于 0.6m。平台或便桥周围应设防护栏杆。检查室或检查平台的位置及数量应在管道平面定线和设计时一起考虑。在保证安全运行和检修方便的前提下，应尽量减少其数量，以节约投资费用。

4.8　供热管道施工图

4.8.1　供热管网设计原始资料

（1）供热区域的平面图

1）区域内地形地貌、等高线、定位坐标。

2）区域内道路、绿化地带，原有管线的名称、位置、走向、管径、埋深等。

3）已建或拟建建筑物的位置、名称、层数、建筑面积等。

（2）气象资料

1）供热地区的风向、风速、采暖室外计算温度。

2）最大冻土深度。

（3）土质情况、地下水位及水源水质等情况

（4）供热介质的种类及参数

（5）热源位置、城市供热管网的走向及位置状况等

4.8.2　供热管网施工图组成

供热管网施工图是指从热源至用热建筑物热媒入口的管道的施工图，它包括管道平面布

置图、管道纵断面图、管道横断面图及详图等。

（1）管道平面布置图主要内容　管道平面布置图是室外供热管道的主要图样，用来表示管道的具体位置和走向。其主要内容包括：

1）建筑总平面的地形、地貌、标高、道路、建筑物的位置等。

2）管道的名称、用途、平面位置、标高、管径和连接方式。

3）管道的支架形式、位置、数量，管道地沟的形式、平面尺寸。

4）管道阀门的型号、位置，放气装置及疏排水装置。

5）管道辅助设备及管路附件的设置情况，如补偿器的形式、位置及安装方式、阀门井、阀门操作平台等的位置、平面尺寸等。

（2）管道纵断面图和横断面图主要内容　包括室外供热管道的纵、横断面图，主要反映管道及构筑物（地沟、管架）在纵、横立面上的布置情况，并将平面布置图上无法表示的立面情况予以表示清楚，所以是平面布置图的辅助性图样。管道纵、横断面图表达的主要内容包括：

1）管道在纵断面或横断面上的布置、管道之间的间距尺寸，管底或管中心标高，管道坡度。

2）管架的布置、标高，地沟断面尺寸坡度，地面标高。

3）管道附件设置情况，如补偿器、疏排水装置的位置、标高。

4.8.3 供热管网施工图实例

1. 地沟敷设室外管网施工图例

1）供热管网管道系统图画法示例如图4-61所示。如将供热管网管道系统图的内容并入热网管线平面图时，可不另绘制热网管道系统图。

2）供热管网管线平面图画法示例如图4-62所示。

3）供热管网管线横剖面图画法示例如图4-63所示。

4）供热管网检查室图画法示例如图4-64所示。

2. 某厂空调和生活用蒸汽室外供热管网施工图

图4-65为某厂空调和生活用蒸汽室外供热管道平面布置图，图4-66是供热管道Ⅰ—Ⅰ横断面图，图4-67是该供热管道纵断面图。

1）了解总平面图上建筑物布置情况，通过对室外供热管道平面布置图的识读，可以看出锅炉房在西面，它的东面是一车间。

2）查明管道的布置。本例有四根管道，其中两根为蒸汽管道，自锅炉房相对标高4.20m（绝对标高8.70m）出墙，经过走道空间沿一车间外墙并列敷设，至一车间尽头，空调供热管道转弯进入一车间，该管道的管径为$D57\times3.5$mm；另一根生活用汽管道，管径为$D45\times3.5$mm，则从相对标高4.35m返下至标高0.60m，沿地面敷设送往生活大楼。回水管道也有两根，一根从一车间自相对标高4.05m处接出；另一根从生活大楼送来至一车间墙边，由相对标高0.30m登高至相对标高4.05m，然后两根回水管沿一车间外墙并列敷设，到锅炉房外墙转弯，再登高至相对标高5.50m处进入锅炉房。管道排列的位置、尺寸通过Ⅰ—Ⅰ断面图表示得非常清楚，两根蒸汽管在横钢支架上面，回水管在下面，两根水平管道中心间距为240mm，蒸汽管道和回水管道上下中心高差为300mm。

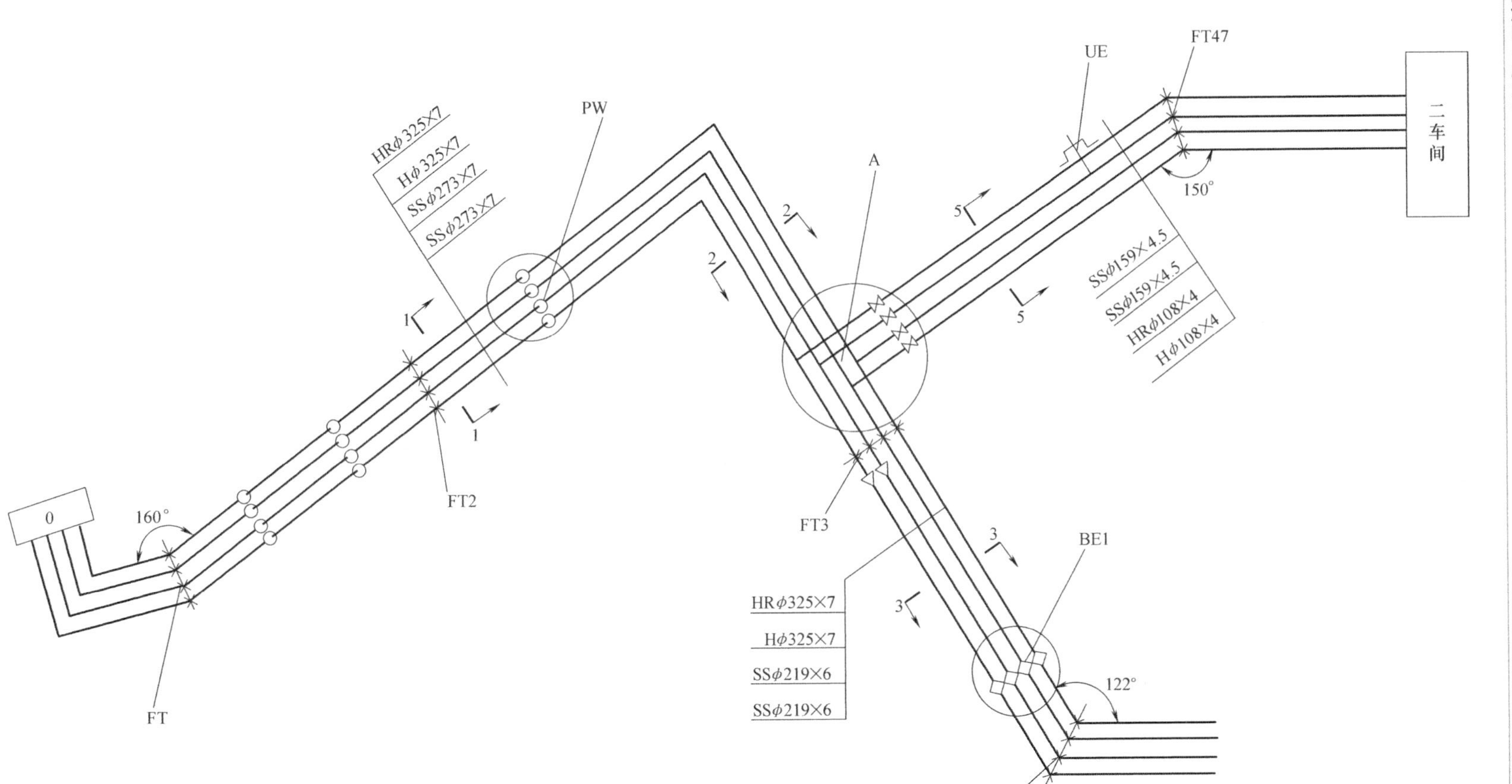

图 4-61　供热管网管道系统图画法示例

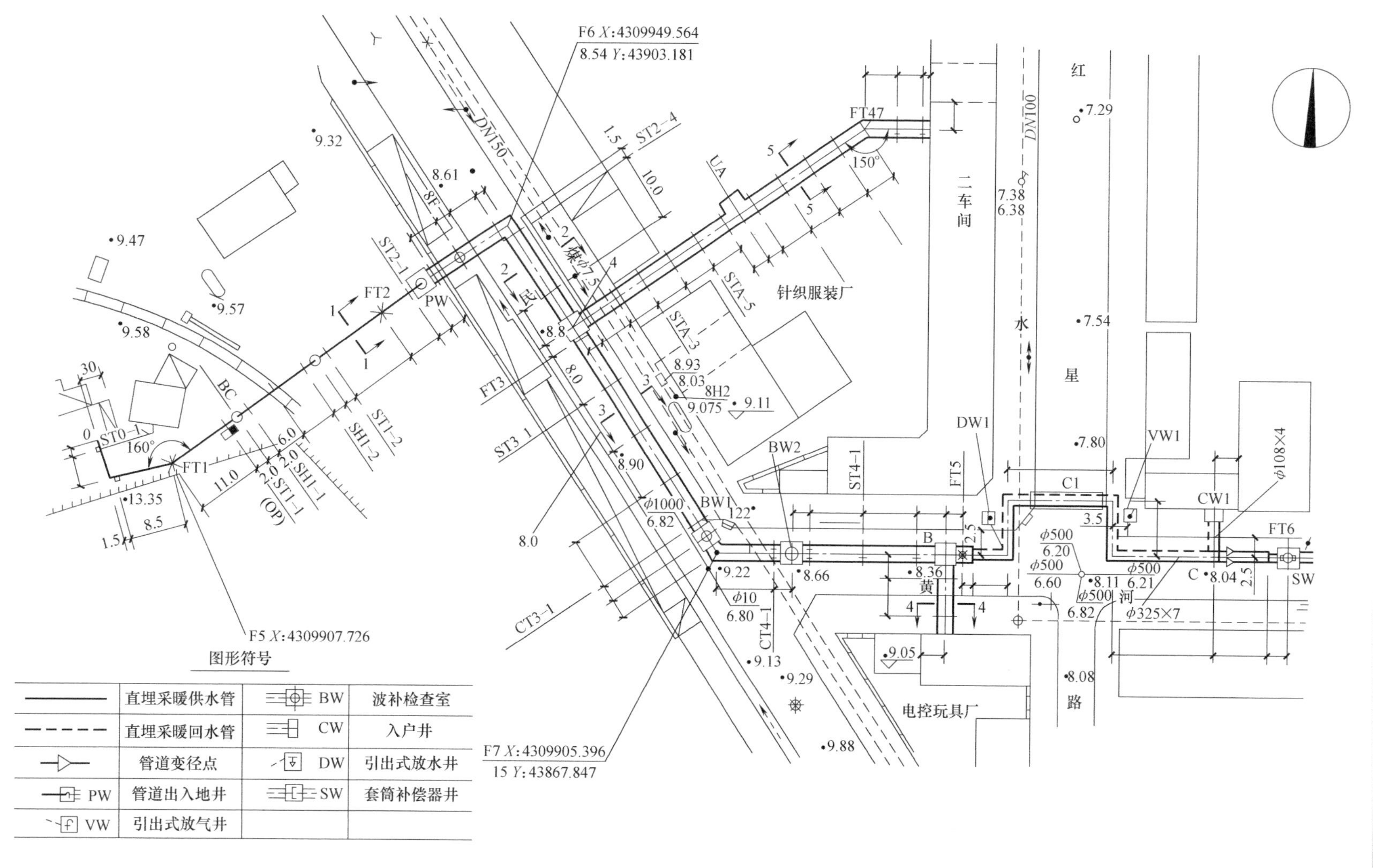

图 4-62　供热管网管线平面图画法示例

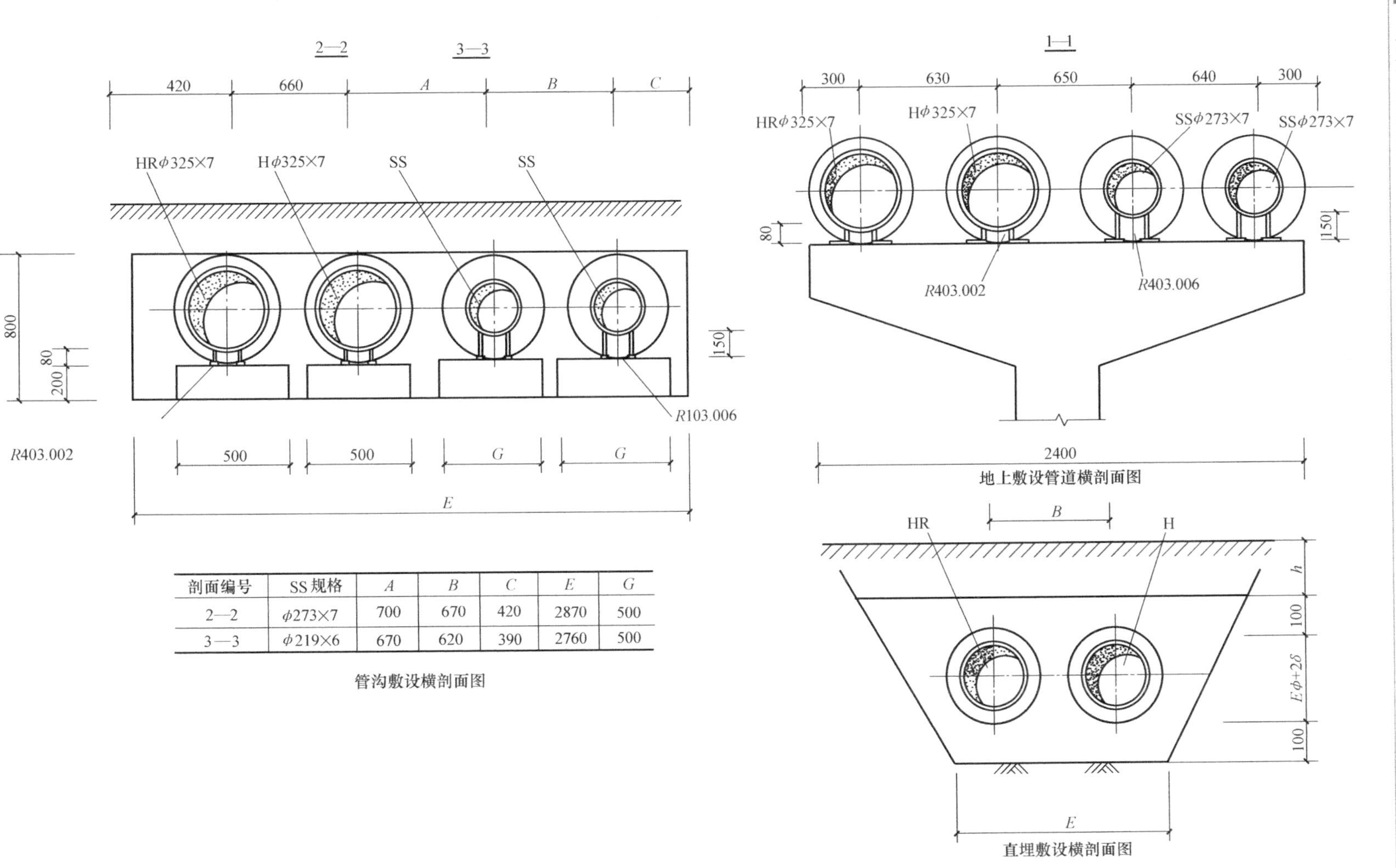

剖面编号	SS 规格	A	B	C	E	G
2—2	φ273×7	700	670	420	2870	500
3—3	φ219×6	670	620	390	2760	500

图 4-63　供热管网管线横剖面图画法示例

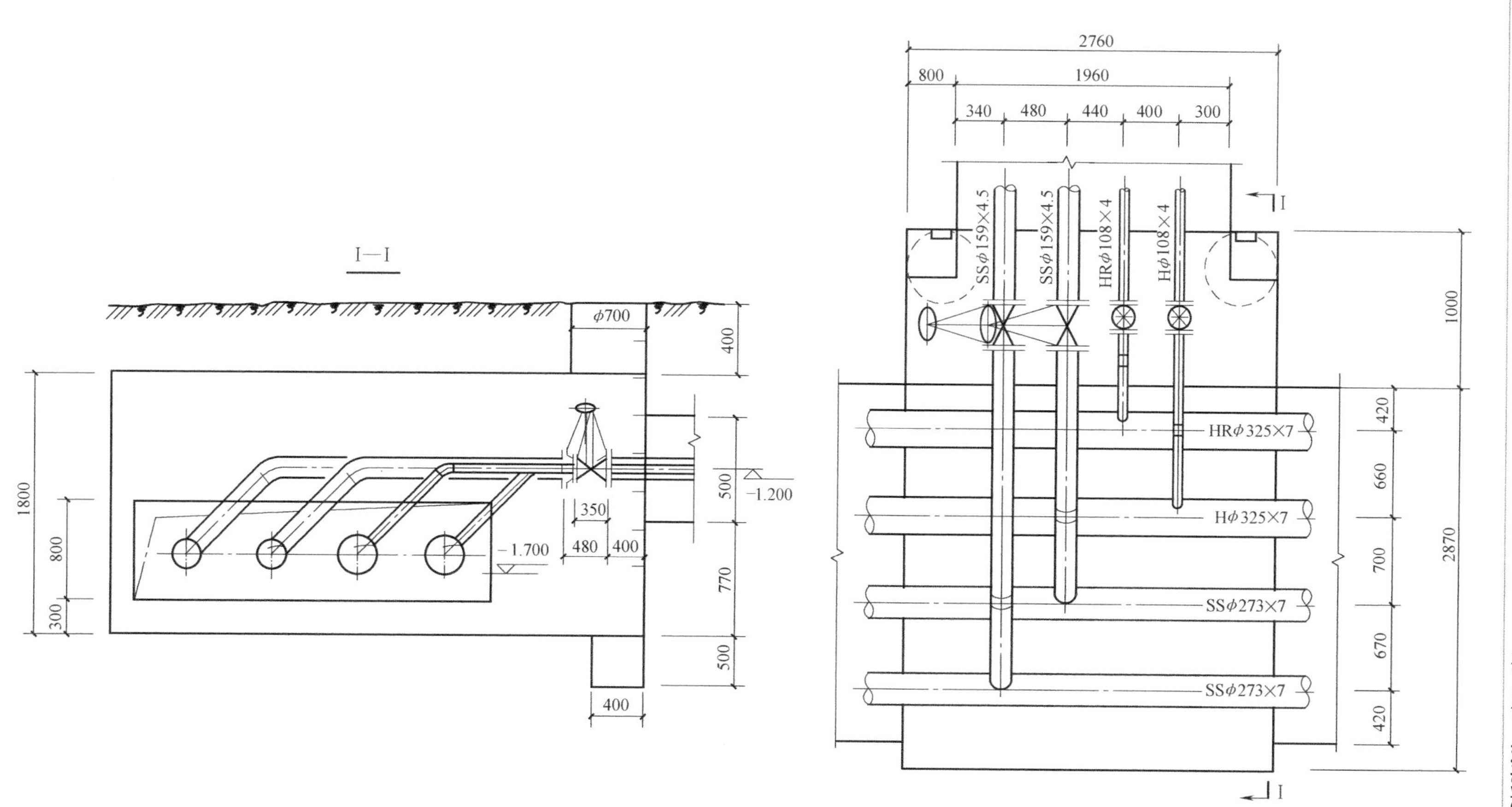

图 4-64　供热管网检查室画法示例

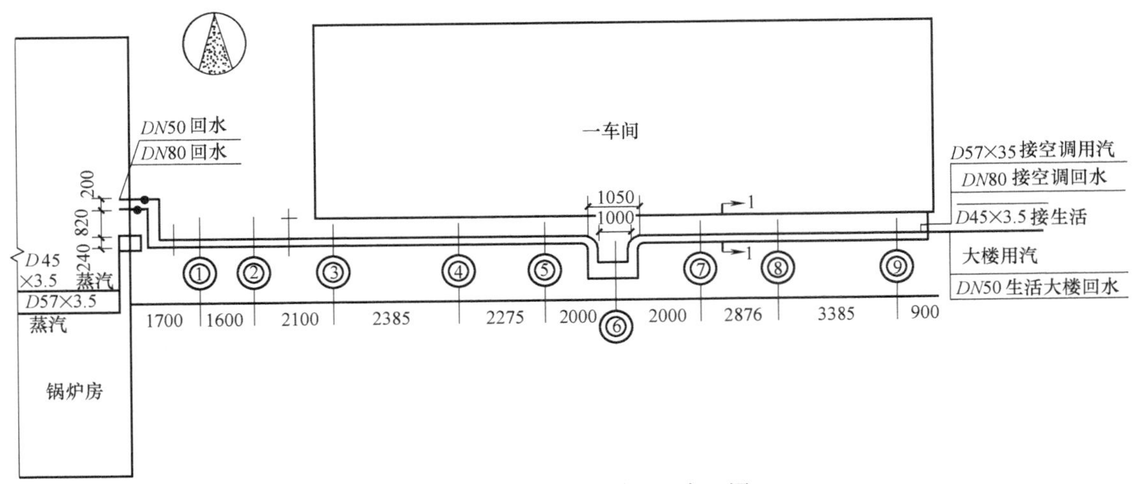

图 4-65 室外供热管道平面布置图

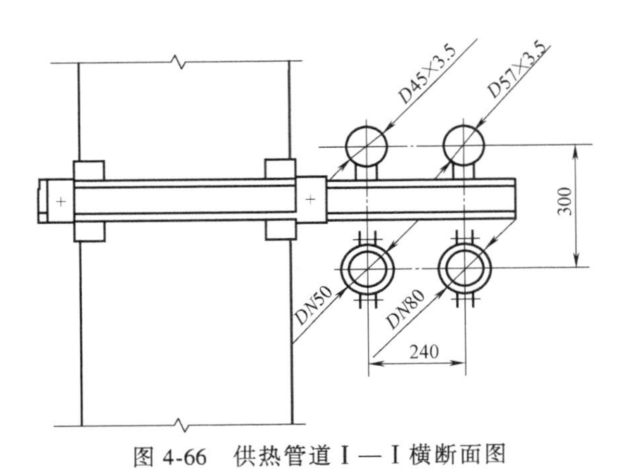

图 4-66 供热管道 I — I 横断面图

3）了解管道支架设置、形式及数量。本例管道支架共有 9 付，其中 3 号和 10 号支架为固定支架，其余支架均为滑动支架，从 I — I 断面图上可以看出支架是用槽钢制成的，采用抱柱形式与柱子固定，蒸汽管道设置在管托上，回水管吊在槽钢支架的下面。

4）管道疏排水装置及补偿器的设置。本例回水管道在锅炉房外墙向上登高处，设有带双阀门的 *DN*15 疏排水管，引至明沟。在 5、6、7 号管道支架处，设有方形补偿器。补偿器的尺寸为 1080mm×504mm 和 1000mm×500mm 各一组，用钢管煨制。

4.8.4 图样会审

工程中标收到施工图样后，首先技术管理部门（技术部）或有关负责技术的领导（总工）要组织技术人员和有关管理人员（工长）看图审查图样，在看图审查时要仔细认真，将图样中出现的错误、遗漏、碰撞的问题及需要设计方明确的问题提出并经核实整理后提交建设单位或监理，由建设单位组织设计、监理、施工几方共同进行图样会审。在图样会审中设计方对工程及图样进行交底，并对施工、监理等方提出的问题给予解答。图样会审中提出问题的修改或变更将以图样会审记录的形式下发。图样会审记录将和图样一样作为施工的依据。

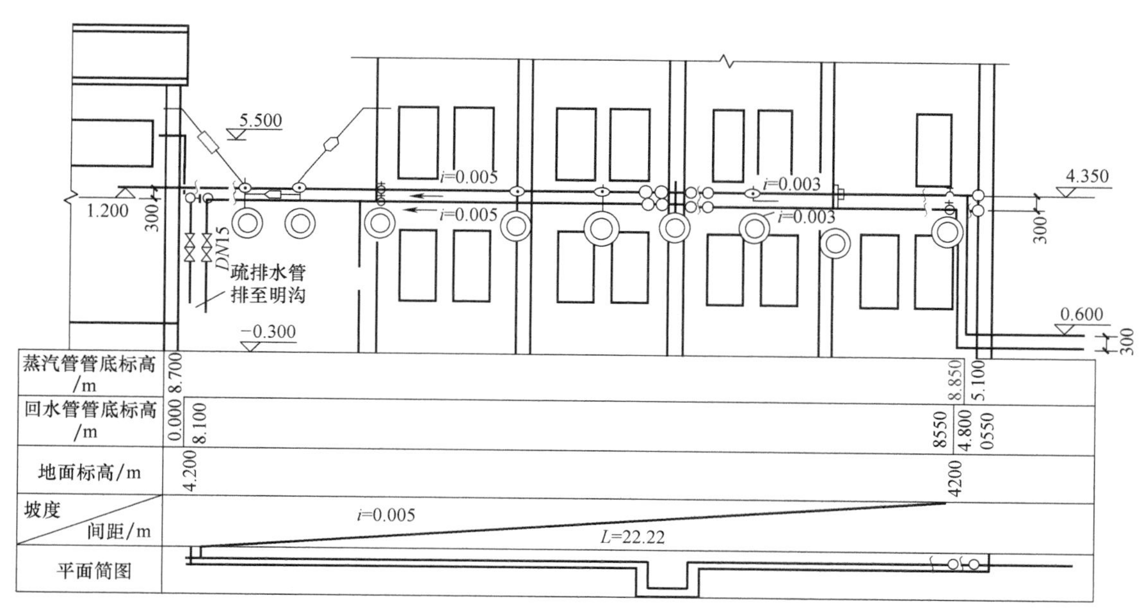

说明:相对标高±0.000相对于绝对标高4.500。

图 4-67　室外供热管道纵断面图

图样会审记录表的形式见表 4-1。

表 4-1　图样会审记录

<table>
<tr><td colspan="3">图样会审记录</td><td>编号</td><td></td></tr>
<tr><td colspan="2">工程名称</td><td></td><td>日期</td><td></td></tr>
<tr><td colspan="2">地点</td><td></td><td>专业名称</td><td></td></tr>
<tr><td>序号</td><td>图号</td><td colspan="2">图样问题</td><td>图样问题交底</td></tr>
<tr><td></td><td></td><td colspan="2"></td><td></td></tr>
<tr><td rowspan="2">签字栏</td><td>建设单位</td><td>监理单位</td><td>设计单位</td><td>施工单位</td></tr>
<tr><td></td><td></td><td></td><td></td></tr>
</table>

1）由施工单位整理、汇总，建设单位、监理单位、施工单位、城建档案馆各保存一份。

2）图样的会审记录应根据专业（建筑、结构、给水排水及采暖、电气、通风空调、智能系统等）汇总并整理。

3）设计单位应由专业设计负责人签字，其他相关单位应由项目技术负责人或相关专业负责人签认。

第5章 市政管道综合设置

5.1 城市工程管线综合布置原则

1）城市各种管线的位置应采用统一的坐标及标高系统，局部地区内部的管线定位也可以采用自己的坐标系统，但区界、管线进出口处应与城市主干管线的坐标一致。如存在几个坐标系统，必须加以换算，取得统一。

2）管线综合布置应与总平面布置、竖向设计和绿化布置统一进行，使管线之间，管线与建筑物之间在平面及竖向上相互协调、紧凑合理。

3）管线敷设方式应根据地形、管线内介质的性质、生产安全、交通运输、施工检修等因素，经技术经济比较后择优确定。

4）当管道内的介质具有毒性、可燃易燃、易爆性质时，严禁穿越与其无关的建筑物、构筑物、生产装置及贮罐区。

5）平原城市宜避开土质松软地区、地震断裂带、沉陷区以及地下水位较高的不利地带；起伏较大的山区城市，应结合城市地形的特点合理布置工程管线位置，并应避开滑坡危险地带和洪峰口。

6）必须在满足生产、安全、检修的条件下节约用地。

7）应尽量减少与城市现状及规划的地下铁道、地下通道、人防工程等地下隐蔽性工程的交叉。当管线与铁路或道路必须交叉时，应设置为正交。实在有困难时，其交叉角不宜小于45°。

8）在山区，管线敷设应充分利用地形，并应避免山洪、泥石流及其他不良地质现象的危害。

9）当规划区分期建设时，管线布置应全面规划，近期集中，远近结合。当近期管线穿越远期用地时，不得影响远期用地的使用。

10）管线综合布置时，干管应布置在用户较多的一侧或将管线分类布置在道路两侧。

5.2 直埋敷设规定

1）严寒或寒冷地区给水、排水、燃气等工程管线应根据土壤冰冻深度确定管线覆土深度；热力、电信电缆、电力电缆等工程管线以及严寒或寒冷地区以外的地下工程管线应根据土壤性质和地面承受载荷的大小确定管线的覆土深度。工程管线的最小覆土深度应符合表 5-1 的规定。

表 5-1　工程管线的最小覆土深度

序号		1		2		3		4	5	6	7
管线名称		电力管线		电信管线		热力管线		燃气管线	给水管线	雨水排水管线	污水排水管线
		直埋	管沟	直埋	管沟	直埋	管沟				
最小覆土深度/m	人行道下	0.50	0.40	0.70	0.40	0.50	0.20	0.60	0.60	0.60	0.60
	车行道下	0.70	0.50	0.80	0.70	0.70	0.20	0.80	0.70	0.70	0.70

注：10kV 以上直埋电力电缆管线的覆土深度不应小于 1.0m。

2）工程管线在道路下面的规划位置，应布置在人行道或非机动车道下面。电信电缆、给水输水、燃气输气、污雨水排水等工程管线可布置在非机动车道或机动车道下面。

3）工程管线在道路下面的规划位置宜相对固定。从道路红线向道路中心线方向平行布置的次序，应根据工程管线的性质、埋设深度等确定。分支线少、埋设深度大、检修周期短和具有可燃、易燃性和损坏时对建筑物基础安全有影响的工程管线应远离建筑物。布置次序宜为：电力电缆、电信电缆、燃气配气、给水配水、热力干线、燃气输气、给水输水、雨水排水、污水排水。

4）工程管线在庭院内建筑线向外方向平行布置的次序，应根据工程管线的性质和埋设深度确定，其布置次序宜为：电力管线、电信管线、污水排水管线、燃气管线、给水管线、热力管线。当燃气管线可在建筑物两侧中任一侧引入均满足要求时，燃气管线应布置在管线较少的一侧。

5）沿城市道路规划的工程管线应与道路中心线平行，其主干线应靠近分支管线多的一侧，工程管线不宜从道路一侧转到另一侧。道路红线宽度超过 30m 的城市干道宜两侧布置给水配水管线和燃气配气管线；道路红线宽度超过 50m 的城市干道应在道路两侧布置排水管线。

6）各种工程管线不应在垂直方向上重叠直埋敷设。

7）沿铁路、公路敷设的工程管线应与铁路、公路线路平行。当工程管线与铁路、公路交叉时宜采用垂直交叉方式布置；受条件限制，可倾斜交叉布置，其最小交叉角宜大于 30°。

8）河底敷设的工程管线应选择在稳定河段，埋设深度应按不妨碍河道的整治和管线安全的原则确定。当在河道下面敷设工程管线时应符合下列规定：

① 在一至五级航道下面敷设，应在航道底设计高程 2m 以下。

②在其他河道下面敷设，应在河底设计高程 0.5m 以下。

9）工程管线之间及其与建（构）筑物之间的最小水平净距应符合表 5-2 的规定。当受道路宽度、断面以及现状工程管线位置等因素限制难以满足要求时，可根据实际情况采取安全措施后减少其最小水平净距。

10）对于埋深大于建（构）筑物基础的工程管线，其与建（构）筑物之间的最小水平距离，应按下式计算，共折算成水平净距后与表 5-2 的数值比较，采用其较大值。

表 5-2 工程管线之间及其与建（构）筑物之间的最小水平净距

（单位：m）

序号	管线名称			1	2		3	4					5		6		7		8	9	10			11	12
				建筑物	给水管		污水雨水排水管	燃气管					热力管		电力电缆		电信电缆		乔木	灌木	地上杆柱			道路侧石边缘	铁路钢轨（或坡脚）
					D≤200mm	D≤200mm		低压	中压		高压		直埋	地沟	直埋	地沟	直埋	地沟			通信照明及<10kV	高压铁塔基础边			
									B	A	B	A										≤35kV	>35kV		
1	建筑物				1.0	3.0	2.5	0.7	1.5	2.0	4.0	6.0	2.5	0.5	0.5		1.0	1.5	3.0	1.5	*				6.0
2	给水管	D≤200mm		1.0			1.0	0.5			1.0	1.5	1.5		0.5		1.0		1.5		0.5	3.0		1.5	
		D>200mm		3.0			1.5																		
3	污水雨水排水管			2.5	1.0	1.5		1.0	1.2		1.5	2.0	1.5		0.5		1.0		1.5		0.5	1.5		1.5	
4	燃气管	低压	P≤0.5MPa	0.7	0.5		1.0	DN≤300 0.4 DN>300 0.5					1.0		0.5		0.5	1.0	12		1.0	1.0	5.0	1.5	5.0
		中压	0.05MPa<P≤0.2MPa	1.5			1.2						1.0	1.5											
			0.2MPa<P≤0.4MPa	2.0																					
		高压	0.45MPa<P≤0.8MPa	4.0	1.0		1.5						1.5	2.0	1.0		1.0							2.5	
			0.8MPa<P≤1.6MPa	6.0	1.5		2.0						2.0	4.0	1.5		1.5								
5	热力管	直埋		2.5	1.5		1.5	1.0	1.0		1.5	2.0			2.0		1.0		1.5		1.0	2.0	3.0	1.5	1.0
		地沟		0.5					1.5		2.0	4.0													
6	电力电缆	直埋		0.5	0.5		0.5	0.5	0.5		1.0	1.5	2.0		0.5				1.0		0.6			1.5	3.0
		缆沟																							
7	电信电缆	直埋		1.0	1.0		1.0	0.5			1.0	1.5	1.0		0.5		0.5		1.0	1.0	0.5	0.6		1.5	2.0
		管道		1.5				1.0											1.5						
8	乔木（中心）			3.0	1.5		1.5	1.2					1.5		1.0		1.0	1.5			1.5			0.5	
9	灌木			1.5													1.0								
10	地上杆柱	通信照明及<10kV		*	0.5		0.5	1.0					1.0		0.6		0.5		1.5					0.5	
		高压铁塔基础边	≤35kV		3.0		1.5	1.0					2.0				0.6								
			>35kV					5.0					3.0												
11	道路侧石边缘				1.5		1.5	1.5			2.5		1.5		1.5		1.5		0.5		0.5				
12	铁路钢轨（或坡脚）			6.0	5.0								1.0		3.0		2.0								

$$L=(H-h)a+\tan d^2$$

式中　L——管线中心至建（构）筑物基础边水平距离，单位为 m；

H——管线敷设深度，单位为 m；

h——建（构）筑物基础底砌置深度，单位为 m；

a——开挖管为宽度，单位为 m；

d——土壤内摩擦角，单位为°。

11）当工程管线交叉敷设时，自地表面向下的排列顺序宜为：电力管线、热力管线、燃气管线、给水管线、雨水排水管线、污水排水管线。

12）工程管线在交叉点的高程应根据排水管线的高程确定。符合《城市工程管线综合规划规范》（GB 50289—2016）中关于工程管线垂直交叉时的最小垂直净距，见表 5-3。

表 5-3　工程管线交叉时的最小垂直净距　　单位：m

序号			1	2	3	4	5		6	
			给水管线	污、雨水排水管线	热力管线	燃气管线	电信管线		电力管线	
							直埋	管块	直埋	管沟
1	给水管线		0.15							
2	污水、雨水排水管线		0.40	0.15						
3	热力管线		0.15	0.15	0.15					
4	燃气管线		0.15	0.15	0.15	0.15				
5	电信管线	直埋	0.50	0.50	0.15	0.50	0.25	0.25		
		管块	0.15	0.15	0.15	0.15	0.25	0.25		
6	电力管线	直埋	0.15	0.50	0.50	0.50	0.50	0.50	0.50	0.50
		管沟	0.15	0.50	0.50	0.15	0.50	0.50	0.50	0.50
7	沟渠（基础底）		0.50	0.50	0.50	0.50	0.50	0.50	0.50	0.50
8	涵洞（基础底）		0.15	0.15	0.15	0.15	0.20	0.25	0.50	0.50
9	电车（轨底）		1.00	1.00	1.00	1.00	1.00	1.00	1.00	1.00
10	铁路（轨底）		1.00	1.20	1.20	1.20	1.00	1.00	1.00	1.00

注：大于 35kV 直埋电力电缆与热力管线最小垂直净距应为 1.00m。

5.3　综合管沟敷设规定

1）当遇下列情况之一时，工程管线宜采用综合管沟集中敷设。

① 交通运输繁忙或工程管线设施较多的机动车道、城市主干道以及配合兴建地下铁道、立体交叉等工程地段。

② 不宜开挖路面的路段。

③ 广场或主要道路的交叉处。

④ 需同时敷设两种以上工程管线及多回路电缆的道路。

⑤ 道路与铁路或河流的交叉处。

⑥ 道路宽度难以满足直埋敷设多种管线的路段。

2）综合管沟内直敷设电信电缆管线、低压配电电缆管线、给水管线、热力管线、污雨水排水管线。

3）综合管沟内相互免干扰的工程管线可设置在管沟的同一个小室；相互有干扰的工程管线应分别设在管沟的不同小室。电信电缆管线与高压输电电缆管线必须分开设置；给水管线与排水管线可在综合管沟一侧布置，排水管线应布置在综合管沟的底部。

4）工程管线干线综合管沟的敷设，应设置在机动车道下面，其覆土深度应根据道路施工、行车载荷和综合管沟的结构强度以及当地的冰冻深度等因素综合确定；敷设工程管线支线的综合管沟，应设置在人行道或非机动车道下，其埋设深度应根据综合管沟的结构强度以及当地的冰冻深度等因素综合确定。

5.4 架空敷设规定

1）城市规划区内沿围墙、河堤、建（构）筑物墙壁等不影响城市景观地段架空敷设的工程管线应与工程管线通过地段的城市详细规划相结合。

2）沿城市道路架空敷设的工程管线，其位置应根据规划道路的横断面确定，并应保障交通畅通、居民安全以及工程管线的正常运行。

3）架空线线杆宜设置在人行道上距路缘石不大于 1m 的位置；有分车带的道路，架空线线杆宜布置在分车带内。

4）电力架空杆线与电信架空杆线宜分别架设在道路两侧，且与同类地下电缆位于同侧。

5）同一性质消防工程管线宜合杆架设。

6）架空热力管线不应与架空输电线、电气化铁路的电线交叉敷设。当必须交叉时，应采取保护措施。

7）工程管线跨越河流时，宜采用管道桥或利用交通桥梁进行架设，并应符合下列规定：

① 具有可燃、易燃性工程管线不宜利用交通桥梁跨越河流。

② 工程管线利用桥梁跨越河流时，其规划设计应与桥梁设计相结合。

8）架空管线与建（构）筑物等的最小水平净距应符合表 5-4 的规定。

9）架空管线交叉时的最小垂直净距应符合表 5-5 的规定。

表 5-4　架空管线与建（构）筑物等的最小水平净距　（单位：m）

名称	建筑物(凸出部分)	道路(路缘石)	铁路(轨道中心)	热力管线
10kV 边导线	2.0	0.5	杆高加 3.0	2.0
35kV 边导线	3.0	0.5	杆高加 3.0	4.0
110kV 边导线	4.0	0.5	杆高加 3.0	4.0
电信杆线	2.0	0.5	4/3 杆高	1.5
热力管线	1.0	1.5	3.0	—

表 5-5　架空管线交叉时的最小垂直净距　（单位：m）

名称		建筑物（顶端）	道路（地面）	铁路（轨顶）	电信线		热力管线
					电力线有防雷装置	电力线无防雷装置	
电力管线	10kV 及以下	3.0	7.0	7.5	2.0	4.0	2.0
	35～110kV	4.0	7.0	7.5	3.0	5.0	3.0
电信线		1.5	4.5	7.0	0.6	0.6	1.0
热力管线		0.6	4.5	6.0	1.0	1.0	0.25

参考文献

[1] 严煦世，范瑾初. 给水工程［M］. 北京：中国建筑工业出版社，1999.

[2] 张自杰. 排水工程［M］. 北京：中国建筑工业出版社，2000.

[3] 段常贵. 燃气输配［M］. 北京：中国建筑工业出版社，2011.

[4] 詹淑慧. 燃气供应［M］. 北京：中国建筑工业出版社，2011.

[5] 上海市政工程设计研究院. 给水排水设计手册：第3册［M］. 北京：中国建筑工业出版社，2004.

[6] 北京市市政工程设计研究总院. 给水排水设计手册：第5册［M］. 北京：中国建筑工业出版社，2004.

[7] 严煦世，刘遂庆. 给水排水管网系统［M］. 北京：中国建筑工业出版社，2008.

[8] 靖大为. 城市供电技术［M］. 北京：中国电力出版社，2011.

[9] 崔健双. 现代通信技术概论［M］. 3版. 北京：机械工业出版社，2018.